高 等 学 校 教 材

人工智能导论

韩敏 邱铁 刘颖 主编

Introduction to
Artificial Intelligence

化学工业出版社

·北京·

内容简介

《人工智能导论》为大连理工大学"新工科"系列精品教材。

本书内容包括绪论、知识表示、确定性推理、不确定性推理、搜索求解策略、遗传算法及其应用、群智能算法及其应用、人工神经网络及其应用、机器学习、专家系统、自然语言理解及其应用等。

本书可供电子信息类专业本、专科学生作为教材使用，也可供从事人工智能领域的技术人员参考。

图书在版编目（CIP）数据

人工智能导论/韩敏，邱铁，刘颖主编. —北京：化学
工业出版社，2021.4
高等学校教材
ISBN 978-7-122-38512-3

Ⅰ.①人… Ⅱ.①韩… ②邱… ③刘… Ⅲ.①人工智能-
高等学校-教材 Ⅳ.①TP18

中国版本图书馆 CIP 数据核字（2021）第 027350 号

责任编辑：丁文璇 文字编辑：林 丹 段曰超
责任校对：宋 玮 装帧设计：张 辉

出版发行：化学工业出版社（北京市东城区青年湖南街 13 号 邮政编码 100011）
印 装：北京盛通商印快线网络科技有限公司
787mm×1092mm 1/16 印张 14¾ 字数 353 千字 2021 年 6 月北京第 1 版第 1 次印刷

购书咨询：010-64518888 售后服务：010-64518899
网 址：http：//www.cip.com.cn
凡购买本书，如有缺损质量问题，本社销售中心负责调换。

定 价：48.00 元

前　言

　　人工智能是研究、开发用于模拟、延伸和扩展人的智能的理论、方法、技术及应用系统的一门新的技术科学。从 1956 年正式提出，经过数十年来长足的发展，人工智能已经成为一门广泛的交叉和前沿科学，其理论成果在机器人、经济政治决策、控制系统、仿真系统中得到广泛应用。2018 年 4 月，教育部印发《高等学校引领人工智能创新行动计划》，并研究设立人工智能专业，进一步完善了中国高校人工智能学科体系。2020 年 3 月 3 日，教育部公布 2019 年度普通高等学校本科专业备案和审批结果，"人工智能"专业成为热门。目前自动化、计算机、电气、机械类等专业本科生，都开设了人工智能课程。

　　1. 本书的形成

　　本书编者全部具有博士学位，专业涵盖控制科学与工程、计算机科学与技术、软件工程等，多年来从事人工智能、机器学习、模式识别、神经网络等领域的科学研究，同时也长期承担高校本科生的专业基础课以及人工智能相关前沿课程的教学任务，深知一本优秀的人工智能教材对学生知识水平的促进作用。编者选择人工智能中基础、实用的内容编写成书，在讲解基础理论的同时，加入丰富的案例，希望能够吸引学生兴趣，拓宽其知识视野，为学生在未来的科研工作中开拓思路。

　　2. 本书特色

　　本书为适应工科学生学习的需求，在研究方法体系的选材上做了必要的取舍，重点讲解基础实用的理论算法，特别适合自动化与计算机等电气信息类、电子信息科学类专业的学生学习。

　　(1) 语言简明易懂，可读性强

　　本书尽量采用简单朴素的语言和浅显易懂的例子，以图文并茂的形式，由浅入深，循序渐进，使读者能够有兴趣、有耐心阅读。

　　(2) 内容基础实用，应用性强

　　人工智能是内容十分广泛的科学，它由不同的领域组成，如机器学习、计算机视觉等。

本书在内容上精选一些基本理论与实用方法，并不一味追求学科前沿。通过本书的学习，读者能够轻松阅读其他的专业书籍，掌握更广、更深的内容。书中每章都加入了工程应用的实际案例，引导读者学习应用相关理论解决工程问题的方法。

（3）编排合理醒目，查阅性强

每章的章头设置了案例引入以及本章学习目标，使读者在学习该章之前明确该章的学习意义和目标，快速定位本章重点知识内容。

本书的第 1～3、8 章由韩敏编写，第 4、9 章由汪德刚编写，第 5、11 章由周惠巍编写，第 6、10 章由刘颖编写，第 7 章由邱铁和赵泽昊编写。

本书内容虽经过多位编者精心组织，但不妥之处在所难免，欢迎读者提出宝贵意见。

韩　敏

2021 年 2 月于大连

目　录

3　确定性推理

6　遗传算法及应用

7　群智能算法及其应用

8　人工神经网络及其应用

参考文献

1 绪 论

 案例引入

2016 年 3 月，AlphaGo 与围棋世界冠军、职业九段棋手李世石进行围棋人机大战，以 4 比 1 的总比分获胜；2016 年末 2017 年初，该程序在中国棋类网站上以"大师"（Master）为注册账号，与中日韩数十位围棋高手进行快棋对决，连续 60 局无一败绩；2017 年 5 月，在中国乌镇围棋峰会上，它与世界围棋冠军柯洁对战，以 3 比 0 的总比分获胜。围棋界公认 AlphaGo 的棋力已经超过人类职业围棋顶尖水平，在 GoRatings 网站公布的世界职业围棋排名中，其等级分曾超过排名人类第一的棋手柯洁。除了 AlphaGo 之外，生活中的智能语音助手、自动翻译系统等在某些方面也具有"智能"的属性，那么人工智能的背后是哪些思想和算法呢？人工智能领域有哪些主要的研究方向？这些研究方向的进展如何呢？

 学习意义

人工智能已经与人类的日常生活息息相关，如电子邮箱的垃圾邮件分类、浏览网页时的推荐系统等，人工智能在许多领域帮助人类进行原本只属于人类的工作，并且更加快速准确。21 世纪的人工智能，将创造出更多更高级的"智能"产品，并为发展国民经济以及改善人类生活做出更大的贡献。因此了解人工智能的发展历史，理解每一次人工智能变革背后的驱动力，对于掌握人工智能相关算法具有重要的意义。

 学习目标

• 了解人工智能的发展历程、人工智能领域的主要研究方向以及人工智能领域所存在的主要问题。

1.1 人工智能的定义

在 20 世纪 60 年代，研究人员认为人工智能（artificial intelligence，AI）是一台通用机器人，它拥有模仿智能的特征，懂得使用语言，懂得形成抽象概念，能够对自己的行为进行推理，它可以解决人类现存问题。由于理念、技术和数据的限制，人工智能在模式识别、信息表示、问题解决和自然语言处理等不同领域发展缓慢。

20世纪80年代，研究人员转移方向，认为人工智能对事物的推理能力比抽象能力更重要，为了获得真正的智能，机器必须具有躯体，它需要感知、移动、生存，与这个世界交互。为了积累更多推理能力，研究人员开发出专家系统，它能够依据一组从专门知识中推演出的逻辑规则在某一特定领域回答或解决问题。

1997年，IBM的超级计算机深蓝在国际象棋领域战胜人类代表卡斯帕罗夫；相隔20年，Google的AlphaGo在围棋领域战胜人类代表柯洁。划时代的事件使大部分AI研究人员确信人工智能的时代已经降临。

国际象棋和围棋看似没有区别，但其实两者的难度不同。国际象棋走法的可能性虽多，但仍受到棋盘的大小和每颗棋子的规则的限制。深蓝可以通过"蛮力"看到所有的可能性，而且只需要一台计算机就可以搞定。相比于国际象棋，围棋布局走法的可能性更多，几十台计算机的计算能力都搞不定，所以机器下围棋想赢非常困难，但结果机器真的做到了。

那么深蓝和AlphaGo在本质上有什么区别？简单点说，深蓝的代码是研究人员编写的，知识和经验也是研究人员传授的，所以可以认为与卡斯帕罗夫对战的深蓝的背后还是人类，只不过它的运算能力比人类更强，更少失误。而AlphaGo的代码是自主更新的，知识和经验是自主训练出来的。AlphaGo拥有两个大脑，一个负责预测落子的最佳概率，另一个做整体的局面判断，通过两个大脑的协同工作，它能够判断未来几十步的胜率大小。所以与柯洁对战的AlphaGo的背后是通过十几万盘的海量训练后，拥有自主学习能力的人工智能系统。

AlphaGo战胜柯洁之后，社会上出现了不同的声音："人工智能会思考并解决所有问题。""人工智能会抢走人类的大部分工作！""人工智能会取代人类吗？"那么人工智能究竟是什么？人工智能目前有两个定义，分别为强人工智能和弱人工智能。

大众所遐想的人工智能属于强人工智能，它属于通用型机器人，也就是20世纪60年代AI研究人员提出的理念。它能够和人类一样对世界进行感知和交互，通过自我学习的方式对所有领域进行记忆、推理并解决问题。这样的强人工智能需要具备以下能力：存在不确定因素时进行推理、使用策略解决问题、制定决策的能力；知识表示的能力，包括常识性知识的表示能力、规划能力、学习能力、使用自然语言进行交流沟通的能力；将上述能力整合起来实现既定目标的能力。

这些能力在常人看来都很简单，因为自己都具备着。但由于技术的限制，计算机很难具备以上能力，这也是为什么现阶段人工智能很难达到常人思考的水平。

由于技术未成熟，现阶段的人工智能属于弱人工智能，还达不到大众所遐想的强人工智能。弱人工智能也称限制领域人工智能或应用型人工智能，指的是专注于且只能解决特定领域问题的人工智能。例如AlphaGo，它自身的数学模型只能解决围棋领域的问题，可以说它是一个非常狭小领域问题的专家系统，很难扩展到稍微宽广一些的知识领域，比如如何通过一盘棋表达出自己的性格和灵魂。

弱人工智能和强人工智能在能力上存在着巨大鸿沟，弱人工智能想要进一步发展，必须具备以下能力：跨领域推理能力、抽象能力、"知其然，也知其所以然"的能力、常识能力、审美能力、拥有自我意识和情感的能力。

从计算机理念来说，人工智能是用来处理不确定性以及管理决策中的不确定性的。意思是通过一些不确定的数据输入来进行一些具有不确定性的决策。从目前的技术实现来说，人工智能就是深度学习，即 2006 年由 Geoffrey Hinton 所提出的机器学习算法，该算法可以使程序拥有自我学习和演变的能力。

1.2 人工智能发展简史

人类对智能机器的梦想和追求可以追溯到 3000 多年前。早在我国西周时期，就流传有巧匠偃师献给周穆王艺伎的故事。东汉张衡发明的指南车是世界上最早的机器人雏形。

古希腊亚里士多德的《工具论》为形式逻辑奠定了基础。布尔（Boole）创立的逻辑代数系统，用符号语言描述了思维活动中推理的基本法则，被后人称为"布尔代数"。这些理论基础对人工智能的创立发挥了重要作用。

人工智能的发展历史，可大致分为孕育期、形成期、低潮期、基于知识的系统、神经网络的复兴和智能体的兴起等几个时期。

（1）孕育期（1956 年以前）

这一时期的主要成就是数理逻辑、自动机理论、控制论、信息论、神经计算和电子计算机等学科的建立和发展，为人工智能的诞生准备了理论和物质的基础。这一时期的主要贡献包括：

① 1936 年，图灵创立了理想计算机模型的自动机理论，提出了以离散量的递归函数作为智能描述的数学基础，给出了基于行为主义的测试机器是否具有智能的标准，即图灵测试。

② 1943 年，心理学家麦克洛奇（W. S. McCulloch）和数理逻辑学家皮兹（W. Pitts）在 *Bulletin of Mathematical Biophysics* 上发表了关于神经网络的数学模型。这个模型，现在一般称为 M-P 神经网络模型。他们总结了神经元的一些基本生理特性，提出神经元形式化的数学描述和网络的结构方法，从此开创了神经计算的时代。

③ 1945 年，冯·诺依曼（J. von Neumann）提出存储程序概念。1946 年研制成功的第一台电子计算机 ENAC，为人工智能的诞生奠定了物质基础。

④ 1948 年，香农（Shannon）发表了《通讯的数学理论》，这标志着一门新学科——信息论的诞生。他认为人的心理活动可以用信息的形式来进行研究，并提出了描述心理活动的数学模型。

⑤ 1948 年，维纳（N. Wiener）创立了控制论。这是一门研究和模拟自动控制的生物和人工系统的学科，标志着人们根据动物心理和行为科学进行计算机模拟研究和分析的基础已经形成。

（2）形成期（1956～1969 年）

这一时期的主要成就包括 1956 年在美国的达特茅斯学院召开的为期两个月的学术研讨会，提出了"人工智能"这一术语，标志着这门学科的正式诞生；还有在定理机器证明、问题求解、LISP 语言、模式识别等关键领域的重大突破。这一时期的主要贡献包括：

① 1956 年，纽厄尔和西蒙的"逻辑理论家"程序模拟了人们用数理逻辑证明定理时的思维规律。该程序证明了怀特海德（Whitehead）和卢素（Russell）的《数学原理》一书中

第二章中的 38 条定理。后来经过改进，又于 1963 年证明了该章中的全部 52 条定理。这一工作受到了人们的高度评价，被认为是计算机模拟人的高级思维活动的一个重大成果，是人工智能的真正开端。同年，乔姆斯基（N. Chomsky）提出了文法体系。

② 1956 年塞缪尔（Samuel）研制了跳棋程序，该程序具有学习功能，能够从棋谱中学习，也能在实践中总结经验，提高棋艺。该程序在 1959 年打败了塞缪尔本人，又在 1962 年打败了美国某个州的跳棋冠军。这是模拟人类学习过程的一次卓有成效的探索，是人工智能的重大突破。

③ 1958 年麦卡锡提出表处理语言 LSP，它不仅可以处理数据，而且可以方便地处理符号，成为了人工智能程序设计语言的重要里程碑。目前 LSP 语言仍然是人工智能系统重要的程序设计语言和开发工具。

④ 1960 年，纽厄尔、肖（Shaw）和西蒙等研制了通用问题求解程序 GPS，它是对人们求解问题时的思维活动的总结。他们发现人们求解问题时的思维活动包括三个步骤：a. 制订出大致的计划；b. 根据记忆中的公理、定理和解题计划，按计划实施解题过程；c. 在实施解题过程中，不断进行方法和目的的分析，修正计划。他们首次提出了启发式搜索的概念。

⑤ 1965 年，鲁宾孙（J. A. Robinson）提出归结法，这是一个重大的突破，也为定理证明的研究带来了又一次高潮。

⑥ 1968 年，斯坦福大学费根鲍姆（E. A. Feigenbaum）等成功研制了化学分析专家系统 DENDRAL，这是专家系统的萌芽，是人工智能研究从一般思维探讨到专门知识应用的一次成功尝试。

⑦ 知识表示采用了奎廉（J. R. Quillian）提出的特殊的结构：语义网络。1968 年，明斯基从信息处理的角度对语义网络的使用做出了很大的贡献。

此外还有很多其他的成就。正是这些成就，使得人们对这一领域寄予了过高的希望。1958 年，卡耐梅隆大学的西蒙预言：不出 10 年，计算机将会成为国际象棋的世界冠军。但是一直到了 1998 年这一预言才成为现实。20 世纪 60 年代，麻省理工学院一位教授提出："在今年夏天，我们将开发出电子眼。"然而，直到今天，仍然没有通用的计算机视觉系统可以很好理解动态变化的场景。20 世纪 70 年代，很多人相信大量的机器人很快就会从工厂进入家庭。而直到今天，服务机器人才开始进入家庭。

（3）低潮期（1966～1973 年）

人工智能快速发展了一段时间后，遇到了很多的困难，遭受了很多的挫折。如鲁宾孙的归结法的归结能力是有限的，证明两个连续函数之和还是连续函数时，推了 10 万步还没有推出来。

人们曾以为只要用一部字典和某些语法知识，即可很快地解决自然语言之间的互译问题，但结果发现并不那么简单，甚至闹出笑话。如英语句子：The spirit is willing but the flesh is weak（心有余而力不足），译成俄语再译成英语，竟成了：The wine is good but the meat is spoiled（酒是好的，肉变质了）。这里遇到的问题是单词的多义性问题。那么为什么人类翻译家可以翻译好这些句子，而机器不能呢？他们的差别在哪里呢？主要原因在于翻译家在翻译之前首先要理解这个句子，但机器不能，它只是靠快速检索、排列词序等办法进行翻译，并不能"理解"这个句子，所以错误在所难免。1966 年，美国国家科学研究委员会的一份报告指出"还不存在通用的科学文本机器翻译，也没有很近的实现前景"。所有美国政府资助的学术性翻译项目都被取消了。

罗森布拉特（F. Rosenblatt）于 1957 年提出了感知器，它是一个具有一层神经元、采用阈值激活函数的前向网络。通过对网络权值的训练，可以实现对输入矢量的分类。感知器收敛定理使罗森布拉特的工作取得圆满的成功。20 世纪 60 年代，感知器神经网络好像可以做任何事。1969 年，明斯基和佩珀特（S. Papert）合写的《感知器》一书中利用数学理论证明了单层感知器的局限性，引起全世界范围削减神经网络和人工智能的研究经费的问题，使得人工智能走向低谷。

（4）基于知识的系统（1969～1988 年）

1965 年，斯坦福大学的计算机科学家费根鲍姆和化学家勒德贝格（J. Lederberg）合作研制出 DEN DRAL 系统。1972～1976 年，费根鲍姆又成功开发出医疗专家系统 MYCIN。此后，许多著名的专家系统相继研发成功。其中，较具代表性的有探矿专家系统 PRO-SPECTOR、青光眼诊断治疗专家系统 CASNET、钻井数据分析专家系统 ELAS 等。20 世纪 80 年代，专家系统的开发趋于商品化，创造了巨大的经济效益。

1977 年，费根鲍姆在第五届国际人工智能联合会议上提出知识工程的新概念。他认为："知识工程是人工智能的原理和方法，是对那些需要专家知识才能解决的应用难题提供求解的手段。恰当运用专家知识的获取、表达和推理过程的构成与解释，是设计基于知识的系统的重要技术问题。"知识工程是一门以知识为研究对象的学科，它将具体智能系统研究中那些共同的基本问题抽取出来，作为知识工程的核心内容，并使之成为指导具体研制各类智能系统的一般方法和基本工具。

知识工程的兴起，确立了知识处理在人工智能学科中的核心地位，使人工智能摆脱了纯学术研究的困境，使人工智能的研究从理论转向应用，从基于推理的模型转向知识的模型，使人工智能的研究走向了实用。

为了适应人工智能和知识工程发展的需要，日本在 1981 年宣布了第五代电子计算机的研制计划。其研制的计算机的主要特征是具有智能接口、知识库管理和自动解决问题的能力，并在其他方面具有人的智能行为。这一计划的提出，形成了一股热潮，促使世界上重要的国家都开始制订对新一代智能计算机的开发和研制计划，使人工智能进入了一个基于知识的兴旺时期。

（5）神经网络的复兴和智能体的兴起（1986 年至今）

1982 年，美国加州工学院物理学家霍普菲尔德（J. J. Hopfield）使用统计力学的方法来分析网络的存储和优化特性，提出了离散的神经网络模型，从而有力地推动了神经网络的研究。1984 年，霍普菲尔德又提出了连续神经网络模型。

20 世纪 80 年代神经网络复兴的真正推动力是反向传播算法的重新研究。该算法最早由 Bryson 和 Ho 于 1969 年提出。1986 年，鲁梅尔哈特（D. E. Rumelhart）和麦克赖伦德（J. L. McClelland）等提出并行分布处理的理论，致力于认知的微观结构的探索，其中多层网络的误差传播学习法，即反向传播算法开始流传，引起人们的极大兴趣。世界上许多国家掀起了神经网络研究的热潮。从 1985 年开始，专门讨论神经网络的学术会议规模逐步扩大。1987 年在美国召开了第一届神经网络国际会议，并发起成立国际神经网络学会（INNS）。

20 世纪 90 年代，随着计算机网络、计算机通信等技术的发展，关于智能体的研究成为了人工智能的热点。1993 年，肖哈姆提出面向智能体的程序设计。1995 年，罗素和诺维格出版了《人工智能》一书。所以，智能体应该是人工智能的核心问题。斯坦福大学计算机科学系的海斯-罗斯（B. Hayes-Roth）在 IJCAI'95 的特约报告中谈到："智能体既是人工智能最初的目标，也是人工智能最终的目标。"

在人工智能研究中，智能体概念的回归并不仅仅是因为人们认识到了应该把人工智能各个领域的研究成果集成为一个具有智能行为概念的"人"，更重要的是人们认识到了人类智能的本质是一种社会性的智能。要对社会性的智能进行研究，构成社会的基本构件"人"的对应物"智能体"理所当然地成为人工智能研究的基本对象，而社会的对应物"多智能体系统"也成为了人工智能研究的基本对象。

在中国，智能模拟纳入国家计划的研究始于 1978 年。1984 年召开了智能计算机及其系统的全国学术讨论会。1986 年起把智能计算机系统、智能机器人和智能信息处理（含模式识别）等重大项目列入国家高技术研究发展计划（863 计划）。1997 年起，又把智能信息处理、智能控制等项目列入国家重点基础研究发展计划（973 计划）。进入 21 世纪后，在《国家中长期科学和技术发展规划纲要（2006—2020 年）》中，"脑科学与认知科学"列入八大前沿科学问题之一。信息技术将继续向高性能、低成本、普适计算和智能化等主要方向发展，寻求新的计算与处理方式和物理实现是未来信息技术领域面临的重大挑战。

1981 年起，我国相继成立了中国人工智能学会（CAAI）、中国计算机学会人工智能与模式识别专业委员会、中国自动化学会模式识别与机器智能专业委员会等。1989 年首次召开了中国人工智能联合会议。1987 年创办了《模式识别与人工智能》杂志。2006 年创办了《智能系统学报》和《智能技术》杂志。

现在，我国已有数以万计的科研人员和大学师生从事不同层次的人工智能研究与学习。人工智能研究和应用已在我国深入开展，它必将为促进其他学科发展和我国的现代化建设做出新的重大贡献。

1.3　人工智能的研究方法

1.3.1　人工智能研究的特点

人工智能是自然科学和社会科学的交叉学科。信息论、控制论和系统论是人工智能诞生的基础。除了计算机科学以外，人工智能还涉及哲学、心理学、认知学、语言学、医学、数学、物理学、生物学等多门学科以及各种工程学方法。参与人工智能研究的人员也来自不同领域。所以，人工智能是一门综合性、理论性、实践性、应用性都很强的科学。

人工智能研究的一个原因是为了理解智能实体，为了更好地理解我们自身。但是这和同样也研究智能的心理学和哲学等学科并不相同。人工智能努力建造智能实体并且理解它们。再者，人工智能所构造出的实体都是可以直接帮助人类的，对人类有直接意义的系统。虽然人们对人工智能的未来尚存在争议，但是毋庸置疑的是，人工智能将会对人类未来的生活产生巨大影响。

虽然人工智能涉及众多学科，从这些学科中借鉴了大量的知识、理论，并在很多方面得到了成功的应用。但是，人工智能还是一门不成熟的学科，与人们的期望还有着巨大的差距。现在的计算机系统仍未彻底突破传统的冯诺依曼体系结构。CPU 的微观工作方式仍然是对二进制指令进行串行处理，具有很强的逻辑运算功能和很快的算术运算速度。这与人类对大脑结构和组织功能的认识尚有相当大的差异。人类的大脑约有 10^{11} 个神经元，按照并行分布式方式工作，具有很强的演绎、归纳、联想、学习和形象思维等能力，具有直觉，可以对图像、图形、景物、声音等信息进行快速响应和处理，而目前的智能系统在这方面的能力还非常弱。

从长远角度来看，人工智能的突破将会依赖于分布式计算和并行计算，并且需要全新的计算机体系结构，如光子计算、量子计算、分子计算等。从目前的条件来看，人工智能还主要依靠智能算法来提高现有计算机的智能化程度。人工智能系统和传统的计算机软件系统相比有很多特点。

首先，人工智能以知识为主要研究对象，而传统软件一般以数值或者字符为研究对象。虽然机器学习或者模式识别算法也处理大量数值，但是其目的却是为了从数据中发现知识与规则，并获取它们。知识是一切智能系统的基本，任何智能系统的活动过程都是一个获取知识或者运用知识的过程。

其次，人工智能系统大多采用启发式（heuristics）方法，而不用穷举法来解决问题。启发式就是关于问题本身的一些特殊信息。用启发式来指导问题求解过程，可以提高问题求解效率，但是往往不能保证结果的最优性，一般只能保证结果的有效性或者可用性。

再次，人工智能系统中一般都允许出现不正确结果。因为智能系统大多都是处理非良结构问题，或者时空资源受到较强约束，知识不完全，数据包含较多不确定性等。在这些条件下，智能系统有可能会给出不正确的结果。所以，在人工智能研究中一般都用准确率或者误差等指标对结果进行衡量，而不要求结果一定是百分之百正确。

1.3.2 人工智能研究的途径

由于对智能的本质有不同的理解和认识，所以学者们有不同的学术观点，产生了不同的研究方法和不同的研究途径。目前，人工智能研究中主要有符号主义、联结主义和行为主义三大基本思想，或者称之为三大学派。

（1）符号主义

符号主义（symbolicism）又被称为逻辑主义（logicism）、心理学派（psychlogism）或计算机学派（computerism），是基于物理符号系统假设和有限合理性原理的人工智能学派。纽厄尔（Newell）和西蒙（Simon）于 1976 年提出的物理符号系统假设（physical symbol system hypothesis）认为：物理符号系统具有必要且足够的方法来实现普通的智能行为。这个假设把智能问题都归结为符号系统的计算问题，把一切精神活动都归结为计算。所以，人类的认识过程就是一种符号处理过程，思维就是符号的计算。

符号（symbol）既可以是物理的符号或计算机中的电子运动模式，也可以是头脑中的抽象符号，或者头脑中神经元的某种运动方式等。一个物理符号系统的符号操作功能主要有输入、输出、储存和复制符号；建立符号结构，即确定符号间的关系，在符号系统中形成符号结构；条件性迁移，依赖已经掌握的符号继续完成行为。

按照这个假设，一个物理符号系统由什么构成并不重要，只要它能完成上述符号操作就是有智能的。任何一个系统，如果它能够表现出智能，则一定能执行上述功能；反过来，如果任何系统具有以上功能，就能表现出智能。计算机和人脑都是物理符号系统，都是操作符号，可以进行功能类比，因此就能够用计算机来模拟人的智能行为，即用计算机的符号操作来模拟人的认知过程。物理符号系统假设实际上肯定了这样的信念：计算机能够具有人的智能。

有限合理性原理是西蒙提出的观点。他认为，人类之所以能在大量不确定、不完全信息的复杂环境下解决那些难题，其原因在于人类采用了启发式搜索的试探性方法来求得问题的有限合理解。

符号主义观点认为，知识是信息的一种形式，是构成智能的基础。人工智能的核心问题是知识表示、知识推理和知识运用。知识可用符号表示，也可用符号进行推理，因而有可能建立起基于知识的人类智能和机器智能的统一理论体系。但是"常识"问题、不确定事物的表示和处理问题是这种观点需要解决的巨大难题。

符号主义人工智能研究在自动推理、定理证明、机器博弈、自然语言处理、知识工程、专家系统等方面取得了显著的成果。符号主义实际上是从功能上对人脑进行模拟。也就是根据人脑的心理模型，将问题或者知识表示成某种逻辑，采用符号推演的方法，实现搜索、推理、学习等功能，从宏观上模拟人脑的思维，实现机器智能。基于功能模拟的符号推演在人工智能研究中最早使用，并且至今仍然是一种主要的途径。基于这种研究途径的人工智能往往被称为"传统的人工智能"或者"经典人工智能"。

(2) 联结主义

联结主义（connectionism）又被称为仿生学派（bionicsism）或者生理学派（physiologism），是基于神经元以及神经元之间的网络联结机制来模拟和实现人工智能的。简单地说，联结主义就是用人工神经网络来研究人工智能。联结主义认为，人类智能的物质基础就是神经系统，其基本单元是神经元。搞清楚人脑的结构及其信息处理机理和过程，就可望揭示人类智能的奥秘，从而真正实现人类智能在机器上的模拟。

联结主义实际上是从结构上对人脑进行模拟，即根据人脑的生理模型，采用数值计算的方法，从微观上模拟人脑，实现机器智能。这种方法一般先通过神经网络的学习获得知识，再利用知识解决问题。神经网络以分布式方式存储信息，以并行方式处理信息，具有很强的鲁棒性和容错性，也具有实现自组织、自学习的能力。所以，它适合于模拟人脑形象思维，能够快速得到近似解，便于实现人脑的低级感知功能。

由于人们还没有完全弄清楚人脑的生理结构和工作机理，所以目前的人工神经网络只能对人脑的局部近似模拟，而且人工神经网络不适合于模拟人类的逻辑思维过程，其基础理论研究也有很多难点。因此单靠联结机制解决人工智能的所有问题也是不现实的。

(3) 行为主义

行为主义（actionism）又被称为进化主义（evolutionism）或者控制学派（cyberneticsism），是基于控制论和"感知-动作"型控制系统的人工智能学派。行为主义认为，智能取决于感知和行为，取决于对外界复杂环境的适应，而不是表示和推理。这种观点认为，人类的智能是经过了漫长时代的演化才形成的。为了制造出真正的机器，我们也应该沿着进化的步骤走。这种观点还认为，机器是由蛋白质构成的还是由半导体构成的是无关紧要的。智能行为是由"信号处理"产生的，而不是由"符号处理"产生的。例如，识别人脸对人来说易如反掌，但是对机器来说确实十分困难。因此，应该以复杂的现实世界为背景，研究简单动物的信号处理能力并对其模拟和复制，沿着进化的阶梯向上进行。

行为主义的基本观点可以概括如下：

① 知识的形式化表达和模型化方法是人工智能的重要障碍之一。

② 智能取决于感知和行动，在直接利用机器对环境作用后，以环境对作用的响应为原型。

③ 智能行为只能体现在世界中，通过周围环境交互表现出来。

④ 人工智能可以像人类智能一样逐步进化，分阶段发展和增强。

行为主义还认为，符号主义以及联结主义对真实世界客观事物的描述及其智能行为工作模式是过于简化的抽象，因而不能真实地反映客观存在。1991 年，麻省理工学院的布鲁克斯提出了不需知识表示的智能和不需推理的智能。他认为智能只是在与环境交互作用中才表现出来，不应采用集中式的模式，而是需要具有不同的行为模式与环境交互，以此来产生复杂行为。布鲁克斯成功地研制出了一种 6 足机器虫，用一些相对独立的功能单元，分别实现避让、前进和平衡等基本功能，组成分层异步分布式网络，并取得了成功。

行为主义实际上是从行为上模拟和体现智能。也就是说，模拟人在控制过程中的智能活动和行为特性来研究和实现人工智能。行为主义思想在智能控制、机器人领域获得了许多成就。行为主义学派的兴起表明：控制论、系统工程的思想将进一步影响人工智能的发展。

上述三大思想反映了人工智能研究的复杂性。每种思想都从某种角度阐释了智能的特性，同时每种思想都具有各自的局限性。时至今日，研究者们仍然对人工智能理论基础争论不休。所以人工智能没有一个统一的理论体系，这又促进了各种新思潮、新方法的不断涌现，从而极大地丰富了人工智能的研究。现在有一种重要的研究方法，就是把不同的思想体系融合在一起，取长补短。例如，模糊神经网络把模拟逻辑和神经网络连接到一起，这样可以发挥各自的优势，设计出具有更强学习能力和知识处理能力的系统。

1.4 人工智能的应用

目前，人工智能在无人驾驶、智能机器人、图像识别、语言识别等领域大放异彩，全方位改变着人们的生产生活方式，为科技革新、经济发展和民生改善带来了新的挑战和契机。

1.4.1 无人驾驶

无人驾驶汽车是一种智能汽车，能通过车载传感器感知路况、天气和车辆情况，并利用感知到的自身位置、周围车辆位置以及道路状况等，调控车辆的行车方向和速度，从而使车辆能够安全、可靠地在道路上行驶并到达目的地。

美国等发达国家在 20 世纪 70 年代开始了对无人驾驶汽车的研究，在可行性和实用化方面都取得了突破性的进展。中国对无人驾驶汽车的研究起步稍晚，1992 年，中国第一辆真正意义上的无人驾驶汽车在国防科技大学诞生。百度从 2014 年 7 月 24 日开始启动无人驾驶汽车研发计划，标志着我国无人驾驶技术开启商业化进程。该无人驾驶汽车上装备了卫星导航、雷达、相机等电子设施，并且装有先进的车载传感器，从而保证车辆能采集到足够的数据来规划行车路线和躲避障碍物，安全可靠地到达目的地。随着科技的发展，无人驾驶车辆技术将会不断发展，其功能也将日趋完善，逐渐步入无人驾驶汽车的量产时代。

1.4.2 智能机器人

机器人和机器人学的研究促进了许多人工智能思想的发展。复杂的机器人控制问题促进了一些方法的发展，先在抽象和忽略细节的高层进行规划，然后逐步在细节越来越重要的底层进行规划。智能机器人的研究和应用体现出广泛的学科交叉，涉及众多领域，如机器人体系结构、控制、视觉、触觉、听觉、机器人语言等。机器人已在工农业、商业、旅游业等领域获得普遍应用。

目前智能机器人根据服务对象的不同，主要分为三类：工业机器人、军用机器人和服务机器人。工业机器人包括管道、水下、地面机器人等，可以代替或辅助人类进行工业化操作。军用机器人采用自主控制方式，可以在军事行动中完成侦查、作战和后勤支援等任务，为现代化军事提供高科技支撑，已经成为国防设备中新的亮点。服务机器人可为人类提供服务，如现在已经产业化的扫地机器人、学习机器人、情感陪护机器人等，为人们的生活带来很大的便利。

1.4.3　图像识别

图像识别是人工智能的一个重要领域。为了编制模拟人类图像识别活动的计算机程序，人们提出了不同的图像识别模型，例如模板匹配模型。这种模型认为，识别某个图像，必须在过去的经验中有这种图像的记忆模式，又叫模板。当前的刺激如果能与大脑中的模板相匹配，这个图像也就被识别了。例如有一个字母 A，如果在脑中有个 A 模板，字母 A 的大小、方位、形状都与这个 A 模板完全一致，字母 A 就被识别了。这种模型简单明了，也容易得到实际应用。但这种模型强调图像必须与脑中的模板完全符合才能加以识别，而事实上人不仅能识别与脑中的模板完全一致的图像，也能识别与模板不完全一致的图像。例如，人们不仅能识别某一个具体的字母 A，也能识别印刷体的、手写体的、方向不正、大小不同的各种字母 A。同时，人能识别的图像是大量的，如果所识别的每一个图像在脑中都有一个相应的模板，也是不可能的。

为了解决模板匹配模型存在的问题，格式塔心理学家又提出了一个原型匹配模型。这种模型认为，在长时记忆中存储的并不是所要识别的无数个模板，而是图像的某些"相似性"。从图像中抽象出来的"相似性"就可作为原型，拿它来检验所要识别的图像。如果能找到一个相似的原型，这个图像也就被识别了。这种模型从神经和记忆探寻的过程上来看，都比模板匹配模型更适宜，而且还能说明一些不规则的、但某些方面与原型相似的图像的识别。但是，这种模型没有说明人是怎样对相似的刺激进行辨别和加工的，所以也难以在计算机程序中得到实现。因此又有人提出了一个更复杂的模型，即"泛魔"识别模型。

1.4.4　语音识别

语言是人类交流的重要工具，人们借助语言交流思想，表达情感。因此，语音识别是人工智能领域的重要应用之一，语音识别技术能帮助人们更好地和计算机进行交流。如今，在深度学习日趋成熟的过程中，语音识别的发展也是突飞猛进，已经成为现阶段人工智能领域最为成熟的技术。

1952 年 Bell 实验室的 Davis 等人实现了世界上第一台能识别特定 10 个英文数字的语音识别系统，拉开了语音识别研究工作的序幕。从此，随着计算机产业的迅速发展，语音识别技术开始取得飞跃发展。目前，国际上对语音识别的研究已经开始趋于商品化和实用化。在 Google 引领下，互联网、通信公司纷纷把语音识别作为重要研究方向，并实现产业化应用，包括苹果公司 iPhone 上的 Siri 软件、微软公司的 Cortana 软件、Google 语音翻译软件等。我国的语音识别技术起步于 20 世纪 50 年代，根据汉语的单音节以及音节个数固定的特点，我国研究者提出了汉语语音识别方法。1978 年，中国科学院声学研究所推出了我国第一个实时语音识别系统。从此，语音识别得到了政府和各基金部门的关注和大量资助，我国语音识别技术的研究已接近国际水平。国内科大讯飞、百度语音、搜狗语音等语音识别产品已经取得非常良好的识别效果。

1.4.5　智能控制

人工智能的发展促进了自动控制向智能控制的发展。智能控制是一种不需外部干预就可以独立驱动机器实现控制目标的控制方法。智能控制是具有智能信息处理、智能信息反馈和智能控制决策的控制方式，是控制理论发展的高级阶段，主要用来解决那些用传统方法难以解决的复杂系统的控制问题。智能控制研究对象的主要特点是具有不确定性的数学模型、高度的非线性和复杂的任务要求。

智能控制的思想出现于 20 世纪 60 年代。当时，学习控制的研究十分活跃，并获得较好的应用。自学习和自适应方法被开发出来，用于解决控制系统的随机特性问题和模型未知问题。1965 年美国普渡大学傅京孙（K. S. Fu）教授首先把 AI 的启发式推理规则用于学习控制系统。1966 年美国门德尔（J. M. Mendel）首先主张将 AI 用于飞船控制系统的设计。

1967 年，美国莱昂德斯（C. T. Leondes）等人首次正式使用"智能控制"一词。1971年，傅京孙论述了 AI 与自动控制的交叉关系。自此，自动控制与 AI 开始碰撞出火花，一个新兴的交叉领域——智能控制得到建立和发展。早期的智能控制系统采用比较初级的智能方法，如模式识别和学习方法等，而且发展速度十分缓慢。

扎德于 1965 年发表了著名论文 *Fuzzy Sets*，开辟了以表征人的感知和语言表达的模糊性这一普遍存在不确定性的模糊逻辑为基础的数学新领域——模糊数学。1975 年，英国马丹尼（E. H. Mamdani）成功地将模糊逻辑与模糊关系应用于工业控制系统，提出了能处理模糊不确定性、模拟人的操作经验规则的模糊控制方法。此后，在模糊控制的理论和应用两个方面，控制专家们进行了大量研究，并取得了一批令人感兴趣的成果，成为十分活跃、发展也较为深刻的智能控制方法。

20 世纪 80 年代，基于 AI 的规则表示与推理技术，尤其是基于规则的专家控制系统得到迅速发展，如瑞典奥斯特隆姆（K. J. Astrom）的专家控制，美国萨里迪斯（G. M. Saridis）的机器人控制中的专家控制等。随着 20 世纪 80 年代中期人工神经网络研究的再度兴起，控制领域研究者们提出并迅速发展了充分利用人工神经网络良好的非线性逼近特性、自学习特性和容错特性的神经网络控制方法。

随着研究的展开和深入，形成智能控制新学科的条件逐渐成熟。1985 年 8 月，IEEE 在美国纽约召开了第一届智能控制学术讨论会，讨论了智能控制原理和系统结构。由此，智能控制作为一门新兴学科得到广泛认同，并取得迅速发展。

近十几年来，随着智能控制方法和技术的发展，智能控制迅速走向各种专业领域，应用于各类复杂被控对象的控制问题，如工业过程控制系统、机器人系统、现代生产制造系统、交通控制系统等。

1.4.6　人工神经网络

人工神经网络（artificial neural network，ANN）是 20 世纪 80 年代以来人工智能领域兴起的研究热点。它从信息处理角度对人脑神经元网络进行抽象，建立某种简单模型，按不同的连接方式组成不同的网络。在工程与学术界也常直接简称为神经网络或类神经网络。神经网络是一种运算模型，由大量的结点（或称神经元）相互连接构成。每个结点代表一种特定的输出函数，称为激励函数（activation function）。每两个结点间的连接都代表一个对于通过该连接信号的加权值，称之为权重，这相当于人工神经网络的记忆。网络的输出则依网络的连接方式、权重值和激励函数的不同而不同。而网络自身通常都是对自然界某种算法或者函数的逼近，也可能是对一种逻辑策略的表达。

最近十多年来，人工神经网络的研究工作不断深入，已经取得了很大的进展，其在模式识别、智能机器人、自动控制、预测估计、生物、医学、经济等领域已成功地解决了许多现代计算机难以解决的实际问题，表现出了良好的智能特性。

人工神经网络的特点和优越性，主要表现在三个方面：

① 具有自学习功能。例如实现图像识别时，只把许多不同的图像样板和对应的应识别的结果输入人工神经网络，网络就会通过自学习功能，慢慢学会识别类似的图像。自学习功能对于预测有特别重要的意义。预期未来的人工神经网络计算机将为人类提供经济预测、市场预测、效益预测，其应用前景是很广阔的。

② 具有联想存储功能。用人工神经网络的反馈网络就可以实现这种联想。

③ 具有高速寻找优化解的能力。寻找一个复杂问题的优化解，往往需要很大的计算量，利用一个针对某问题而设计的反馈型人工神经网络，发挥计算机的高速运算能力，可能很快找到优化解。

现在，一般认为人工神经网络比较适用于特征提取、模式分类、联想记忆、低层次感知和自适应控制等很难应用严格解析方法的场合。目前，人工神经网络研究主要集中在以下几个方面：

① 利用神经生理与认知科学研究人类思维以及智能机理。

② 利用神经基础理论的研究成果，用数理方法探索功能更加完善、性能更加优越的神经网络模型；深入研究网络算法和性能，如稳定性、收敛性、容错性和鲁棒性等；开发新的网络数理理论，如神经网络动力学和非线性神经场等。

③ 对人工神经网络的软件模拟和硬件实现的研究。

④ 人工神经网络在各个领域中的应用研究。

人工神经网络研究一方面向其自身综合性发展，另一方面与其他领域的结合也越来越密切，以便于发展出性能更强的结构，更好地综合各种神经网络的特色，增强神经网络解决问题的能力。

1.4.7　机器学习

机器学习（machine learning，ML）是一门多领域交叉学科，涉及概率论、统计学、逼近论、凸分析、算法复杂度理论等多门学科。专门研究计算机怎样模拟或实现人类的学习行为，以获取新的知识或技能，重新组织已有的知识结构使之不断改善自身的性能。它是人工智能的核心，是使计算机具有智能的根本途径，其应用遍及人工智能的各个领域，它主要使用归纳、综合而不是演绎。

机器学习可以分为以下五个大类：

① 监督学习。从给定的训练数据集中学习出一个函数，当新的数据到来时，可以根据这个函数预测结果。监督学习的训练集要求是输入和输出，也可以说是特征和目标。训练集中的目标是由人标注的。常见的监督学习算法包括回归与分类。

② 无监督学习。无监督学习与监督学习相比，训练集没有人为标注的结果。常见的无监督学习算法有聚类等。

③ 半监督学习。这是一种介于监督学习与无监督学习之间的方法。

④ 迁移学习。将已经训练好的模型参数迁移到新的模型来帮助新模型训练数据集。

⑤ 增强学习。通过观察周围环境来学习。每个动作都会对环境有所影响，学习对象根据观察到的周围环境的反馈来做出判断。

传统的机器学习算法有以下几种：线性回归模型、Logistic 回归模型、k-近邻算法、决策树、随机森林、支持向量机、人工神经网络、EM 算法、概率图模型等。

1.4.8　专家系统

专家系统是一个智能计算机程序系统，其内部含有大量的某个领域专家水平的知识与经验，能够利用人类专家的知识和解决问题的方法来处理该领域问题。也就是说，专家系统是一个具有大量的专门知识与经验的程序系统，它应用人工智能技术和计算机技术，根据某领域一个或多个专家提供的知识和经验，进行推理和判断，模拟人类专家的决策过程，以便解决那些需要人类专家处理的复杂问题。简而言之，专家系统是一种模拟人类专家解决领域问题的计算机程序系统。

专家系统通常由人机交互界面、知识库、推理机、解释器、综合数据库、知识获取等 6 个部分构成。其中尤以知识库与推理机相互分离而别具特色。专家系统的体系结构随专家系统的类型、功能和规模的不同而有所差异。

知识库用来存放专家提供的知识。知识库是专家系统质量是否优越的关键所在，即知识库中的知识的质量和数量决定着专家系统的质量水平。一般来说，专家系统中的知识库与专家系统程序是相互独立的，用户可以通过改变、完善知识库中的知识内容来提高专家系统的性能。

推理机针对当前问题的条件或已知信息，反复匹配知识库中的规则，产生新的结论，以得到问题的求解结果。推理方式可以有正向推理、反向推理，也可以将二者混合起来。正向推理方式是用已知条件和结论与条件相匹配从而得到结论。反向推理则先假设一个结论成立，再检查其他条件是否满足。推理机实际上模拟了专家解决问题的思维过程。

综合数据库专门用于存储推理过程中所需的原始数据、中间结果和最终结论，往往是作为暂时的存储区。解释器能够根据用户的提问，对结论、求解过程做出说明，从而使专家系统更具有易用性。人机界面是系统与用户进行交流时的界面。通过该界面，用户可输入基本信息，回答系统提出的相关问题，并输出推理结果以及相关的解释等。

知识获取是指采集知识并把知识输入到知识库的过程。通过知识获取可以扩充和修改知识库中的内容，也可以实现自动学习功能。不过，目前的专家系统基本上都是依赖知识工程师获取和输入知识的，还不能像人一样自主地从原始数据中发现和提取知识，然后再自主地扩充和维护知识库。为了使计算机能运用专家的领域知识，必须要采用一定的方式表示知识，知识表示的相关内容将在第 2 章详细介绍。

专家系统的基本工作流程为：用户通过人机界面向系统提交求解问题和已知条件。推理机根据用户输入的信息和已知条件与结论对知识库中的规则进行匹配，并按照推理模式把生成的中间结论存放在综合数据库中。如果系统得到了最终结论，则推理结束，并将结果输出给用户。如果在现有条件下系统无法进行推理，则会要求用户提交新的已知条件或者直接宣告推理失败。最后，系统可根据用户要求对推理结论进行解释。

目前专家系统研究中主要存在以下问题：知识获取依赖知识工程师，需要大量人工处理。当面对海量信息时，如何提取有效指示，如何自主地获取知识是专家系统研究中公认的难题。不确定性知识和常识性知识的表示方法、规则、框架、网络等不同知识形式的统一表示和管理也是一大挑战。

1.4.9　计算机视觉

计算机视觉（computer vision）主要研究如何用计算机实现或模拟人类视觉功能。其主要研究目标是使计算机具有通过二维图像认知三维环境信息的能力，这种能力不仅包括对三维环境中物体形状、位置、姿态和运动等几何信息的感知，而且还包括对这些信息的描述、存储、识别和理解。

计算机视觉研究从 20 世纪 60 年代就开始了，但是直到 80 年代，随着计算机硬件性能的大幅提升以及 Marr 提出计算机视觉理论，才使得这个领域有了突破性的进展。现在，计算机视觉已经从模式识别的一个研究领域发展成为一门独立的子学科。

Marr 计算机视觉理论有两个核心论点：其一，人类视觉的主体是重构可见表面的几何形状；其二，人类视觉的重构过程是可以通过计算的方式完成的。虽然人们对 Marr 计算机视觉理论提出了各种质疑以及批评，但 Marr 的计算机视觉理论仍然是计算机视觉的主流理论。

计算机视觉通常可分为低层视觉和高层视觉两类。低层视觉主要执行预处理功能，其目的是使被观察的对象更突出，去除背景或者其他干扰信息，以有利于获取有效特征，提高系统准确性和执行效率。高层视觉则主要是理解所观察的形象，此时则需要掌握与观察对象所关联的知识。

计算机视觉一般包括以下几部分。

(1) 图像的获取

数字图像由一个或多个图像传感器产生。传感器可以是各种光敏摄像机，例如遥感设备、X 射线断层摄影仪、雷达、超声波接收器等。不同感知器产生的图片可能是二维图像、三维图组或者一个图像序列。图像的像素值往往对应于光在一个或多个光谱段上的强度。但也可以是相关的各种物理数据，如声波、电磁波或核磁共振的深度、吸收度或反射度。

(2) 图像的预处理

在对图像实施具体的计算机视觉方法来提取某种特定信息前，往往需要采用一种或多种预处理措施来使图像满足后继方法的要求。例如，二次取样保证图像坐标的正确；平滑去噪来滤除传感器引入的设备噪声；提高对比度来保证实现相关信息可以被检测到；调整尺度空间使图像结构适合局部应用等。

(3) 图像的特征提取

从图像中提取各种复杂信息的特征，如线段、曲线、边缘提取，局部化的特征点检测等，更复杂的特征可能与图像中的纹理、形状或者运动有关。

(4) 图像的检测、分割

在图像处理过程中，有时会需要对图像进行分割来提取有价值的用于后继处理的部分。

计算机视觉的研究包括实施并行处理、主动式定性视觉、动态和时变视觉、三维景物识别与重构、运动分割与跟踪、实时图像压缩和复原、多光谱和彩色图像的处理与解释等。计算机视觉已经在机器人装配、卫星图像处理、工业过程监控、飞行器跟踪等领域获得了成功应用。

1.4.10　人工生命

人工生命（artificial life）主要研究用计算机等人造系统演示、模拟、仿真具有自然生命系统特征的行为。自然生命系统行为具有自组织、自复制、自修复等特征，以及形成这些特征的混沌动力学、进化和环境适应。

人工生命的概念是美国科学家 Christopher Langton 于 1987 年在阿拉莫斯国家实验室召开的一次国际会议上提出的。他指出：生命的特征在于具有自我繁殖、进化等功能。地球上的生物只不过是生命的一种形式，只有用人工的方法，用计算机的方法或其他智能机械制造出具有生命特征的行为并加以研究，才能揭示生命全貌。

人工生命与生命的形式化基础有关。生物学从顶层开始入手，考察器官、组织、细胞、细胞核，直到分子，以探索生命的奥秘和机理。人工生命从底层开始，把器官作为简单机构的宏观群体来考察，自下向上进行综合，由简单的、被规则支配的对象构成更大的集合，并在交互作用中研究非线性系统的类似生命的全局动力学特性。

人工生命的理论和方法有别于传统人工智能和神经网络的理论和方法。人工生命通过计算机仿真生命现象所体现的自适应机理，对相关非线性对象进行更真实的动态描述和动态特征研究。

人工生命的研究包括以下内容：

① 生命自组织和自复制。研究天体生物学、宇宙生物学、自催化系统、分子自装配系统和分子信息处理等。

② 发育和变异。研究多细胞发育、基因调节网络、自然和人工的形态形成理论。目前，人们采用细胞自动机、L 系统等进行研究。细胞自动机是一种对结构递归应用简单规则组的模型。在细胞自动机中，被改变的结构是整个有限自动机格阵。L 系统是典型的形态形成理论，在 1968 年由 Lindenmayer 提出，它由一组符号串的重写规则组成，与乔姆斯基形式语法有密切关系。

③ 系统复杂性。对生命从系统角度来看它的行为，首先在物理上可以定义为非线性、非平衡的开放系统。生命体是混沌和有序的复合。非线性是复杂性的根源，这不仅表现在事物形态结构的无规分布上，也表现在事物发展过程中的近乎随机变化上。然而，通过混沌理论，人们却可以洞察到这些复杂现象背后的简单性。非线性把表象的复杂性与本质的简单性联系起来。

④ 进化和适应动力学。研究进化的模式和方式、人工仿生学、进化博弈、分子进化、免疫系统进化和学习等。在自然界，通过物种选择实现进化。遗传算法和进化计算是目前极为活跃的研究领域。

⑤ 自主系统。研究具有自我管理能力的系统。自我管理具体体现在以下 4 个方面：

a. 自我配置，即系统必须能够随着环境的改变自动地、动态地进行系统的配置。

b. 自我优化，即系统不断地监视各个部分的运行状况，对性能进行优化。

c. 自我恢复，即系统必须能够发现已存在的或潜在的问题，然后找到替代的方式或重新调整系统使系统正常运行。

d. 自我保护，即系统必须能够察觉、识别和使自己免受各种各样的攻击，维护系统的安全性和完整性。

⑥ 机器人和人工脑。研究生物感悟的机器人、自治和自适应机器人、进化机器人和人

工脑。

1.5 人工智能的发展趋势与存在的问题

这里我们主要讨论目前人工智能的发展趋势以及对于人工智能的未来发展展望。

1.5.1 人工智能的发展趋势

(1) 机器学习模型的民主化

机器学习旨在使计算机能够从数据中学习并在不依赖于程序中命令的情况下进行改进。这种学习最终可以帮助计算机构建模型，例如用于预测天气的模型。

(2) 用自然语言处理简化人机交互

自然语言处理（NLP）是人工智能的一个快速发展的分支，该领域专注于分析和理解人类语言。基于 NLP 的应用程序通过理解语音、上下文、方言和发音以及更细微差别来与人类交互。此外，NLP 正在帮助计算机培养超越人类的阅读能力和理解能力。

(3) 通过情感分析增强体验

利用情感分析的应用程序可以帮助企业更好地了解客户的需求，此类应用程序可以分析众多社交媒体渠道，以改善品牌的社交倾听。

情绪分析同时也在医疗保健和心理健康领域发挥着重要作用。除了有关身体健康的其他指标外，情绪感应可穿戴设备还可以监控心理健康状况。心理健康服务提供者也可以采用像 Karim 和 Woebot 这样的心理治疗聊天机器人来帮助人们管理他们的心理健康。

此外，汽车公司可以评估情绪分析的范围。通过在车辆上部署先进的情感检测系统，车载计算机将测量驾驶员的情绪和注意力水平以帮助驾驶。未来的自动驾驶汽车将完全能够取代驾驶员，通过检测诸如愤怒、焦虑等情绪和嗜睡等状态，以防止发生事故。

(4) 智慧城市的发展

目前，大多数城市都没有能力满足其爆炸性人口的需求。为庞大的城市人口提供水、电、更清洁的空气和便捷的交通正成为城市管理者的挑战，而获得医疗保健和公共服务是另一个主要问题。

智慧城市可以利用人工智能、大数据和物联网来解决大多数城市人口挑战。通过混合使用这些技术，可以更好地分析来自整个城市的摄像头数据，图像和实时视频分析有助于识别事故和交通拥堵。管理员可以利用此信息集中管理道路上的流量。此外，他们可以依靠智能系统自动控制交通信号，以便优先通过应急响应团队和执法机构。

除了一般监控外，面部识别和情感感知能力可能对在城市中运营的零售店有所帮助。基于人工智能的营销系统可以增强目前依赖于客户智能手机使用的地理位置和基于信标的店内营销方法。

人工智能在建筑设计和施工活动中也发挥着重要作用。基于 AI 的系统不仅可以管理建筑资产，还可以改进垂直框架系统的选择，帮助进行性能诊断，并通过 GIS 数据分析帮助规划施工阶段。在未来，人工智能将帮助设计纳米技术的定制建筑材料。这意味着除了钢筋和混凝土外，工程师还将拥有大量新建筑材料来建造环境可持续建筑。

1.5.2 人工智能存在的问题

霍金在接受 BBC 采访时表示："人类由于受到缓慢的生物进化限制，无法与机器竞争，并会被取代。全人工智能的发展可能导致人类的终结。"目前，人工智能主要存在以下问题：

① 人工智能对人类工作、生活方式的改变，可能影响到现有的法律体系、道德标准以及利益分配的模式等，而人类做出改变的速度未必能跟上人工智能的发展速度，这就会对社会现有的体制造成冲击，从而引发混乱。

② 人工智能替代人类思考，可能会使人类思维退化，从而威胁到人类的生存。

③ 大脑的实际工作，在宏观层面人们已经了解了些许，但是智能千姿百态、变幻莫测，复杂得难以理出清晰的头绪。在微观层面上，人们对大脑的工作机制却知之甚少，似是而非，使人们难以找出规律。

上述存在的问题说明，人类大脑的结构和功能要比人们想象的复杂得多，人工智能研究面临的困难要比人们估计的重大得多，人工智能研究的任务也要艰巨得多。要从根本上了解人脑的结构和功能，解决面临的难题，完成人工智能的研究任务，需要寻找和建立更先进的人工智能框架和理论体系，打下人工智能进一步发展的理论基础。我们仍然需要坚持奋斗，进行多学科联合协作研究，从根本上解开"智能"之谜，使人工智能理论达到一个更高的水平。

2　知识表示

 案例引入

　　① C 地点有一个机器人，A 地点与 B 地点分别有桌子 a 与桌子 b。现在要求控制机器人从 C 地点出发，到达 A 地点从桌子 a 上取走箱子并放到 B 地点的桌子 b 上。如何令机器人理解上述指令并执行呢？

　　② 郝回归是湘潭十五中高一文科班的一名语文教师，他今年 43 岁，工龄 21 年。如何令计算机记录这条信息呢？

　　③ 所有住在道峰区双门洞的孩子们都是好朋友。如何令计算机理解这条信息所包含的具体内容呢？

　　以上这些可以归纳为一个问题，即应该采用什么方法使计算机能够充分理解人类语言所表达的丰富内涵。这就涉及知识表示的相关内容，以及不同的语境条件下需要用到的不同知识表示方法。

 学习意义

　　人工智能是以知识为基础的，知识包括事实、规则和控制策略等不同类型，如 "太阳是圆的""如果红灯亮，则停止行走""从最近的房间开始逐个寻找" 等。而现在的计算机是数字式的，只能处理二进制代码。那么如何让计算机能够理解人类用自然语言表达的知识，从而像人类的思维过程一样在机器上进行推理、判断、学习、决策等各种信息加工，并将加工后的结果以人类能够理解的形式呈现给用户呢？这一直以来都是人工智能研究的核心问题之一。同时，作为人工智能研究领域需要解决的首要问题，知识表示新方法和混合表示方法的研究也是许多人工智能专家学者感兴趣的研究方向。人们总是希望能够使用行之有效的知识表示方法来解决面临的问题，适当选择和正确使用知识表示方法将极大地提高人工智能问题的求解效率，因此需要学习不同的知识表示方法，以解决不同语境条件下的人工智能问题。

 **学习目标**

- 熟悉并理解知识表示的相关概念；
- 掌握各种知识表示方法的推理过程、适用范围与特点。

2.1 知识与知识表示的概念

人类的知识需要用适当的模式表示出来，才能存储到计算机中并被运用。因此，知识的表示成为人工智能中一个十分重要的研究课题。

2.1.1 知识的概念

知识是人们在长期的生活及社会实践中、在科学研究及实验中积累起来的对客观世界的认识和经验。人们把实践中获得的信息关联在一起就形成了知识。一般来说，把有关信息关联在一起所形成的信息结构称为知识。

经验的描述需要涉及数据和信息的概念。数据是记录信息的符号，是信息的载体和表示。信息是对数据的解释，是数据在特定场合下的具体含义。信息仅仅是对客观事物的一种简单描述，只有经过加工、整理和改造等工序，并形成对客观世界的规律性认识后才能成为知识。

知识可以说是人们对客观事物及其规律的认识，它包括人们利用客观规律解决实际问题的方法和策略等，还包括对事物的现象、本质、属性、状态、关系、联系和运动等的认识，即对客观事物原理的认识。利用客观规律解决实际问题的方法和策略，包括解决问题的步骤、操作、规则、过程、技术、技巧等具体的微观性方法，也包括诸如战术、战略、计谋、策略等宏观性方法。

2.1.2 知识的特性

（1）知识的相对正确性

知识来自于人们对客观世界运动规律的正确认识，是从感性认识上升为理性认识的高级思维劳动过程的结晶，故对于一定的客观环境与条件，知识无疑是正确的。此处的"一定的客观环境与条件"是必不可少的，它是知识正确性的前提。例如，牛顿的力学定律只有在一定的条件下才是正确的。

然而当客观环境与条件发生改变时，知识的正确性就要受到检验，必要时还需要对原来的认知加以修正或补充，甚至完全更新。例如，"1+1=2"在十进制中是正确的知识，但在二进制中则需要更新为"1+1=10"才是正确的知识。

因此，机器中知识的表示与运用，应当注意结合具体环境进行具体分析。在人工智能中，知识的相对正确性更加突出。除了人类知识本身的相对正确性外，在建造专家系统时，为了减少知识库的规模，通常将知识限制在所求解问题的范围内，即只要知识对所求解的问题是正确的即可。

（2）知识的确定与不确定性

知识是由若干信息关联的结构组成的，但是由于现实世界的复杂性，获得的信息有的是精确的，有的也可能是不精确的、模糊的；而关联也可能是确定的或不确定的。这就使得知识除了"真"和"假"两种状态之外还存在许多中间状态，即存在"真"的程度的问题。知识的这一特性就是所谓的不确定性。

造成知识具有不确定性的原因是多方面的，主要包括以下几个方面：

① 由随机性引起的不确定性。由随机事件形成的知识不能简单地用"真"和"假"来刻画，它是不确定的。例如，"如果头痛，则有可能感冒了"这条知识中，"有可能"实际上就是反映了"头痛"与"感冒"间的不确定因果关系。因此，它就是一条不确定的知识。

② 由模糊性引起的不确定性。由于某些事物客观上存在的模糊性，使得人们无法把两个类似的事物严格区分开来，并不能明确地判定一个对象是否符合一个模糊的概念。此外，由于某些事物之间存在着模糊关系，使人们不能准确地判别它们之间的关系究竟是"真"还是"假"。像这样由模糊概念、模糊关系所形成的知识显然是不确定的。例如，对"青年人"这一概念的年龄阶段描述，不同的人有不同的判别标准，并没有一个明确的界限表示具体的年龄阶段，这里对"青年人"的描述就是模糊的。

③ 由经验引起的不确定性。知识一般是由领域的专家提供的，这种知识大都是专家们在长期的实践及研究中积累起来的经验性知识。尽管领域专家多次运用的经验可能都是成功的，但并不能保证每一次都是正确的。事实上，经验自身就蕴含了不确定性与模糊性，由此形成了知识的不确定性。

④ 由不完全性引起的不确定性。人们对客观世界的认识是逐步提高的，只有积累了大量的感性认识后才能升华到理性认识的高度，形成某种知识。因此，知识有一个逐步完善的过程。在这个过程中，或是由于客观事物表露得不够充分，使人们对它的认识不够全面；或充分表露的事物并未被完全抓住本质，使人们对它的认识不够准确。这种认识上的不全面、不准确必然导致对应的知识是不精确、不确定的。例如，人类当前对宇宙的探索还是不完全的，因此造成了有关宇宙知识的不确定性。不完全性是使知识具有不确定性的一个重要原因。

尽管不确定性知识给人们带来了一些困惑，但它反映了客观世界的多样性、丰富性和复杂性。人们可以通过概率论、模糊数学、贝叶斯方法等逻辑理论，进行不确定性环境下的研究与分析，这大大丰富并扩展了人工智能科学应用领域的范围。

(3) 知识的可表示性、可利用性与可发展性

为了使知识便于传播和学习，人们创造了各种适当的形式来记录、描述、表示和利用知识，如语言、文字、图形等，这就是知识的可表示性。知识的可利用性是指知识可以被利用，这也使得计算机或智能机器能够利用知识成为现实。而知识的机器可学习性、可表示性使得人工智能得以不断进步与发展成为必然，即知识的可发展性。总之，人类的发展史就是不断地积累知识、利用知识和发展知识创造文明的历史。

2.1.3 知识的表示

人工智能问题的求解是以知识表示为基础的，如何将已获得的有关知识表示成计算机能够描述、存储、有效利用的知识是必须要解决的问题。知识表示实际上就是对知识的描述，即用一些约定的符号把知识编码成一组能被计算机接受并便于系统使用的数据结构。目前已经提出了许多较为经典的知识表示方法，如一阶谓词逻辑表示法、产生式表示法、框架表示法、语义网络表示法等。

已有的知识表示方法大都是在进行某项具体研究时提出的，有一定的针对性和局限性，因此不同的知识表示方法各有优劣，在考虑具体使用哪一种知识表示方法时应当遵循以下相关原则。其一，是否能够充分表示领域性知识，有时可能需要根据具体情况采用多种知识表示方法结合；其二，是否具备可利用性，即通过使用的知识进行推理能否求解现实问题，如果不可利用会影响系统的推理效率；其三，是否可以对知识进行组织管理，即根据需要对已知的知识进行增添或删减，长期使用时还需进行定期的维护；其四，是否便于理解和实现。

随着知识系统复杂性的不断增加，人们发现单一的知识表示方法已不能满足需要，于是又提出了混合知识表示。另外，所谓的不确定或不精确知识的表示问题也使得知识表示目前仍然是人工智能、知识工程中的一个重要研究课题。

以上所提及的知识表示，仅仅是指知识的逻辑结构或形式。要使这些外部的逻辑形式转化为计算机或智能机器的内部形式，还需要程序语言的支持。理论上，一般的通用程序设计语言都可以实现上述的大部分表示方法。但有时使用专门的面向某一知识表示的语言更加方便和有效。因此，几乎每一种知识表示方法都有其相应的专用实现语言。如支持谓词逻辑表示法的 Programming in Logic（PROLOG）和 List Processing（LISP），专门支持框架表示法的 FRL，支持面向对象表示法的 Java 和 C++等。另外，还有一些专家系统工具或知识工程工具，也支持某些知识表示方法。

2.2　一阶谓词逻辑表示法

命题逻辑与谓词逻辑是最先应用于人工智能的两种逻辑，对知识的形式化表示，特别是定理的自动证明发挥了重要作用，在人工智能的发展史中占有重要地位。

在命题逻辑中，命题是指一个非真即假的陈述句，通常用大写的英文字母表示，没有真假意义的语句不能被称作命题。简单陈述句表达的命题称简单命题或原子命题，引入否定、合取、析取、条件、双条件等连接词，可以用原子命题构成复合命题。

但命题逻辑表示法有很大的局限性，它无法把所描述的事物结构及逻辑特征反映出来，也不能把不同事物间的共同特征表示出来。例如，"刘建国是刘大志的父亲"是一个由英文字母 P 表示的命题，但单纯的英文字母却无法反映刘建国与刘大志的父子关系。再如，"莫扎特是音乐家"和"舒伯特是音乐家"是两个有共同特征的不同命题，但命题逻辑却无法将这两个命题的共同特征"都是音乐家"以某种形式表现出来。因此在命题逻辑上发展出了谓词逻辑，命题逻辑可以看作是谓词逻辑的一种特殊形式。

基于谓词逻辑的机器推理也称自动推理，它是人工智能早期的主要研究内容之一。一阶谓词逻辑是一种表达力很强的形式语言，且这种语言非常适合当前的数字计算机，因此已经成为知识表示的首选。基于这种语言，不仅可以实现类似于人推理的自然演绎法自动推理，也可以实现不同于人的归结法自动推理。

2.2.1　基本概念

（1）谓词

谓词逻辑是基于命题中谓词分析的一种逻辑。一个谓词可分为谓词名与个体两个部分。个体是命题的主体，表示某个独立存在的事物或者某个抽象的概念；谓词名是命题的谓语，用于刻画个体的性质、状态或个体间的关系。

谓词的一般形式是

$$P(x_1, x_2, \cdots, x_n)$$

其中，P 是谓词名，$(x_1, x_2, \cdots, x_n)$ 是个体。谓词中包含的个体数目称为谓词的元数。$P(x)$ 是一元谓词，$P(x, y)$ 是二元谓词，$P(x_1, x_2, \cdots, x_n)$ 是 n 元谓词。

谓词名是由使用者根据需要人为定义的，一般用具有相应意义的英文单词表示，或用大写的英文字母表示，也可以使用其他符号甚至汉字来表示。个体通常用小写的英文字母表示。在谓词中，个体可以是常量，也可以是变元，还可以是一个函数。个体常量、个体变元、个体函数统称为"项"。

个体是常量，表示一个或一组指定的个体。例如，"梵高是一个画家"命题中，梵高是常量个体，画家就是该个体的特征。"5＞3"命题中，"5"和"3"都是常量个体，"＞"刻画了常量个体之间的大小关系。

个体是变元，表示没有指定一个或一组个体。例如，"$x < 5$"命题中，x 即为变元个体。变元个体的取值范围称为个体域，与数学中函数的定义域类似，个体域可以是有限的也可以是无限的。

个体是函数，表示一个个体到另一个个体的映射，表达了个体之间的对应关系。例如，"刘大志的父亲刘建国是一名医生"命题中，"刘建国是刘大志的父亲"即是刘大志与刘建国之间的映射关系。

此后，约定使用大写的英文字母作为谓词符号，用小写字母 a、b、c 等表示常量个体，用小写字母 x、y、z 等表示变元个体，用小写字母 f、g、h 等表示函数。

函数与谓词表面上很相似，但其实这是两个完全不同的概念。谓词的真值是真或假，而函数的值是个体域中的某个个体，函数无真值可言，它只能表示个体域中一个个体到另一个个体的映射。

在谓词 $P(x_1, x_2, \cdots, x_n)$ 中，若 $x_i (i = 1, 2, \cdots, n)$ 都是常量个体、变元个体或函数个体，则称它为一阶谓词；若某个 x_i 本身又是一个一阶谓词，则称它为二阶谓词，以此类推。本书仅涉及一阶谓词逻辑，此后提及的谓词也都是指一阶谓词。

(2) 连词

命题可以分为原子命题和复合命题，无论是命题逻辑还是谓词逻辑，后者都可以由前者通过连词复合而成，以表示更加复杂的含义。设 P、Q 分别表示不同的命题，现将常用的连词按照优先级顺序描述如下：

① ¬（否定或非）表示否定位于它后面的命题，即对任意的命题 P，¬P 表示对命题 P 的否定，即"非 P"。如"丁当不在房间里"可以表示为 ¬$Inroom$(Ding Dang)。

② ∨（析取）表示被连接的两个命题具有"或"的关系，即对命题 P 和 Q，复合命题 $P \vee Q$ 表示对命题 P 或命题 Q 的析取，即"P 或 Q"。如"丁当唱歌或游泳"可以表示为 $Sings$(Ding Dang) ∨ $Swims$(Ding Dang)。

③ ∧（合取）表示被连接的两个命题具有"与"的关系，即对命题 P 和 Q，复合命题 $P \wedge Q$ 表示对命题 P 和命题 Q 的合取，即"P 与 Q"。如"丁当喜欢唱歌和跳舞"可以表示为 $Like$(Ding Dang, Sing) ∧ $Like$(Ding Dang, Dance)。

④ →（条件或蕴含）表示"如果……，则……"的含义，即对命题 P 和 Q，复合命题 $P \rightarrow Q$ 表示"P 蕴含 Q"，即"如果 P，则 Q"。其中，P 称为条件的前件，Q 称为条件的后件。如"如果陈桐跑得最快，则他是冠军"可以表示为 $Runs$(Chen Tong, Faster) → $Wins$

（Chen Tong，Champion）。

该连词表示的"蕴含"与汉语中的条件关系有所区别，在汉语中条件关系的前后要有联系才是正确的，而在命题中表示蕴含的前后可以毫无关系。此外，只有当前件为真后件为假时，蕴含的取值才为假，其余情况下蕴含取值均为真。例如，"如果太阳从西边出来，则雪是白的"这一命题取值即为真。

⑤ ↔（双条件或等价）表示"当且仅当"的含义，即对命题 P 和 Q，复合命题 $P \leftrightarrow Q$ 表示"P 等价于 Q"，即"P 当且仅当 Q"。

根据上述连词可以获得表 2.1 所示的真值表。

表 2.1　谓词真值表

P	Q	$\neg P$	$P \vee Q$	$P \wedge Q$	$P \rightarrow Q$	$P \leftrightarrow Q$
T	T	F	T	T	T	T
T	F	F	T	F	F	F
F	T	T	T	F	T	F
F	F	T	F	F	T	T

【例 2.1】　请通过连词用谓词表示语句："如果陈小武捡到一只小狗，且小狗受伤了，则他或者晚上把小狗带回家，或者第二天带小狗去医院。"

解　先用谓词表示出复合命题中的原子命题。

陈小武捡到一只小狗：$Pick up$（Chen Xiaowu，Dog）；

小狗受伤了：$Hurt$（Dog）；

他晚上把小狗带回家：$Go home$（Chen Xiaowu，Dog，Evening）；

他第二天带小狗去医院：$Go to the hospital$（Chen Xiaowu，Dog，The Next Day）。

再通过连词连接上述谓词：

$Pick up$（Chen Xiaowu，Dog）$\wedge Hurt$（Dog）$\rightarrow Go home$（Chen Xiaowu，Dog，Evening）$\vee Go to the hospital$（Chen Xiaowu，Dog，The Next day）

（3）量词

在一阶谓词逻辑中除了以上描述的连词外，为了刻画谓词与个体之间的关系，还引入了两个量词，即全称量词和存在量词，分别用于对个体做出量的刻画。

① ∀（全称量词）表示个体域中的所有（或任一）个体。如"所有的机器人都是灰色的"可以表示为（$\forall x$）（$Robot(x) \rightarrow Color(x, Gray)$）。

② ∃（存在量词）表示在个体域中存在的个体。如"七号房间里有个物品"可以表示为（$\exists x$）（$Inroom(x, Room7)$）。

全称量词和存在量词可以出现在同一个命题中，但量词的次序会对命题表达的含义有影响。例如，（$\forall x$）（$\exists y$）（$Robot(x) \rightarrow Color(y, x)$）表示"每个机器人都有一种颜色"；（$\exists y$）（$\forall x$）（$Robot(x) \rightarrow Color(y, x)$）表示"存在一个颜色，所有的机器人都是这个颜色"。

位于量词后面的单个谓词或者用括号括起来的谓词公式称为量词的辖域，辖域内与量词中同名的变元称为约束变元，不受约束的变元称为自由变元。例如，（$\exists x$）（$P(x, y) \rightarrow Q(x, y)$）$\vee R(x, y)$ 中，（$P(x, y) \rightarrow Q(x, y)$）就是（$\exists x$）的辖域，辖域中的变元 x 受（$\exists x$）约束，而 $R(x, y)$ 中的 x 则是自由变元，该式中所有变元 y 都是自由变元。

2.2.2　谓词公式

(1) 谓词公式的解释

通过归纳法给出谓词公式的定义如下:

定义 2.1　① 单个谓词是谓词公式,称为原子谓词公式。

② 若 P 是谓词公式,则 $\neg P$ 也是谓词公式。

③ 若 P、Q 都是谓词公式,则 $P \vee Q$、$P \wedge Q$、$P \rightarrow Q$、$P \leftrightarrow Q$ 也都是谓词公式。

④ 若 P 是谓词公式,则 $(\forall x)P$、$(\exists x)P$ 也都是谓词公式。

⑤ 有限步应用①～④生成的公式也是谓词公式。

综上所述,谓词公式的概念可以理解为由谓词符号、变量符号、函数符号以及括号、逗号等按照一定语法规则组成的字符串的表达式。

(2) 谓词公式的性质

在命题逻辑中,对命题公式中各个命题变元的一次真值指派称为命题公式的一个解释。一旦命题确定后,根据各连接词的定义就可以求出命题公式的真值(T 或 F)。而在谓词逻辑中,由于公式中可能包含变元个体或函数个体,因此无法直接通过真值指派给出解释,必须首先考虑变元和函数在个体域中的取值,然后才能针对变元与函数的具体取值为谓词分别指派真值。由于存在多种组合情况,因此一个谓词公式的解释可能有很多种,而对于每一个解释,谓词公式都能够求出一个真值(T 或 F)。

① 永真性、可满足性、不可满足性。

定义 2.2　若谓词公式 P 对个体域 D 上的任何一个解释都取得了真值 T,则称 P 在 D 上永真;若 P 在每个非空个体域上均是永真,则称 P 永真。

定义 2.3　若谓词公式 P 对个体域 D 上的任何一个解释都取得了假值 F,则称 P 在 D 上永假;若 P 在每个非空个体域上均是永假,则称 P 永假。

定义 2.4　对谓词公式 P,若至少存在一个解释使得公式 P 在此解释下的真值为 T,则称公式 P 是可满足的;否则,称公式 P 是不可满足的。

② 永真蕴含。

定义 2.5　对谓词公式 P 和 Q,若 $P \rightarrow Q$ 永真,则称公式 P 永真蕴含 Q,记作 $P \Rightarrow Q$,且称 Q 为 P 的逻辑结论,P 为 Q 的前提。

现将常见的主要永真蕴含式列举如下:

a. 假言推理:P,$P \rightarrow Q \Rightarrow Q$。即由 P 为真和 $P \rightarrow Q$ 为真,可推出 Q 为真。

b. 拒取式推理:$\neg Q$,$P \rightarrow Q \Rightarrow \neg P$。即由 Q 为假和 $P \rightarrow Q$ 为真,可推出 P 为假。

c. 假言三段论:$P \rightarrow Q$,$Q \rightarrow R \Rightarrow P \rightarrow R$。即由 $P \rightarrow Q$ 和 $Q \rightarrow R$ 为真,可推出 $P \rightarrow R$ 为真。

d. 全称固化:$(\forall x)P(x) \Rightarrow P(y)$。其中,$y$ 是个体域中的任一个体,利用该永真蕴含式可以消去公式中的全称量词。

e. 存在固化:$(\exists x)P(x) \Rightarrow P(y)$。其中,$y$ 是个体域中某一个可使 $P(y)$ 为真的个体,利用该永真蕴含式可以消去公式中的存在量词。

f. 反证法。

定理 2.1　Q 为 P_1,P_2,$\cdots$,P_n 的逻辑结论,当且仅当 $(P_1 \wedge P_2 \wedge \cdots \wedge P_n) \wedge \neg Q$ 是不可满足的。

该定理是归结反演的理论依据。

（3）谓词公式的等价性

定义 2.6　设 P 和 Q 两个谓词公式，D 为它们共同的个体域，若对 D 上的任何一个解释，P 与 Q 都有相同的真值，则称公式 P 和 Q 在 D 上是等价的。若 D 是任意的个体域，则称 P 和 Q 是等价的，并记作 $P \Leftrightarrow Q$。

现将常见的等价式见表 2.2。

表 2.2　常见的等价式

定律	等价式
交换律	$P \lor Q \Leftrightarrow Q \lor P$ $P \land Q \Leftrightarrow Q \land P$
结合律	$(P \lor Q) \lor R \Leftrightarrow P \lor (Q \lor R)$ $(P \land Q) \land R \Leftrightarrow P \land (Q \land R)$
分配律	$P \lor (Q \land R) \Leftrightarrow (P \lor Q) \land (P \lor R)$ $P \land (Q \lor R) \Leftrightarrow (P \land Q) \lor (P \land R)$
德摩根律	$\lnot(P \lor Q) \Leftrightarrow \lnot P \land \lnot Q$ $\lnot(P \land Q) \Leftrightarrow \lnot P \lor \lnot Q$
双重否定律(对合律)	$\lnot \lnot P \Leftrightarrow P$
吸收律	$P \lor (P \land Q) \Leftrightarrow P$ $P \land (P \lor Q) \Leftrightarrow P$
补余律(否定律)	$P \lor \lnot P \Leftrightarrow T$ $P \land \lnot P \Leftrightarrow F$
连接词化归律	$P \to Q \Leftrightarrow \lnot P \lor Q$
逆否律	$P \to Q \Leftrightarrow \lnot Q \to \lnot P$
量词转换律	$\lnot(\exists x)P \Leftrightarrow (\forall x)(\lnot P)$ $\lnot(\forall x)P \Leftrightarrow (\exists x)(\lnot P)$
量词分配律	$(\forall x)(P \land Q) \Leftrightarrow (\forall x)P \land (\forall x)Q$ $(\exists x)(P \lor Q) \Leftrightarrow (\exists x)P \lor (\exists x)Q$

如上所述的永真蕴含式和等价式是进行演绎推理的重要依据，因此这些性质与公式又称为推理规则。

2.2.3　谓词逻辑表示法

谓词逻辑表示法是一种基于数理逻辑的知识表示方法，它不仅可以用来表示事物的状态、属性、概念等事实性知识，还能表示事物的因果关系。用谓词逻辑表示法表示知识的步骤如下：

① 根据要表示的知识定义谓词及个体，确定每个谓词及个体的确切含义；

② 根据要表达的事物或概念，为谓词中的变元赋以特定的值；

③ 根据所要表达的知识的语义，用适当的连接符号把这些谓词连接起来，形成谓词公式。

【例 2.2】　用谓词逻辑表示下列知识：

① 所有父母都有自己的孩子。

② 偶数除以 2 是整数。

解 按照步骤首先定义谓词。

$Parent(x)$ 表示 x 是父母；$Children(y)$ 表示 y 是孩子；$Parent(x, y)$ 表示 x 是 y 的父母。$D(x)$ 表示 x 是偶数；$Z(x)$ 表示 x 是整数；$e(x)$ 表示除以 2 的操作。

连接符号连接谓词形成谓词公式

$(\forall x)(\exists y)(Parent(x) \rightarrow Parent(x, y) \wedge Children(y))$

$(\forall x)(D(x) \rightarrow Z(e(x)))$

2.2.4 谓词逻辑表示法的特点

(1) 优点

① 自然性。谓词逻辑是一种接近自然语言系统的形式语言，它表示的知识接近人们对问题的理解，因此更易于被人们接受。

② 精确性。谓词逻辑是二值逻辑，谓词公式的取值只有真或假，因此可以用来表示精确的知识，而且可以保证演绎推理所得结论的精确性。

③ 严密性。谓词逻辑具有严格的形式定义及推理规则，利用这些推理规则及有关定理证明技术可以从已知事实推出新的事实，或证明做出的假设。

④ 易于实现。谓词逻辑表示的知识比较容易转化为计算机的内部形式，从而易于模块化，每个知识都相对独立，彼此之间不直接发生某种联系，而是通过人类对知识进行增加、删除或修改等操作。

(2) 局限性

① 无法表达不确定的知识。谓词逻辑只能表达精确性的知识，无法对不精确、模糊性的知识进行正确表达，而人类想要表达的知识在复杂现实世界中不同程度地具有不确定性，这就使得它能够表示知识的范围受到了限制。

② 组合爆炸。在推理过程中，随着事实数目的增加，如果不加筛选地盲目使用推理规则，就有可能出现组合爆炸问题。目前这方面的研究工作中出现了一些比较有效的解决方法，如定义一个过程或启发式控制策略选取合适的规则等。

③ 效率低。用谓词逻辑表示知识时，推理是根据形式逻辑进行的，把推理与知识的语义割裂开来，使得推理过程冗长，大大降低了系统的效率。

尽管谓词逻辑表示法仍有上述局限性，但它仍是一种重要的表示方法，许多专家系统的知识表达都采用了谓词逻辑表示，如格林等人研制的用于求解化学等方面问题的 QA3 系统、菲克斯等人研制的 STRIPS 机器人行动规划系统、费尔曼等人研制的 FOL 机器证明系统。

2.3 产生式表示法

产生式表示法又称为产生式规则表示法。1943 年，美国的逻辑学家博斯特（E. Post）首先提出产生式系统，其中使用了产生式规则来表示知识。这种表示方法刻画了各种知识块之间的因果关系，揭示了人类求解问题的行为特征，并通过认识-行动的循环过程求解问题。其优点是形式简单、意义明了，各产生式规则彼此独立，符合人类的认知过程，因而被广泛地应用在多个领域中。

2.3.1 产生式的知识表示

产生式通常用于表示事实、规则以及它们的不确定性度量，适合于表示事实性知识和规则性知识。

事实可以看作一个语言变量的值或断言，或者多个语言变量间关系的陈述句。语言变量的值或是语言变量间的关系可以通过一个词来描述。一般可以分为确定的事实性知识产生式表示和不确定的事实性知识产生式表示。

规则表示的是事物间的因果关系，也可以成为产生式，主要分为确定的规则知识产生式表示和不确定的规则知识产生式表示。

(1) 确定性事实性知识的产生式表示

确定性事实一般用三元组表示

$$（对象，属性，值）或（关系，对象1，对象2）$$

例如，"刘大志的年龄是 17 岁"可以表示为（Liu Dazhi，Age，17）；"韦笑和丁当是好朋友"可以表示为（Friend，Weixiao，Dingdang）。

(2) 不确定性事实性知识的产生式表示

不确定性事实一般用四元组表示

$$（对象，属性，值，置信度）或（关系，对象1，对象2，置信度）$$

例如，"郝铁梅可能是一个会计"可以表示为（Hao Tiemei，occupation，accountant，0.9）；"郑伟和刘大志不太可能是好朋友"可以表示为（Friend，Zheng Wei，Liu Dazhi，0.1）。

(3) 确定性规则知识的产生式表示

确定性规则知识的产生式表示的基本形式为

$$If\ P\ Then\ Q\ 或\ P{\rightarrow}Q$$

其中，P 是产生式的前提，用于指出该产生式是否可用的条件；Q 是一组结论或操作，用于指出当前提 P 所指示的条件满足时，应该得出的结论或应该执行的操作。整个产生式所表达的含义是：若前提 P 被满足，则可以得到结论 Q 或执行 Q 所规定的操作。

例如，"rule1：If 陈桐数学试卷上所有题都做对了 Then 他的数学试卷是满分"这一个产生式规则中，rule1 是产生式的编号，"陈桐数学试卷上所有题都做对了"是前提 P，"他的数学试卷是满分"是结论 Q。

(4) 不确定性规则知识的产生式表示

不确定性规则知识的产生式表示的基本形式为

$$If\ P\ Then\ Q\ （置信度）或\ P{\rightarrow}Q\ （置信度）$$

例如，MYCIN 专家系统中的一条产生式为：

P：细菌革兰氏染色阴性

　　形态杆状

　　生长需氧

Q：该细菌是肠杆菌属，可信度为 0.8

这条产生式规则表示所包含的知识是不确定性知识，当所列出的前提条件全都满足时，结论"该细菌是肠杆菌属"的可信度是 0.8，此处的 0.8 即表示规则置信度。

产生式与谓词逻辑中蕴含式的基本形式十分相似，但蕴含式只是产生式的一种特殊情况，它们的主要区别如下：

① 产生式包含蕴含逻辑，除此之外还包含各种操作、规则、变换、算子、函数等。产生式描述了事物之间的一种对应关系（包含因果关系、蕴含关系等），其外延十分广泛。谓词逻辑中的逻辑蕴含式和等价式、数学中的微积分公式、化学中的分子结构式变换规则、国家的法律条文等都可以用产生式表示。

② 蕴含式只能表示确定性的知识，其真值只能为真或假，而产生式不仅可以表示确定性知识，还可以通过置信度的引入表示不确定性知识。

③ 决定一条知识是否可用，需要判断当前是否有已知事实可以与前提中规定的条件匹配。这种匹配在谓词逻辑的蕴含式中要求必须精确；而在产生式表示知识的系统中，只要按照某种算法求出的相似度落在预先指定的范围内就认为匹配成功，因此对匹配精度的要求并不严格。

2.3.2 产生式系统的组成

把一组产生式放在一起，让它们相互配合、协同作用，这样的系统称为产生式系统。一个产生式生成的结论可以供另一个产生式作为已知事实使用，以求得问题的解。

一般地，一个产生式系统由规则库、综合数据库和控制系统（推理机）三大部分组成，它们之间的关系如图 2.1 所示。

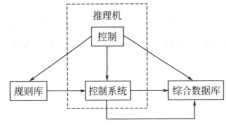

图 2.1　产生式系统基本结构

（1）规则库

用于描述相应领域内知识的产生式集合称为规则库。

规则库是产生式系统求解问题的基础，其知识是否完整一致，表达是否准确灵活，对知识的组织是否合理等，将直接影响到系统的性能。因此，需要对规则库中的知识进行合理的组织和管理，检测并排除冗余和矛盾的知识，保持知识的一致性。采用合理的结构形式，可以使推理避免访问与求解当前问题无关的知识，从而提高求解问题的效率。

（2）综合数据库

综合数据库也称为事实库、上下文、黑板等。它是一个用于存放问题求解过程中各种当前信息的数据结构，如问题的初始状态、原始证据、推理中得到的中间结论及最终结论。当规则库中某条产生式的前提可与综合数据库的某些已知事实相匹配时，该产生式就被激活，并把它推理出的结论放入综合数据库中，作为后面推理的已知事实，因此综合数据库的内容是随着推理过程不断变化的。

（3）控制系统（推理机）

控制系统又称为推理机，它是由一组程序组成的，负责整个产生式系统的运行，实现对问题的求解。一般地，推理机主要完成以下工作：

① 规则与事实匹配。按一定的策略从规则库中选择规则与综合数据库中的已知事实进行匹配，即把规则的前提条件与综合数据库中的已知事实进行比较，若两者一致，或近似一致且满足预先规定的条件，则匹配成功，相应的规则被使用，否则视为匹配不成功。

② 冲突消解。在推理过程中，当前事实可能与规则库中的多条规则匹配，而每次推理时却只能执行一条规则，这种情况称为匹配发生冲突。推理机调用相应解决冲突策略进行消

解的过程就称为冲突消解，冲突消解的一般思路就是将所有可用规则排序，依次从队列中取出候选规则，最终选出最佳匹配执行。

③ 执行规则。若某一规则的后件是一个或多个结论，则把这些结论加入到综合数据库中；若规则的后件是一个或多个操作，则执行这些操作。对于不确定性知识，在执行每一条规则时还要按一定的算法计算结论的不确定性（置信度）。

④ 检查推理终止条件。检查综合数据库中是否包含了最终结论，决定是否停止系统的运行。

2.3.3 基于产生式系统的推理

产生式系统推理机的推理方式有正向推理、逆向推理和双向推理 3 种。

(1) 正向推理

正向推理是从已知事实出发，通过规则库求得结论，也称为数据驱动方式，或自底向上的方式。其基本推理过程如下：

第 1 步，用数据库中的事实与可用规则集中所有规则的前件（前提条件）进行匹配，得到匹配的规则集合；

第 2 步，使用冲突解决算法，从匹配规则集合中选择一条规则作为启用规则；

第 3 步，执行启用规则的后件（结论或操作），将该启用规则的后件送入综合数据库或对综合数据库进行必要的修改；

第 4 步，重复 1～3 步，直到达到目标或无可匹配的规则为止。

在不考虑利用启发式知识的情况下，现列举常用的排序依据如下：

① 专用性与通用性排序。若某一规则的前件集包含了另一规则的所有前件，则前一规则较后一规则更专门化；若某一规则中的变量在另一规则中是常量，则后一规则比前一规则更专门化。这样的情况下优先使用专门化规则。

② 规则排序。通过对问题领域的了解，规则集本身就可以划分优先次序。最适用的或使用频率最高的规则被优先使用。

③ 数据排序。将规则中的前提条件部分按某个优先次序进行排序。

④ 规模排序。按照条件部分的规模进行排序，条件多者被优先使用。

⑤ 就近排序。最近使用的规则被排在优先位置，这样可以令使用频率高的规则排列在靠前的位置而被优先使用。

对于包含启发式知识的推理，除了以上冲突消解策略外，还可以从以下方面考虑消解策略：

① 成功率高的规则被优先使用。

② 按规则先前执行的性价比排序，性价比高者被优先使用。

下面给出动物识别系统 IDENTFIER 中的几条规则来具体说明正向推理的过程：

规则 I2　If 该动物能产乳
　　　　　Then 它是哺乳动物

规则 I8　If 该动物是哺乳动物
　　　　　　该动物反刍
　　　　　Then 它是有蹄动物且是偶蹄动物

规则 I11　If 该动物是有蹄动物

> 该动物有长颈
> 该动物有长腿
> 该动物的颜色是黄褐色
> 该动物有深色斑点
> Then 它是长颈鹿

根据上述规则，假如已知某个动物产乳，根据规则 I2 可以推出这个动物是哺乳动物；如果再知道该动物反刍，根据规则 I8 又可以推出该动物有蹄且是偶蹄动物，于是得到新事实：该动物是有蹄动物。再加上该动物有长颈、有长腿等事实，根据规则 I11 就可以推出该动物是长颈鹿。

总的来说，正向推理方式的主要优点就是简单明了，且能求出所有解。但它的缺点是执行效率低，因为推理过程中可能会得出一些与目标没有直接关系的事实而造成计算空间和时间的浪费。

（2）逆向推理

逆向推理是从目标出发，逆向使用规则，求得已知事实，也称为目标驱动方式或自顶向下的方式。其基本推理过程如下：

第 1 步，用规则库中的规则后件与目标事实进行匹配，获得匹配的规则集合；

第 2 步，使用冲突消解算法，从匹配规则集合中选择一条规则作为启用规则；

第 3 步，将启用规则的前件作为子目标；

第 4 步，重复 1～3 步，直到各子目标均为已知事实为止。

从以上推理过程可以看出，进行逆向推理时可以先假设一个结论，然后利用规则去推导支持假设的事实。如果目标明确，使用逆向推理方式的效率是比较高的，因此比较常用。

例如，在动物识别系统 IDENTIFIR 中，为了识别一个动物，可以使用逆向推理的方式：

① 若假设这个动物是长颈鹿，为了验证这个假设，根据规则 I11，要求这个动物是长颈、长腿且是有蹄动物。

② 假设全局数据库中已有该动物是长腿、长颈等事实，还需要验证"该动物是有蹄动物"，因此规则 I8 要求该动物是"反刍动物"且是"哺乳动物"。

③ 要验证"该动物是哺乳动物"，根据规则 I2，要求该动物是"产乳动物"。现在全局数据库中已知该动物是"产乳动物"和"反刍动物"，即各子目标都是已知事实，因此逆向推理成功，即"该动物是长颈鹿"的假设成立。

（3）双向推理

双向推理是一种既自顶向下又自底向上的推理方式，推理从两个方向同时进行，直到某个中间界面上两个方向的结果相符便成功结束。显然，这种双向推理所形成的推理网络较正向或逆向推理形成的推理网络更小，因而推理效率更高。

2.3.4 产生式表示法的特点

（1）优点

① 自然性。产生式表示法以"If P Then Q"的形式表示知识，符合人类的思维习惯，是人们常用的表达因果关系的知识表示形式，既直观自然又便于推理。因此，产生式表示法成为人工智能中最重要且应用最多的一种知识表示方法。

② 模块性。产生式是规则库中最基本的知识单元，它们同推理机相对独立，且每条规则都具有相同的形式，但是规则之间没有相互的直接作用，它们之间只能通过综合数据库发生间接联系而不能互相调用。这种模块化的结构使得规则库中的知识可以自由地进行增、删、改，为规则库的建立和扩展提供了可管理性。

③ 有效性。产生式表示法既可以表示确定性知识，又可以表示不确定性知识；既有利于表示启发式知识，又可以方便地表示过程性知识。

④ 清晰性。产生式有固定的表示格式，规则库中的每条规则都具有统一的 If-Then 结构，这种统一的结构便于对产生式规则的检索和推理，又易于对规则库中知识的一致性和完整性进行检测，可以高效储存信息。

（2）**缺点**

① 效率较低。一方面产生式规则之间的联系必须以综合数据库为媒介，将产生式的前提部分与已知事实进行匹配，并按照一定的策略选出最佳匹配，因此其求解过程是一种反复进行"匹配→冲突消解→执行"的过程，这样的执行方式导致了执行的低效率。另一方面在产生式系统的执行过程中，模式匹配的时间与产生式规则数目及数据库中元素数目的乘积成正比。因此，当产生式规则数目过大时，匹配时间大大增加同样导致了效率低下，而且大量的产生式规则容易引起组合爆炸。

② 不便于表示结构性知识。产生式适合于表达具有因果关系的过程性知识，是一种非结构化的知识表示方法，且产生式表示的知识具有统一的格式，规则之间无法相互调用，因此具有结构关系或层次关系的知识难以通过自然的产生式来表示。

③ 难以扩展。尽管产生式规则在形式上相互独立，但实际问题中它们往往是彼此相关联的。因此当规则库不断扩大时，要保证新的规则和已有的规则没有矛盾会越来越困难，即规则库的一致性将难以实现。

④ 控制的饱和问题。产生式系统中各规则之间存在竞争问题，因此在实际问题中设计一个能满足各种情况下竞争消除的策略是难以实现的。

因此，对于大型规则库，当要求较高的推理效率时，不宜采用单纯的产生式系统知识模式，往往是多种知识表示系统相结合。

（3）**产生式表示法适合表示的知识**

由上述关于产生式表示法的特点，可以总结归纳出产生式表示法适合于表示具有下列特点的领域知识：

① 由许多相对独立的知识元组成的领域知识，彼此间关系不密切，不存在结构关系，如化学反应方面的知识。

② 具有经验性及不确定性知识，且相关领域中对这些知识没有严格、统一的理论，如医疗诊断、故障诊断方面的知识。

③ 领域问题的求解过程可被表示为一系列相对独立的操作，且每个操作可被表示为一条或多条产生式规则。

2.4　框架表示法

美国学者明斯基于 1975 年首次提出框架理论，并把它作为理解视觉、自然语言及其他复杂智能行为的基础。该理论认为，人们对现实世界中各种事物的认识都是以一种类似于框架的结构存储在记忆中，试图用以往的经验来分析解释当前所遇到的情况，但是人们无法把过去的经验一一存储在大脑中，只能通过一个通用的数据结构形式存储以往的经验。当遇到一个新事物时，人们便从记忆中选择一个合适的框架，然后根据事物的具体情况对框架进行填充并进行适当修改或补充，最终形成对当前事物的认识，这样通用的数据结构就称为框架。

框架提供了一个结构（组织），在结构（组织）中，新输入的资料可以用从以往经验中获得的概念来分析解释。因此框架是一种结构化的表示方法，能够把知识的内部结构关系以及知识间的联系表示出来，能够体现知识间的继承属性，符合人们观察事物时的思维方式，已经在多种系统中得到应用。

2.4.1 框架的一般结构

框架是一种描述所论对象（一个事物、事件或概念）属性的数据结构。

一个框架由若干个被称为"槽"的结构组成，每一个槽又可以根据实际情况划分为若干个"侧面"。一个槽用于描述所论对象某一方面的属性，一个侧面用于描述相应属性的一个方面，槽和侧面所具有的属性值分别被称为槽值和侧面值。

在一个用框架表示知识的系统中一般都包含多个框架，一个框架一般包含多个不同槽、不同侧面，分别用不同的框架名、槽名和侧面名表示。

一般地，对于框架、槽或侧面，还可以为它们附加一些称为约束条件的说明性信息，用于指出什么样的值才能作为槽值和侧面值填入。

如下所示为框架的一般表示形式：

<框架名>

槽名 1：	侧面名$_{11}$	侧面值$_{111}$,侧面值$_{112}$,…,侧面值$_{11p1}$
	侧面名$_{12}$	侧面值$_{121}$,侧面值$_{122}$,…,侧面值$_{12p2}$
	⋮	
	侧面名$_{1m}$	侧面值$_{1m1}$,侧面值$_{1m2}$,…,侧面值$_{1mpm}$
槽名 2：	侧面名$_{21}$	侧面值$_{211}$,侧面值$_{212}$,…,侧面值$_{21p1}$
	侧面名$_{22}$	侧面值$_{221}$,侧面值$_{222}$,…,侧面值$_{22p2}$
	⋮	
	侧面名$_{2m}$	侧面值$_{2m1}$,侧面值$_{2m2}$,…,侧面值$_{2mpm}$
⋮		
槽名 n：	侧面名$_{n1}$	侧面值$_{n11}$,侧面值$_{n12}$,…,侧面值$_{n1p1}$
	侧面名$_{n2}$	侧面值$_{n21}$,侧面值$_{n22}$,…,侧面值$_{n2p2}$
	⋮	
	侧面名$_{nm}$	侧面值$_{nm1}$,侧面值$_{nm2}$,…,侧面值$_{nmpm}$
约束：	约束条件$_1$	
	约束条件$_2$	
	⋮	
	约束条件$_n$	

从上述表示形式可以看出，一个框架可以有任意有限数目的槽，一个槽可以有任意有限数目的侧面，一个侧面可以有任意有限数目的侧面值。约束条件可以是缺省值，即不显示约束条件时就表示没有约束条件。

下面是一个描述中学教师的框架：

框架名：＜湘潭十五中教师＞

姓名：单位（姓、名）

年龄：单位（岁）

性别：范围（男、女）

默认：男

职称：范围（校长、年级主任、班主任、任课教师）

默认：任课教师

部门：范围（文科班、理科班）

默认：理科班

住址：＜住址框架＞

工资：＜工资框架＞

入校时间：单位（年）

当前年份：单位（年）

工龄：当前年份－入校时间（年）

该框架共有 10 个槽，分别描述了"湘潭十五中教师"各个方面的情况，即关于"湘潭十五中教师"的属性。每个槽里都指明了一些说明性信息，用于对槽的填值给出某些限制。"范围"表示该槽的值只能在指定范围内挑选填入而不能是其他值；"默认"表示对应的槽不填入时，就以默认值作为槽值，节省一些填槽工作。

当把某个教师的一组具体信息填入上述框架的各个槽或侧面后就得到如下所示的框架：

框架名：＜湘潭十五中教师-高一＞

姓名：郝回归

年龄：37

性别：男

职称：班主任

部门：文科班

住址：＜住址框架-高一文科班＞

工资：＜工资框架-班主任＞

入校时间：1998

当前年份：2019

工龄：21

比较以上两个框架可以看出，第 1 个框架描述的是一个概念，而第 2 个框架描述的则是一个具体的事物，第 2 个框架是第 1 个框架的一个实例，因此第 2 个框架一般称作第 1 个框架的实例框架，第 1 个框架称为上位框架（或父框架），第 2 个框架称为下位框架（或子框架）。

框架间的这种层次关系对减少信息冗余有重要意义。因为上位框架与下位框架所表示的事物在逻辑上为种属关系，即一般与特殊的关系，因此，上位框架所具有的属性，下位框架也一定具有，可以称下位框架"继承"了上位框架的某些槽值或侧面值。

进一步分析上述两个例子，一个框架的槽值或侧面值可以是字符串（姓名）、数值（年龄、入校时间）等，还可以是过程运算式（工龄）、另一个框架的名称（住址、工资）等。

总的来说可以归纳为以下几种类型：

① 具体值。按照实际情况给定。

② 默认值。按照一般情况给定，对于某个实际事物，具体值可以不同于默认值。

③ 过程值。满足某个给定条件时要执行的动作或过程，它利用该框架的其他槽值，按给定计算过程（或公式）进行计算得出具体值。

④ 另一框架名。当槽值是另一框架名时，就构成了框架调用，形成一个框架链。

⑤ 空值。表示等待填入。

框架间的相互调用实现了有关框架的横向联系，而框架间的"父子继承"关系则表示了框架间的一种纵向联系。因此，某个论域的全体框架便构成了一个框架网络或框架系统。

此外，前面介绍过的产生式表示法也可以用框架来表示。例如，产生式"如果陈桐数学试卷上所有题都做对了，则他的数学试卷是满分"，用框架表示为：

框架名：<学生数学成绩>

前提：条件　陈桐数学试卷上所有题都做对了

结论：陈桐的成绩是满分

2.4.2　基于框架的推理

框架表示的问题求解系统由两部分组成：框架及其相互关联构成的知识库；用于求解问题的解释程序，即推理机。前者的作用是提供求解问题所需的知识，后者则是指针对用户提出的具体问题，运用知识库中的相关知识，通过推理对问题进行求解。其中，推理机的推理方法是继承，实现继承的操作是匹配、搜索和填槽。

匹配就是问题框架同知识库中框架的模式匹配，即要求解某个问题时，先把问题用一个框架表示出来，然后与知识库中已有框架进行匹配，匹配成功，则可以获取相关信息。

搜索和填槽就是沿着框架间的横向和纵向联系，在框架网络中进行查找获得相关信息填入问题框架的槽中。例如问题框架与某一框架匹配，但该框架的某个槽空缺，就可以通过搜索找到它的上位框架，通过继承获得所需信息再填入当前槽中。

综上所述，求解问题的匹配推理步骤可以表示如下：

① 把待求解问题用框架表示成问题框架，空槽称为未知处，表示待求解的问题。

② 将问题框架与知识库中已有框架进行匹配，这种匹配通过对相应槽的槽名和槽值逐个比较来实现。

③ 根据已匹配的知识库中的框架，通过搜索过程将问题框架中的空槽补充完整。

④ 使用一种评价方法对预选框架进行评分，根据评分结果确定是否接受该框架。

⑤ 若接受该框架，则与问题框架未知处相匹配的事实就是问题的解。

由于框架间存在继承关系，一个框架所描述的某些属性和值可能是从它的上位框架继承来的，因此两个框架的比较往往牵涉到它们的上位甚至上上位框架，因而增加了匹配的复杂性。

2.4.3　框架表示法的特点

(1) 优点

① 自然性。框架能把与某个实体或实体集的相关特性都集中在一起，从而高度模拟人类大脑对实体多方面、多层次的存储结构，因此与人类在观察事物时的思维活动是一致的，

直观自然且易于理解。

② 结构性。框架表示法最突出的优点就是善于表示结构性的知识，它能够把知识的内部结构关系和知识间的特殊联系一一表示出来。被框架化的知识在推理过程中不会导致在结构上出现重大变化，从而使得推理过程趋于稳定，更易于机器实现。

③ 继承性。继承性也是框架表示法的一个明显优势。利用继承的原理，在框架系统中，下位框架可以继承上位框架的槽值，也可以进行补充或修改。这种操作既减少了知识的冗余，又较好地保证了知识的一致性。

④ 深层性。框架表示法不仅可以从多个方面、多重属性表示知识，而且还可以通过嵌套结构分层地对知识进行表示，因此可以用来表达事物间复杂的深层次联系。

（2）缺点

① 缺乏框架的形式理论。迄今为止，人类学者还未针对框架建立起完备的形式理论，其推理和一致性检查机制并未基于良好定义的语义。

② 缺乏过程性知识表示。框架系统不便于表示过程性知识，即框架的推理过程需要用到一些与领域知识无关的推理规则，而这些规则在框架系统中难以表达，因此缺乏对框架中知识使用的描述能力。

③ 清晰性难以保证。由于不同的框架本身的数据结构不一定相同，包含多个槽或其他框架的复杂框架系统结构性较差，具有很强的动态变化特性，因此框架系统的知识表示清晰性难以保证。

2.5 语义网络表示法

语义网络是人工智能常用的知识表示方法之一，它是由结点和边组成的一种有向图。作为人类联想记忆的一个显式心理学模型，它由奎廉（J. R. Quilian）于 1986 年在他的博士论文中首次提出，并用于自然语言处理。1972 年，西蒙（H. A. Simon）在他的自然语言理解系统中也采用了语义网络表示法。1975 年，亨德里克（G. G. Hendrix）又对全称量词的表示提出了语义网络分区技术。

语义网络结构共使用三种图形符号：框、带箭头及文字标识的线条和文字标识线，分别被称为结点、弧、指针。

① 结点。用圆形、椭圆形、菱形或矩形的框图来表示，用于表示事物的名称、概念、属性、情况、动作、状态等。

② 弧。一种有向弧，也称边或支路，结点间用带箭头及文字标识的有向线条来联络，用于表示事物之间的结构，即语义关系。

③ 指针。也称指示器，是在结点或弧线的旁边，另外附加必要的线条和文字标识，用于对结点、弧线和语义关系做出对应的补充、解释与说明。

语义网络的表示主要由四个相关部分组成：

① 词法部分。决定表示词汇表中允许有哪些符号，它涉及各个结点和弧。

② 结构部分。叙述符号排列的约束条件，指定各弧连接的结点对。

③ 过程部分。说明访问过程，这些过程能用来建立和修正描述，以及回答相关问题。

④ 语义部分。确定与描述相关的（联想）意义的方法，即确定有关结点的排列及其占有物和对应弧。

当前语义网络的理论已经有了长足发展，有学者将它划分为五个级别：执行级、逻辑级、认识论级、概念级和语言学级，以及如下七种类型：命题语义网络、数据语义网络、语言语义网络、结构语义网络、分类语义网络、推理语义网络、框架语义网络。

目前语义网络已经成为一种重要的知识表示形式，广泛地应用于人工智能、专家系统，尤其是自然语言处理领域中。

2.5.1 基本语义关系

任何复杂的语义关系，都可以通过许多基本的语义关系予以关联来实现。因此，简单的语义关系是构成复杂语义关系的基础。下面讨论一些最常见的基本语义关系。

(1) 属性关系

属性关系表示对象及其行为、状态、能力等属性之间的关系。常用的属性关系有：

① HAVE：含义为"有"，表示上层结点具有下层结点所描述的属性值。

② CAN：含义为"能"或"会"，表示上层结点能够执行下层结点所描述的功能。

例如，"刘大志会弹吉他，还会跳舞"这条语句中，"会弹吉他"和"会跳舞"就分别表示了刘大志和他所能进行的行为间的属性关系。

(2) 类属关系

类属关系是指具有共同属性的不同事物间的分类关系、成员关系或实例关系。它体现的是具体与抽象、个体与集体的层次分类。其直观含义是"是一个""是一种"等，具体层结点位于抽象层结点的下层。类属关系最主要的特征是具有属性的继承性，即处在具体层的结点可以继承抽象层结点的所有属性。常见的类属关系有：

① ISA（is-a）：含义为"是一个"，表示某事或某物是一个具体的实例。

② AKO（a-kind-of）：含义为"是……之中的一种"，表示某事物是某类中的一种。

③ AMO（a-member-of）：含义为"是……中的一员"，表示某事物是某类的一个成员。

例如，分类关系"狗是一种动物"可以通过"AKO"的语义来表示，成员关系"郝回归是湘潭十五中的语文教师"可以通过"AMO"的语义来表示，实例关系"西安是一座古都"可以通过"ISA"的语义来表示。

此外，在类属关系中，具体在某一层结点中，不仅可以继承上层结点的属性，还可以增加自己的属性，甚至能对上层结点的某些属性加以更改。

(3) 包含关系

包含关系又称聚类关系，是指具有组织或结构特征的"部分与整体"之间的关系，表示下层概念是上层概念的一个组成部分。与分类关系不同的是，包含关系一般不具备属性的继承性，它连接的下层结点的属性可能和上层结点的属性不相同。常用的包含关系有：

① APO（a-part-of）：含义为"是……中的一部分"。

② CO（composed-of）：含义为"由……所构成"，表示某一个（些）事物是另一事物的一个组成部分或构成要素。

例如，"学生、教师、课程都是教学活动的要素"和"门和窗户是房子结构的一部分"分别可以用图 2.2 和图 2.3 所示的语义网络来表示。

(4) 时间关系

时间关系是指不同事件在其发生时间方面的先后次序关系，结点间的属性不具有继承性。常用的时间关系有：

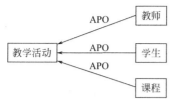

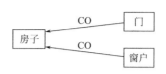

图 2.2　APO 语义网络表示　　　　　图 2.3　CO 语义网络表示

① Before：含义为"在……前"，表示一个事件在另一个事件之前发生。
② After：含义为"在……后"，表示一个事件在另一个事件之后发生。
③ During：含义为"在……期间"，表示某一事件或动作在某个时间段内发生。
例如，"贞观之治后还有开元盛世"可以通过图 2.4 所示的语义网络来表示。

2.5.2　复合语义关系

（1）多元语义网络

语义网络是一种网络结构，结点之间以链相连。从本质上来说，语义网络只能表示二元关系。如果表示的事实是一元关系，例如，表示"刘大志是一名学生"这条事实，语义网络的表示方法如图 2.5 所示。

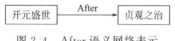

图 2.4　After 语义网络表示　　　　图 2.5　一元关系的语义网络表示

如果表示的事实是多元关系，例如，表示"校运会长跑中，陈桐是第一名，郑伟是第二名"这条包含多个信息的事实，语义网络就需要通过把这个多元关系转化成一组二元关系的组合或二元关系的合取，即引入附加结点进行转换。例如，可以针对校运会长跑建立一个表示它的特定结点 $R15$，然后把有关这次长跑的信息和这个特定结点联系起来，如图 2.6 所示。

（2）连词

① 合取。多元关系可以转换成一组二元关系的合取，从而可以用语义网络的形式表示出来。例如："韦笑送给丁当一张海报"这条事实用语义网络来表示，如图 2.7 所示。其中引入一个附加结点 $G1$ 表示特定的把东西送给某人的事件，$T1$ 表示一件送给某人的东西。

图 2.6　多元关系的语义网络表示　　　图 2.7　合取的语义网络表示

与结点 $G1$ 相连的链 Giver、Object 和 Receiver 间是合取关系。因此，在语义网络中若不加标志，就意味着结点间的关系是合取。

② 析取。在语义网络中，为了与合取关系区别，在析取关系的连接上加注析取界限，并标记 DIS。例如，要表示 ISA(A, B) $\vee$ APO(B, C)，此时的语义网络表示如图 2.8 所示。如果没有加注析取界限，则该语义网络会被解释为 ISA(A, B) $\wedge$ APO(B, C)。

③ 否定。为了表示否定关系，可以采用$\neg$ ISA 和$\neg$ APO 关系或标注 NEG 界限的方法，如图 2.9 所示，图 2.9(a) 和图 2.9(b) 分别表示$\neg$(A ISA B) 和$\neg$(B APO C)，用语义网络表示则为$\neg$(ISA(A, B) $\wedge$ APO(B, C))。

可以利用德摩根律使否定关系只作用于 ISA 关系和 APO 关系。如果不希望改变这个表达式的形式，就可以通过 NEG 界限来实现，如图 2.9(c) 所示。

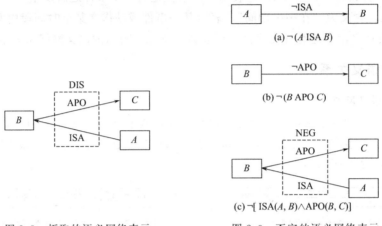

图 2.8　析取的语义网络表示　　　图 2.9　否定的语义网络表示

④ 蕴含。在语义网络中，可以通过标注 ANTE 界限和 CONSE 界限的方式来表示蕴含关系。ANTE 界限和 CONSE 界限分别用来把与先决条件相关及与结果相关的链联系在一起，如图 2.10 所示的语义网络可以表示这样一条事实"所有住在道峰区双门洞的孩子们都是好朋友"。

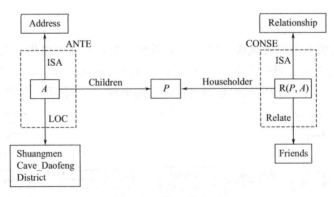

图 2.10　蕴含的表示

在先决条件的一边建立 A 结点，表示一个特定的地址事件。这一事件涉及住在道峰区双门洞的孩子们，因此用 LOC 链与 Shuangmen Cave _ Daofeng District 结点相连，用 Children 链和 P 结点相连，P 结点表示与此事件有关的人们，是一个变量。

在结果一边，建立 R(P, A) 结点代表一个特定的表示关系的事件。因为一个特定的关系事件由 P 和 A 决定，每给定一个 P 和 A，就有一个特定的关系与之相对应。用 ANTE

界限和 CONSE 界限分别标注出与先决条件及结果有关的链，然后用一条虚线把这两个界限连接起来，以表示这两者是一对构成蕴含关系的先决条件和结果。

（3）复合语义关系

① 时间空间复合关系。时间空间复合关系表示了事物或事件发生的时间和位置地点。常用的这类空间关系有：

a. ON，含义为"在……之上"，表示下层结点所描述的事物对象位于上层结点所描述的事物之下。

b. AT，含义为"在……时刻"或"在……地点"，表示上层结点事实正好发生在下层结点所描述的时间或地点。

常用的时间关系与基本语义关系中的时间关系基本一致。此外，对应于多个对象，除了既有时间表示又有空间表示的复合关系之外，还可以有比较、相互接近等关系的组合。

② 复合推论关系。如果从一个概念或情况出发，推出了另一个复合概念或事件，就构成了复合推论关系。这里所说的复合关系，包含了各种复杂情况，例如多元关系、多语义成分以及构成单元复合等。常用的这类关系有：

a. BO（because-of），含义为"由于……"。

b. For，含义为"为了……"。

c. Then，含义为"就……则……"。

d. Get，含义为"使得……得到……"。

③ 复合逻辑关系。若把包含 NOR（非）、AND（与）、OR（或）等的各种单一的逻辑语义关系组合起来，就得到了复合逻辑关系。

在复合逻辑关系中，除了上述逻辑功能的联合作用外，还包括多元关系、连接词、量词、模糊逻辑和各种其他逻辑的复杂语义网络的合成，用于表示各种事实性知识、过程性知识与规则，例如构成机器问答系统等。

2.5.3　基于语义网络的推理

与谓词逻辑不同，对于所给定的表达结构和表示语义，在语义网络表示法中没有统一的形式语义表示法。赋予网络结构的含义完全取决于管理这个网络的过程的特性。语义网络采用的推理方法一般有两种，即继承和匹配。

（1）继承推理方法

语义网络中的继承是指将抽象事物的属性传递给具体的事物，通常具有类属关系的事物之间具有继承性。语义网络中共分为三种继承过程：值继承、"如果需要"继承和"默认"继承。

① 值继承。ISA 和 AKO 链可以直接地表示类的成员关系以及子类和类之间的关系，提供了一种把知识从某一层传递到另一层的途径。为了能利用语义网络的继承特性进行推理，还需要一个搜索程序用于在合适的结点寻找合适的槽。值继承搜索程序表示如下：

a. 设 F 是给定的结点，S 是给定的槽。

b. 建立一个由 F 以及所有和 F 以 ISA 链相连的类结点的表，在表中 F 结点排在第一个位置。

c. 检查表中第一个元素的 S 槽是否有值，直到表为空或找到一个值。若表中第一个元素在 S 槽中有值，就认为找到了一个值；否则，从表中删除第一个元素，并把以 AKO 链与此第一个元素相连的结点，加入到这个表的末尾。如果找到了一个值，就说这个值是 F 结点的 S 槽的值，否则宣布失败。

因为在上述算法中，新的类结点放在结点表的末尾，所以这样的值继承过程所进行的是宽度优先搜索。又因为在一个槽中可能有不止一个值，所以可能发现一个以上的值，此时所有发现的值都要记录。

②"如果需要"继承。某些情况下，槽值未知时，可以利用已知信息来计算。例如，可以根据已知圆的半径来计算圆的周长和面积。进行这样计算的程序就称为"如果需要"程序，表示为 If-Needed 程序。

为了存储上述计算程序，需要改进结点的槽值结构，允许槽通过若干个不同的侧面存储不同类型的值。此前讨论的原始意义上的值存储在"值侧面"中，If-Needed 程序就存储在 If-Needed 侧面中。"如果需要"（If-Needed）继承程序表示如下：

a. 设 F 是给定的结点，S 是给定的槽。

b. 建立一个由 F 以及所有和 F 以 ISA 链相连的类结点的表，在表中 F 结点排在第一个位置。

c. 检查表中第一个元素的 S 槽的 If-Needed 侧面中是否存在一个过程，直到表为空或找到一个成功的 If-Needed 过程为止。若侧面中有一个过程，且这个过程产生一个值，就认为找到了一个值；否则，从表中删除第一个元素，并把以 AKO 链与此第一个元素相连的结点，加入到这个表的末尾。如果一个过程找到了一个值，就说所找到的值是 F 结点的 S 槽的值，否则宣布失败。

③"默认"继承。某些情况下，当对事物所做的假设不十分有把握时，最好对所做的假设加上"可能"这样的字眼。例如，可以认为法官可能是诚实的，但不一定是。把这种具有相当程度的真实性，但又不完全肯定的值称为默认值。这种类型的值被存储在槽的 Default（默认）侧面中。"默认"（Default）继承程序表示如下：

a. 设 F 是给定的结点，S 是给定的槽。

b. 建立一个由 F 以及所有和 F 以 ISA 链相连的类结点的表，在表中 F 结点排在第一个位置。

c. 检查表中第一个元素的 S 槽的 Default 侧面中是否有值，直到表为空或找到一个默认值为止。若 Default 侧面中有值，就认为找到了一个值；否则，从表中删除第一个元素，并把以 AKO 链与此第一个元素相连的结点，加入到这个表的末尾。如果找到了一个值，就说所找到的值是 F 结点的 S 槽的默认值，否则宣布失败。

总的来说，值继承和"默认"继承又称为属性继承，通常是沿着 ISA、AKO 等语义关系链继承；"如果需要"继承又称为方法继承，强调属性值而非直接继承，往往通过计算才能得到。继承推理的一般步骤如下：

a. 建立一个结点表，用来存储待求解结点和所有以 ISA 和 AKO 等继承弧与此结点相连的那些结点。初始状态下，表中只有待求解结点。

b. 检查表中第一个结点是否有继承弧。若有就把该弧所指的所有结点放入结点表的末尾，记录这些结点的所有属性，并从结点表中删除第一个结点；若没有继承弧，则仅仅从结点表中删除第一个结点。

c. 重复步骤，直到结点表为空。此时，记录下来的所有属性都是待求解结点继承来的属性。

（2）匹配推理方法

匹配是指在知识库的语义网络中寻找与待求解问题相符的语义网络模式，待求解问题通过设立空的结点或弧来实现。匹配推理的一般步骤如下：

a. 根据待求解问题的要求构造一个网络片段或局部语义网络，这里包含着一些空的结点或弧，即待求解的问题。

b. 根据该局部网络到知识库中寻找所需要的信息。

c. 当局部网络与知识库中的某个语义网络匹配时，则与未知处相匹配的事实就是问题的解。

2.5.4　语义网络表示法的特点

语义网络表示法求解系统基于语义网络知识库和语义网络推理机的功能及其调用，主要使用了匹配和继承两种推理机制，它们通过对语义网络推理规则的控制及其相继交互完成推理过程。

（1）优点

① 结构性。语义网络也是一种结构化的知识表示方法，易于被访问和学习，它能将事物属性以及事物间的各种语义联系显式地表示出来，下层结点可以继承、新增和变异上层结点的属性，从而实现信息共享。

② 自然性。语义网络是一个带有标识的有向图，提供了自然的结构，便于理解，易于转换，符合人们表达事物间关系的习惯，自然语言与语义网络间的转换也比较容易实现。

③ 联想性。语义网络在提出之初就是作为人类的联想记忆模型，它着重强调了事物间的语义联系，与事物相关的事实、特征和关系可以通过相应的结点和弧推导出来，这样以联想方式实现对系统的解释，体现了人类的联想思维过程。

（2）缺点

① 非严格性。语义网络并没有公认的形式表示体系，它的语义解释依赖于结构的推理过程却没有结构的约定，也并未给结点和弧赋以确切的含义。因此推理过程中有时不能区分物体的"类"和"个体"的特点，获得的推理结果不能保证和谓词逻辑法一样有效。

② 复杂性。语义网络表示知识的手段是多种多样的，这虽然给它的表示带来了灵活性，但同时也由于表示形式的不一致、不统一导致了知识存储和检索过程变得复杂。

3 确定性推理

 案例引入

　　某公司招聘工作人员，A、B、C 三人应试，经面试后公司有如下想法：首先三人中至少录取一人；其次是如果录取 A 而不录取 B，那么一定录取 C；最后如果录取 B，则一定录取 C。那么如何求证公司一定录取 C？

　　在这个推理问题中，涉及确定性推理，需要用到确定性推理的方法。

 学习意义

　　之前章节讨论了知识的表示方法，但仅仅使计算机拥有知识还不够，更重要的是，必须使它具有思维能力，即拥有能运用知识进行推理并求解问题的能力。因此，关于推理和推理方法的研究成为了人工智能中一个重要的课题。由于本章涉及的推理结果只有"真"和"假"两种，因此它们都是精确推理，也称为确定性推理。

 学习目标

- 熟悉确定性推理的基本概念；
- 掌握各种确定性推理的计算方法。

3.1 推理的基本概念

3.1.1 推理的定义

　　人们在对各种事物进行分析、综合并最后做出决策时，通常是从已知的事实出发，通过运用已掌握的知识，找出其中蕴含的事实，或归纳出新的事实，这一过程称为推理，也就是按照某种策略不断运用知识库中的已知知识，逐步推出结论的过程。推理包括两种判断：一种是已知判断，它包括已掌握的与求解问题有关的知识以及关于问题的已知事实；另一种是由已知判断推出的新判断，即推理的结论。

在人工智能系统中，推理是由程序实现的，实现推理的程序称为推理机。已知的事实和知识构成推理机的两个基本要素。已知事实又称为证据，用以指出推理的出发点及推理时应该使用的知识；而知识是使推理得以向前推进，并逐步达到最终目标的依据。

3.1.2 推理方式及其分类

人类有许多的思维方式，人工智能作为对人类智能的模拟，相应地也有多种推理方式。下面从不同的角度对它们进行分类。

(1) 演绎推理、归纳推理、默认推理

从推出结论的途径划分，推理可分为演绎推理、归纳推理和默认推理。

演绎推理是从全称判断推导出单称判断的过程，即由一般性知识推出某一具体情况的结论。这是一个从一般到个别的推理。三段论就是经常使用的一种演绎方式，其形式如下：

① 大前提，即已知的一般性知识或假设。

② 小前提，即关于所研究的具体情况和个别事实的判断。

③ 结论，即由大前提推出的适合于小前提的判断。

在任何情况下，由演绎推理导出的结论都是蕴涵在大前提中的，所以只要大前提和小前提是正确的，由它们推出的结论也必然是正确的。另外，演绎推理是人工智能中一个重要的推理方式，在目前研制成功的各类智能系统中，大多是用演绎推理实现的。

归纳推理是从足够多的事例中归纳出一般性结论的推理过程，是一种从个别到一般的过程。若从归纳所选事例的广泛性来划分，归纳推理又可分为完全归纳推理和不完全归纳推理。完全归纳推理是指在归纳时考察了相应事物的全部对象，并根据这些对象是否都具有某种属性，从而推导出这个事物是否具有某种属性。不完全归纳推理是指只考察了相应事物的部分对象就得出结论。因此，不完全归纳推理推出的结论不具有必然性，属于非必然性推理，而完全归纳推理属于必然性推理。但是，通常考察事物的全部对象是比较困难的，因而大多数归纳推理是不完全归纳推理。归纳推理也是人思维活动中最基本、最常用的一种推理形式。

默认推理又称为缺省推理，是在知识不完全的情况下假设某些条件已经具备所进行的推理。由于这种推理是默认某些条件成立的，并在此前提下得到某种结论，因此这就摆脱了需要知道全部有关知识才能进行推理的约束。但是，如果在推理过程中发现原先的默认条件不正确，就需要撤销所作的默认及在其基础上推出的结论，然后重新按新情况进行推理。

(2) 确定性推理、不确定性推理

推理按所用知识的确定性来划分可分为确定性推理和不确定性推理。

确定性推理是指推理时所用的知识与证据都是确定的，推出的结论也是确定的，其真值或者为真或者为假，没有第三种情况出现。本章讨论的经典逻辑推理就属于这一类。

不确定性推理是指推理时所用的知识与证据不都是确定的，推出的结论也是不确定的。现实世界中事物和现象大都是不严格的、不精确的，许多概念是模糊的，没有明确的类属界限。在此情况下，若仍用经典逻辑做精确处理，势必要人为地在本来没有明确界限的事物间划定界限，从而舍弃了事物固有的模糊性，失去了真实性。这就是为什么近年来各种非经典逻辑迅速崛起，人工智能也把不精确知识的表示与处理作为重要研究课题的原因。

（3）单调推理、非单调推理

按推理过程中推出的结论是否越来越接近最终目标来划分，推理可分为单调推理和非单调推理。

单调推理是在推理过程中随着推理向前推进及新知识的加入，推出的结论越来越接近最终的目标，在推理过程中不会出现反复的情况，即不会由于新知识的加入而否定了前面推出的结论。本章讨论的基于经典逻辑的归结推理过程就属于单调推理。

非单调推理是在推理过程中由于新知识的加入，不仅没有加强已推出的结论，反而要否定它，使推理退回到前面的某一步，然后重新开始。非单调推理在知识不完全情况下发生，显然默认推理就是非单调推理。在人们的日常生活及社会实践中，很多情况下进行的推理就是非单调推理，这是人们常用的一种思维方式。

（4）启发式推理、非启发式推理

按推理过程中是否运用与推理相关的启发性知识来划分，推理可分为启发式推理和非启发式推理。

如果推理过程中运用与推理相关的启发性知识，则称为启发式推理，否则称为非启发式推理。启发性知识是指与问题有关且能加快推理过程、求得问题最优解的知识。

3.1.3　推理的方向

推理方向用于确定推理的驱动方式，有正向推理、逆向推理、混合推理及双向推理四种形式。无论按照哪种方向进行推理，都要求系统具有一个存放知识的知识库、一个存放初始已知事实及问题状态的数据库和一个用于推理的推理机。

（1）正向推理

正向推理是以已知事实作为出发点的推理，又称为数据驱动推理、前项链推理、模式制导推理及前件推理等。

正向推理的基本思想是：从用户提供的初始已知事实出发，在知识库 KB 中找出当前可适用的知识，构成可适用知识集 KS，然后按照某种冲突消解策略从 KS 中选出一条知识进行推理，并将推出的新事实加入数据库 DB 中作为下一步推理的已知事实，在此之后再在知识库中选取可适用知识进行推理，如此重复进行这一过程，直到求得了所要求的解或知识库中再无适用的知识为止。其推理过程可描述如下：

① 将用户提供的初始已知事实送进数据库 DB。

② 检查数据库 DB 中是否已经包含了问题的解，若有，则求解结束，并成功退出；否则执行下一步。

③ 根据数据库 DB 中的已知事实，扫描知识库 KB，检查 KB 中是否有可适用的知识，若有，则转④；否则转⑥。

④ 把 KB 中所有的适用知识都选出来，构成可选用的知识集 KS。

⑤ 若 KS 不空，则按某种冲突消解策略从中选出一条知识进行推理，并将推出的新事实加入 DB 中，然后转②；若 KS 为空，则转⑥。

⑥ 询问用户是否可进一步补充新的事实，若可补充，则将补充的新事实加入 DB 中，然后转③；否则表示求不出解，失败退出。

上述推理过程在具体实现时还有很多工作要做。首先，要从知识库 KB 中选出可适用的知识，这就是要用知识库中的知识与数据库中已知事实进行匹配，为此就需要确定匹配的方法。而且，匹配通常难以做到完全一致，这就需要解决怎么样才算是匹配成功的问题。其次，为了进行匹配，就要查找知识，这就牵涉按什么路线进行查找、按照什么策略搜索知识库的问题。再次，如果适用的知识只有一条，系统立即就可用它进行推理，并且推出新的事实送入到数据库 DB 中，但是，如果当前适用的知识有很多条，应该选用哪一条，这就涉及冲突消解策略。总之，为了实现正向推理，有许多具体的问题需要解决，后面将分别对它们进行讨论。

（2）逆向推理

逆向推理是以某个假设目标作为出发点的一种推理，又称为目标驱动推理、逆向链推理、目标制导推理及后件推理等。

逆向推理的基本思想是：首先选定一个假设目标，然后寻找支持该假设的证据，若需要的证据都能找到，则说明原假设成立；若无论如何都找不全所需要的证据，则说明原假设是不成立的，为此需要另做新的假设。其推理过程可描述如下：

① 提出要求证的目标（假设）。

② 检查该目标是否已在数据库 DB 中，若在，则该目标成立，成功退出推理或对下一个假设目标进行验证；否则，转③。

③ 判断该目标是否是证据，以及它是否为由用户证实的原始事实。若是，则询问用户；否则转④。

④ 在知识库 KB 中找出所有能导出目标的知识，形成适用知识集 KS，然后转⑤。

⑤ 从 KS 中选出一条知识，并将该知识的运用条件作为新的假设目标，然后转②。

与正向推理相比，逆向推理更复杂一些，上述过程只是描述了大致过程，许多细节没有反映出来。逆向推理的主要优点是不必使用与目标无关的知识，目的性强。其主要缺点是初始目标的选择具有盲目性，若不符合实际，就要提出很多次假设，也会影响到系统的效率。

（3）混合推理

正向推理具有盲目、效率低的缺点，推理过程中可能会产生许多与问题无关的子目标。逆向推理中，若提出的假设目标不符合实际，也会降低系统的效率。为了解决这些问题，可把正向推理和逆向推理结合起来，取长补短生成一种新的推理。这种既有正向又有逆向的推理称为混合推理。另外，在下述几种情况下，通常也需要进行混合推理。

① 已知的事实不充分。当数据库中的已知事实不够充分时，若用这些事实与知识运用条件相匹配进行正向推理，可能连一条适用的知识也选不出来，这就使推理无法进行下去。此时，可通过正向推理先把其运用条件不能完全匹配的知识都找出来，并把这些知识可导出的结论作为假设，然后分别对这些假设进行逆向推理。由于在逆向推理中可以向用户询问有关证据，这就有可能使推理进行下去。

② 正向推理推出的结论可信度不高。用正向推理进行推理时，虽然推出了结论，但可信度可能不高，达不到预期的要求。因此为了得到一个可信度符合要求的结论，可用这些结论作为假设，然后进行逆向推理，通过向用户询问进一步信息，得到一个可信度较高的结论。

③ 希望得到更多的结论。在逆向推理过程中，由于要与用户进行对话，有针对性地向用户提出询问，这就有可能获得一些原来不掌握的有用信息。这些信息不仅可用于证实要证明的假设，同时还有助于推出一些其他结论。因此，在用逆向推理证实了某个假设之后，可以再用正向推理推出另外一些结论。例如，在医疗诊断系统中，先用逆向推理证实某人患有

某种病，然后再利用逆向推理过程中获得的信息进行正向推理，就有可能推出此人还患有其他什么病。

由以上讨论可以看出，混合推理分为两种情况：一种是先进行正向推理，帮助选择某个目标，即从已知事实演绎出部分结果，然后再用逆向推理证实该目标或提高可信度；另一种是先假设一个目标进行逆向推理，然后再利用逆向推理中得到的信息进行正向推理，以推出更多的结论。

(4) 双向推理

双向推理是指正向推理和逆向推理同时进行，并且在推理过程中的某一步骤上"碰头"的一种推理。双向推理的困难在于"碰头"的判断，另外如何确定"碰头"的时机也是一个困难问题。双向推理基本思想是：一方面根据已知事实进行正向推理，但并不推到最终目标；另一方面从假设目标出发进行逆向推理，但并不推至已知事实；最终让它们在中途相遇，即由正向推理所得到的中间结论恰好是逆向推理此时所要求的证据，这时推理就可结束，逆向推理时所做的假设就是推理的最终结论。

3.1.4 冲突消解策略

在推理过程中，系统要不断地用当前已知的事实与知识库中的知识进行匹配。此时，可能发生如下三种情况：

① 已知事实恰好只与知识库中的一个知识匹配成功。

② 已知事实不能与知识库中的任何知识匹配成功。

③ 已知事实可与知识库中的多个知识匹配成功；或者多个（组）已知事实都可与知识库中的某一个知识匹配成功；或者多个（组）已知事实可与知识库中多个知识匹配成功。

上述的匹配成功：对正向推理而言，是指产生式规则的前件和已知事实匹配成功；对逆向推理而言，是指产生式规则的后件和假设匹配成功。

对于第③种情况，匹配发生了冲突，因此需要一定的策略从匹配成功的多个知识中挑出一个知识用于当前的推理过程，这一过程称为冲突消解。解决冲突时所用的策略称为冲突消解策略。目前多种的冲突消解策略，其基本思想是对知识的排序。常用的有以下几种：

(1) 按规则的针对性排序

优先选用针对性较强的产生式规则。如果 B 中除了包含 A 中要求的所有条件外，还包括其他条件，就称为 B 比 A 有更大的针对性，因此发生冲突时选 B。要求条件多，其结论一般也更接近目标。

(2) 按已知事实的新鲜性排序

一般把数据库中后生成的事实称为新鲜的事实，即后生成的事实比先生成的事实具有较大的新鲜性。若一条规则被应用后生成了多个结论，则可以认为这些结论有相同的新鲜性，也可以认为排在前面（或者后面）的结论有较大的新鲜性，具体根据情况而定。

设规则 r1 可与事实组 A 匹配成功，规则 r2 可与事实组 B 匹配成功，则 A 与 B 中哪一组较新鲜，与它匹配的产生式规则就先被应用。

如何衡量 A 和 B 中哪一组事实更新鲜呢？常用的有以下三种方法：

① 对 A 和 B 中的事实逐个比较其新鲜性，若 A 中包含的更新鲜的事实比 B 多，就认为 A 比 B 新鲜。

② 以 A 中最新鲜的事实与 B 中最新鲜的事实相比较，哪一个更新鲜，就认为相应的事

实组更新鲜。

③ 以 A 中最不新鲜的事实与 B 中最不新鲜的事实相比较，哪一个更不新鲜，就认为相应的事实组有较小的新鲜性。

（3）按匹配度排序

在不确定性匹配中，为了确定两个知识模式是否可以匹配，需要计算这两个模式的相似程度，当其相似度达到某个预先规定的值时，就认为它们是可匹配的。相似度又称为匹配度，它除了可用来确定两个知识模式是否可匹配外，还可用于冲突消解。若产生式规则 r1 和 r2 都可匹配成功，则可根据它们的匹配度来决定哪一个产生式规则可优先被使用。

（4）按条件个数排序

如果有多条产生式规则生成的结论相同，则优先应用条件少的产生式规则，因为条件少的规则匹配时花费的时间较少。

（5）根据领域问题的特点排序

如果事先可知道领域问题的某些特点，则可根据这些特点事先确定知识库中知识的使用顺序。例如：

① 当领域问题有固定的求解次序时，可按该次序对知识库中的知识进行排序，排在前面的知识优先使用。

② 当已知某些产生式规则被使用后会明显地有利于问题的求解时，可对这些产生式规则指定较高的优先级，使这些产生式规则被优先使用。

在具体应用时，可对上述几种策略进行组合，尽量减少冲突的发生，使推理有较快的速度和较高的效率。

3.2　自然演绎推理

从一组已知为真的事实出发，直接运用经典逻辑的推理规则推出结论的过程称为自然演绎推理。其中，基本的推理有 P 规则、T 规则、假言推理、拒取式推理等。

（1）假言推理

假言推理一般形式

$$P, P \rightarrow Q \Rightarrow Q$$

表示：由 $P \rightarrow Q$ 和 P 为真，推出 Q 为真。例如，"x 是金属，则 x 能导电"及"铜是金属"可推出"铜能导电"的结论。

（2）拒取式推理

拒取式推理一般形式

$$P \rightarrow Q, \neg Q \Rightarrow \neg P$$

表示：$P \rightarrow Q$ 为真，Q 为假，可推出 P 为假。例如，"如果下雨，则地上会湿"及"地上不湿"可推出"没有下雨"的结论。

注意要避免两类错误：一种是肯定后件（Q）错误，另一种是否定前件（P）错误。

① 肯定后件：当 $P \rightarrow Q$ 为真时，希望通过肯定后件 Q 为真，推出前件 P 为真。

例如，伽利略在论证哥白尼的日心说时，曾使用了如下推理：

a. 如果行星系统是以太阳为中心的，则金星会显示出位相变化。

b. 金星显示出位相变化（肯定后件）。

c. 所以，行星系统是以太阳为中心的。

因为这里使用了肯定后件的推理，违反了经典逻辑推理规则，伽利略因此遭到非难。

② 否定前件：当 $P \to Q$ 为真时，希望通过否定前件 P，推出后件 Q 为假。

例如，下面的推理就使用了否定前件的推理，从而违反了逻辑规则：

a. 如果下雨，则地上是湿的。

b. 没有下雨（否定前件）。

c. 所以，地上不湿。

这显然是不正确的。除了下雨，还会有其他的原因造成地上是湿的。事实上，只要仔细分析关于 $P \to Q$ 的定义就会发现，当 $P \to Q$ 为真时，肯定后件或否定前件所得到的结论既可能为真，也可能为假。

【例 3.1】 设已知如下事实：

① 凡是容易的课程小王（Wang）都喜欢。

② C 班的课程都是容易的。

③ ds 是 C 班的一门课程。

求证：小王喜欢 ds 这门课程。

证明 ① 定义谓词

$Easy(x)$：x 是容易的。

$Like(x, y)$：x 喜欢 y。

$C(x)$：x 是 C 班的一门课程。

将上述事实及待求的问题用谓词公式表示为：

$(\forall x)(Easy(x) \to Like(Wang, x))$ 凡是容易的课程小王都是喜欢的；

$(\forall x)(C(x) \to Easy(x))$ C 班的课程都是容易的；

$C(ds)$ ds 是 C 班的课程；

$Like(Wang, ds)$ 小王喜欢 ds 这门课程，这是待求证问题。

② 应用推理规则进行推理：

因为 $(\forall x)(Easy(x) \to Like(Wang, x))$

所以由全称固化得 $Easy(z) \to Like(Wang, z)$

因为 $(\forall x)(C(x) \to Easy(x))$

所以由全称固化得 $C(y) \to Easy(y)$

由 P 规则及假言推理得 $C(ds), C(y) \to Easy(y) \Rightarrow Easy(ds)$

由 T 规则及假言推理得 $Easy(ds), Easy(z) \to Like(Wang, z) \Rightarrow Like(Wang, ds)$

即小王喜欢 ds 这门课程。

一般来说，由已知事实推出的结论可能有很多个，只要其中包括了待证明的结论，就认为问题得到了解决。

自然演绎推理的优点是定理证明过程表达自然，容易理解，而且它拥有丰富的推理规则，推理过程灵活方便，便于在它的推理规则中嵌入领域启发式知识。其缺点是容易产生组合爆炸，推理过程得到的中间结论一般呈指数形式递增，这对于一个大的推理问题来说是十分不利的。

3.3 归结演绎推理

3.3.1 谓词公式化为子句集的方法

在谓词逻辑中，原子谓词公式是一个不能再分解的命题。原子谓词公式及其否定，统称为文字。P 为正文字，$\neg P$ 为负文字，P 与 $\neg P$ 为互补文字。

定义 3.1 任何文字的本身和它的析取式称为子句。

例如，$P(x)$ 和 $P(x) \vee Q(x)$ 都是子句。

定义 3.2 不包含任何文字的子句称为空子句，表示为 NIL。

由于空子句不包含文字，它不能被任何解释满足，所以，空子句是永假的、不可满足的。

由子句构成的集合称为子句集。在谓词逻辑中，任何一个谓词公式都可以通过应用等价关系及推理规则化为相应的子句集，从而能比较容易地判定谓词公式的不可满足性。结合示例，给出把谓词公式化为子句集的步骤。

【例 3.2】 将下列谓词公式化为子句集

$$(\forall x)((\forall y)P(x,y) \rightarrow \neg(\forall y)(Q(x,y) \rightarrow R(x,y)))$$

解 ① 消去谓词公式中的"→"和"↔"符号。利用谓词公式的等价性，即表 2.2 中连接词化归律及下式

$$P \leftrightarrow Q \Leftrightarrow (P \wedge Q) \vee (\neg P \wedge \neg Q)$$

本例等价变换为

$$(\forall x)(\neg(\forall y)P(x,y) \vee \neg(\forall y)(\neg Q(x,y) \vee R(x,y)))$$

② 把否定符号移到紧靠谓词的位置上。利用谓词公式的等价性（表 2.2 中双重否定律、德摩根律、量词转换律），把否定符号移到紧靠谓词的位置上，减小否定符号的辖域。上例等价变换为

$$(\forall x)((\exists y)\neg P(x,y) \vee (\exists y)(Q(x,y) \wedge \neg R(x,y)))$$

③ 变量标准化。所谓变量标准化就是重新命名变元，使每个量词采用不同的变元，从而使不同量词的约束变元有不同的名字。这是因为任一量词辖域内，受到该量词约束的变元为一哑元（虚构变量），它可以在该辖域内被另一个没有出现过的任意变元统一代替，而不改变谓词公式的值。

由

$$(\forall x)P(x) \equiv (\forall y)P(y)$$
$$(\exists x)P(x) \equiv (\exists y)P(y)$$

上例等价式可变换为

$$(\forall x)((\exists y)\neg P(x,y) \vee (\exists z)(Q(x,z) \wedge \neg R(x,z)))$$

④ 消去存在量词。分两种情况：一种情况是存在量词不出现在全称量词的辖域内。此时只要用一个新的个体常量替换受该存在变量约束的变元，就可以消去存在量词。因为如果原谓词公式为真，则总能找到一个个体常量，替换后仍然使谓词公式为真。这里的个体常量就是不含变量的 Skolem 函数。另一种情况是存在量词出现在一个或者多个全称量词的辖域内。此时要用 Skolem 函数替换该存在量词约束的变元，从而消去存在量词。这里认为所存在的 y 依赖于 x 值，它们的依赖关系由 Skolem 函数所定义。

对于一般情况
$$(\forall x_1)(\forall x_2)\cdots(\forall x_n)(\exists y)P(x_1,x_2,\cdots,x_n,y)$$
存在量词 y 的 Skolem 函数记为
$$y=f(x_1,x_2,\cdots,x_n)$$
可见，Skolem 函数把每个 $x_1,x_2,\cdots,x_n$ 值映射到存在的那个 y。用 Skolem 函数代替每个存在量词量化的变量的过程称为 Skolem 化。Skolem 函数所使用的函数符号必须是新的。

对于本例，存在量词（$\exists y$）和（$\exists z$）都位于全称量词（$\forall x$）的辖域内，所以都需要用 Skolem 函数代替。设 y 和 z 的 Skolem 函数分别记为 $f(x)$ 和 $g(x)$，替换后得到
$$(\forall x)(\neg P(x,f(x))\vee(Q(x,g(x))\wedge\neg R(x,g(x))))$$

⑤ 化为前束型。所谓前束型，就是把所有的全称量词都移到公式的前面，使每个量词的辖域都包括公式后的整个部分，即
$$前束型=(前缀)\{母式\}$$
其中，(前缀) 是全称量词串；{母式} 是不含量词的谓词公式。对于本例，因为只有一个全称量词且已经位于公式的最前面，所以，这一步不需要变化。

⑥ 化为 Skolem 标准型。Skolem 标准型的一般形式为
$$(\forall x_1)(\forall x_2)\cdots(\forall x_n)M$$
式中，M 是子句的合取式，称为 Skolem 标准型的母式。

一般利用 $\quad P\vee(Q\wedge R)\Leftrightarrow(P\vee Q)\wedge(P\vee R)$
或 $\quad P\wedge(Q\vee R)\Leftrightarrow(P\wedge Q)\vee(P\wedge R)$
把谓词公式化为 Skolem 标准型。

对于本例，有
$$(\forall x)((\neg P(x,f(x))\vee(Q(x,g(x)))\wedge(\neg P(x,f(x))\vee\neg R(x,g(x))))$$

⑦ 略去全称量词。由于公式中所有变量都是全称量词量化的变量，因此，可以省略全称量词。母式中的变量仍然认为是全称量词量化的变量。对于本例，有
$$(\neg P(x,f(x))\vee(Q(x,g(x)))\wedge(\neg P(x,f(x))\vee\neg R(x,g(x))))$$

⑧ 消去合取词，把母式用子句集表示。对于本例，有
$$\{\neg P(x,f(x))\vee Q(x,g(x)),\neg P(x,f(x))\vee\neg R(x,g(x))\}$$

⑨ 子句变量标准化，即使每个子句中的变量符号不同。谓词公式的性质有
$$(\forall x)(P(x)\wedge Q(x))\equiv(\forall x)P(x)\wedge(\forall y)Q(y)$$
对于本例，有
$$\{\neg P(x,f(x))\vee Q(x,g(x)),\neg P(y,f(y))\vee\neg R(y,g(y))\}$$
至此，转化结束。显然，在子句集中各子句之间是合取关系。

【例 3.3】 将下列谓词公式化为子句集。
$$(\forall x)((\neg P(x)\vee\neg Q(x))\rightarrow(\exists y)(S(x,y)\wedge Q(x)))\wedge(\forall x)(P(x)\vee B(x))$$
解 ① 消去谓词公式中的"→"和"↔"符号
$$(\forall x)(\neg(\neg P(x)\vee\neg Q(x))\vee(\exists y)(S(x,y)\wedge Q(x)))\wedge(\forall x)(P(x)\vee B(x))$$
② 把否定符号移到紧靠谓词的位置上
$$(\forall x)((P(x)\wedge Q(x))\vee(\exists y)(S(x,y)\wedge Q(x)))\wedge(\forall x)(P(x)\vee B(x))$$
③ 变量标准化

$$(\forall x)((P(x) \wedge Q(x)) \vee (\exists y)(S(x,y) \wedge Q(x))) \wedge (\forall w)(P(w) \vee B(w))$$

④ 消去存在量词

$$(\forall x)((P(x) \wedge Q(x)) \vee (S(x,f(x)) \wedge Q(x))) \wedge (\forall w)(P(w) \vee B(w))$$

⑤ 化为前束型

$$(\forall x)(\forall w)(((P(x) \wedge Q(x)) \vee (S(x,f(x)) \wedge Q(x))) \wedge (P(w) \vee B(w)))$$

⑥ 化为 Skolem 标准型，根据 $P \wedge (Q \vee R) \Leftrightarrow (P \wedge Q) \vee (P \wedge R)$

或 $$(P \wedge Q) \vee (P \wedge R) \Leftrightarrow P \wedge (Q \vee R)$$

可以得到

$$(\forall x)(\forall w)(((Q(x) \wedge P(x)) \vee (Q(x) \wedge S(x,f(x)))) \wedge (P(w) \vee B(w)))$$
$$(\forall x)(\forall w)(Q(x) \wedge (P(x) \vee S(x,f(x))) \wedge (P(w) \vee B(w)))$$

⑦ 略去全称量词

$$Q(x) \wedge (P(x) \vee S(x,f(x))) \wedge (P(w) \vee B(w))$$

⑧ 消去合取词，把母式用子句集表示

$$\{Q(x), P(x) \vee S(x,f(x)), P(w) \vee B(w)\}$$

⑨ 子句变量标准化，即使每个子句中的变量符号不同

$$(Q(x), P(y) \vee S(y,f(y)), P(w) \vee B(w))$$

结束。

【例 3.4】 将下列谓词公式化为子句集。

$$(\forall x)(P(x) \rightarrow ((\forall y)(P(y) \rightarrow P(f(x,y))) \wedge \neg(\forall y)(Q(x,y) \rightarrow P(y))))$$

解 ① 消去谓词公式中的 "→" 和 "↔" 符号

$$(\forall x)(\neg P(x) \vee ((\forall y)(\neg P(y) \vee P(f(x,y))) \wedge \neg(\forall y)(\neg Q(x,y) \vee P(y))))$$

② 把否定符号移到紧靠谓词的位置上

$$(\forall x)(\neg P(x) \vee ((\forall y)(\neg P(y) \vee P(f(x,y))) \wedge (\exists y)(Q(x,y) \wedge \neg P(y))))$$

③ 变量标准化

$$(\forall x)(\neg P(x) \vee ((\forall y)(\neg P(y) \vee P(f(x,y))) \wedge (\exists w)(Q(x,w) \wedge \neg P(w))))$$

④ 消去存在量词

$$(\forall x)(\neg P(x) \vee ((\forall y)(\neg P(y) \vee P(f(x,y))) \wedge (Q(x,g(x)) \wedge \neg P(g(x)))))$$

⑤ 化为前束型

$$(\forall x)(\forall y)(\neg P(x) \vee ((\neg P(y) \vee P(f(x,y))) \wedge (Q(x,g(x)) \wedge \neg P(g(x)))))$$

⑥ 化为 Skolem 标准型

$$(\forall x)(\forall y)((\neg P(x) \vee \neg P(y) \vee P(f(x,y))) \wedge (\neg P(x) \vee Q(x,g(x))) \wedge$$
$$(\neg P(x) \vee \neg P(g(x))))$$

⑦ 略去全称量词

$$((\neg P(x) \vee \neg P(y) \vee P(f(x,y))) \wedge (\neg P(x) \vee Q(x,g(x))) \wedge (\neg P(x) \vee \neg P(g(x))))$$

⑧ 消去合取词，把母式用子句集表示

$$\{\neg P(x) \vee \neg P(y) \vee P(f(x,y)), \neg P(x) \vee Q(x,g(x)), \neg P(x) \vee \neg P(g(x))\}$$

⑨ 子句变量标准化，即使每个子句中的变量符号不同

$$\{\neg P(x_1) \vee \neg P(y) \vee P(f(x_1,y)), \neg P(x_2) \vee Q(x_2,g(x_2)), \neg P(x_3) \vee \neg P(g(x_3))\}$$

结束。

定理 3.1 谓词公式不可满足的充要条件是其子句集不可满足。

基于这个定理，要想证明谓词公式是不可满足的，只要证明相应的子句集是不可满足的就可以了。如何证明一个子句集是不可满足的呢？为了判定子句集的不可满足性，就需要对里面的子句判断不可满足性。为了判断子句的不可满足性，就需要对个体域上的所有解释逐个进行判断，当所有的解释都不可满足时，才可判定该子句是不可满足的。这种思想在理论上可以，但在实际上要对无限多种解释进行判断是不可行的。那么应该怎么做呢？幸运的是，海伯伦构造了海伯伦域为不可满足公式的判定过程奠定了理论基础，鲁宾孙提出的归结原理使定理证明从机械化变为现实。下面将介绍海伯伦理论和鲁宾孙归结原理。

3.3.2 海伯伦理论

海伯伦构造了一个特殊的域，并证明只要对这个特殊域上的一切解释进行判定，就可得知子句集是否不可满足，这个特殊的域被称为海伯伦域。

定义 3.3 设 S 为子句集，则按下述方法构造的域 H_∞ 称为海伯伦域，简记 H 域。

① 令 H_0 是 S 中所有个体常量的集合，若 S 中不包含个体常量，则令 $H_0 = \{a\}$，其中 a 为任意指定的一个个体常量。

② 令 $H_{i+1} = H_i \bigcup \{S$ 中所有 n 元函数 $f(x_1, x_2, \cdots, x_n) \mid x_j (j=1,2,\cdots,n)$ 是 H_i 中的元素$\}$，其中，$i = 0, 1, 2, \cdots$

下面用两个例子理解定义 3.3。

【例 3.5】 求子句集 $S = \{P(x) \vee Q(x), R(f(y))\}$ 的 H 域。

解 子句集中没有个体常量，任意指定一个常量 a 作为个体常量，可得到

$$H_0 = \{a\}$$
$$H_1 = \{a, f(a)\}$$
$$H_2 = \{a, f(a), f(f(a))\}$$
$$\vdots$$
$$H_\infty = \{a, f(a), f(f(a)), f(f(f(a))), \cdots\}$$

【例 3.6】 求子句集 $S = \{P(a), Q(b), R(f(x))\}$ 的 H 域。

解 根据 H 域的定义得到：

$$H_0 = \{a, b\}$$
$$H_1 = \{a, b, f(a), f(b)\}$$
$$H_2 = \{a, b, f(a), f(b), f(f(a)), f(f(b))\}$$
$$\vdots$$

如果用 H 域中的元素代换子句中的变元，则得到的子句称为基子句，其中的谓词称为基原子。子句集中所有基原子构成的集合称为原子集。子句集 S 在 H 域上的解释就是对 S 中出现的常量、函数及谓词取值，一次取值就是一个解释。

定义 3.4 子句集 S 在 H 域上的一个解释 I 满足下列条件：

① 在解释 I 下，常量映射到自身。

② 子句集 S 中任何一个 n 元函数均是 $H^n \to H$ 的映射。即设 $h_1, h_2, \cdots, h_n \in H$，则 $f(h_1, h_2, \cdots, h_n) \in H$。

③ S 中的任何一个 n 元谓词均是 $H^n \to \{T, F\}$ 的映射。谓词的真值可以指派为 T，也可以指派为 F。

例如，子句集 $S=\{P(a),Q(f(x))\}$ 的 H 域为 $\{a,f(a),f(f(a)),\cdots\}$。$S$ 中原子集为 $\{P(a),Q(f(a)),Q(f(f(a))),\cdots\}$。则 S 的解释为

$$I_1=\{P(a),Q(f(a)),Q(f(f(a))),\cdots\}$$
$$I_2=\{P(a),\neg Q(f(a)),Q(f(f(a))),\cdots\}$$

可以证明，对给定域 D 上的任一个解释，总能在 H 域上构造一个解释与它对应。如果 D 域上的解释能满足子句集 S，则在 H 域上的相应解释也能满足 S。由此可推出它的两个定理：

定理 3.2　子句集 S 不可满足的充要条件是 S 对 H 域上一切解释都为假。

定理 3.3　子句集 S 不可满足的充要条件是存在一个有限的不可满足的基子句集 S'，这就是海伯伦定理。

证明　① 充分性：设子句集 S 有一个不可满足的基子句集 S'。因为它不可满足，所以一定存在一个解释 I' 使 S' 为假。根据 H 域上的解释与 D 域上的对应关系可知，在 D 域上一定存在一个解释使 S 不可满足，即子句集 S 是不可满足的。

② 必要性：设子句集 S 不可满足，由定理 3.1 可知，对 H 域上的一切解释都为假。这样必存在一个基子句集 S'，且它是不可满足的。

从上面的结论可以看到，海伯伦只是从理论上证明了子句集不可满足的可行性和方法。但是要在计算机上实现其证明过程却很困难。一般情况下，一个子句集的基原子有无限多个，因此，证明过程的时空复杂程度通常是无法容忍的。1965 年鲁宾孙提出的归结原理使机器定理证明变为现实。

3.3.3　鲁宾孙归结原理

判断子句集的不可满足，就要对里面的每一个子句进行判断。对每个子句进行判定其不可满足性，需要对个体域上的一切解释逐个进行判定，只有当子句对任何非空个体域上的任何一个解释都不满足时，才能判定该子句是不可满足的。1965 年，鲁宾孙提出了归结原理，使机器定理证明进入应用阶段。

鲁宾孙归结原理（Robinson resolution principle）又称为消解原理，是鲁宾孙提出的一种证明子句的不可满足性，从而实现定理证明的一种理论和方法。它是机器定理证明的基石。从将谓词公式化为子句集的过程中可以看出，子句集中子句之间的关系是合取关系，所以只要一个子句不可满足，整个子句集就不可满足。由于空子句是不可满足的，所以，若一个子句集中有一个空子句，那么这个子句集一定是不可满足的。鲁宾孙归结原理正是基于这个理念提出来的，其基本方法是：检查子句集 S 中是否包含空子句，若包含，则 S 不可满足；若不包含，就在子句集中挑选合适的子句进行归结，一旦通过归结得到空子句，就说明子句集 S 是不可满足的。

下面对命题逻辑及谓词逻辑分别给出归结的定义。

（1）命题逻辑中的归结原理

定义 3.5　设 C_1 和 C_2 是子句集中的任意两个子句，如果 C_1 中的文字 L_1 和 C_2 中的文字 L_2 互补，那么可以从 C_1 和 C_2 中分别消去 L_1 和 L_2，并对两个句子剩下的部分进行析取，构成一个新子式 C_{12}。C_{12} 称为 C_1 和 C_2 的归结式，C_1 和 C_2 称为 C_{12} 的亲本子句。

例如，C_1 是 P，C_2 是 $\neg P$，那么 $C_{12}=$NIL，也就是空子句。

定理 3.4 归结式 C_{12} 是其亲本子句 C_1 和 C_2 的逻辑结论。即如果 C_1 和 C_2 为真，那么 C_{12} 为真。

证明 设 $C_1 = L \vee C_1'$，$C_2 = \neg L \vee C_2'$，则通过归结可得到

$$C_{12} = C_1' \vee C_2'$$

C_1 和 C_2 为 C_{12} 的亲本子句。

因为
$$C_1' \vee L \Leftrightarrow \neg C_1' \rightarrow L$$
$$\neg L \vee C_2' \Leftrightarrow L \rightarrow C_2'$$

所以
$$C_1 \wedge C_2 = (\neg C_1' \rightarrow L) \wedge (L \rightarrow C_2')$$

根据假言三段论得到

$$(\neg C_1' \rightarrow L) \wedge (L \rightarrow C_2') \Rightarrow \neg C_1' \rightarrow C_2'$$
$$\neg C_1' \rightarrow C_2' \Leftrightarrow C_1' \vee C_2' = C_{12}$$

所以
$$C_1 \wedge C_2 \Rightarrow C_{12}$$

该定理是归结原理中的一个很重要的定理。由它可得到两个推论。

推论 1 设 C_1 和 C_2 是子句集 S 的两个子句，C_{12} 是它们的归结式，若用 C_{12} 代替 C_1 和 C_2 得到的新子句集 S_1，则由 S_1 不可满足性可推出原子句集 S 的不可满足性，即

$$S_1 \text{ 不可满足性} \Rightarrow S \text{ 不可满足性}$$

推论 2 设 C_1 和 C_2 是子句集 S 的两个子句，C_{12} 是它们的归结式，若用 C_{12} 加入原子句集 S 得到的新子句集 S_2，则 S 与 S_2 在不可满足性的意义上是等价的，即

$$S \text{ 不可满足性} \Leftrightarrow S_2 \text{ 不可满足性}$$

由此可知，为了证明子句集 S 的不可满足性，只要对其中可进行归结的子句进行归结，并把归结式加入子句集 S，或者用归结式替换它的亲本子句，然后对新子句集证明不可满足性就可以了。如果经过归结能得到空子句，根据空子句的不可满足性，立即可得到原子句集 S 不可满足的结论。这就是用归结原理证明子句集不可满足性的基本思想。

在命题逻辑中对不可满足的子句集 S，归结原理是完备的，即若子句集 S 不可满足，则必然存在一个从 S 到空子句的归结演绎；若存在一个从 S 到空子句集的归结演绎，则 S 一定是不可满足的。对于可满足的子句集，用归结原理得不到任何结果。

(2) 谓词逻辑中的归结原理

在谓词逻辑中，由于子句中含有变元，所以不像命题逻辑那样可直接消去互补文字，而需要先用最一般合一对变元进行代换，然后才能进行归结。

【例 3.7】 设 $C_1 = P(x) \vee Q(a)$，$C_2 = \neg P(b) \vee R(x)$，求其二元归结式。

解 因为两个子句含有相同的变元，不符合定义要求。为了进行归结，需要修改 C_2 中变元的名字，令 $C_2 = \neg P(b) \vee R(y)$。此时，$L_1 = P(x)$，$L_2 = \neg P(b)$。

L_1 和 $\neg L_2$ 的最一般合一 $\sigma = (b/x)$。则

$$C_{12} = ((P(x) \vee Q(a)) - (P(b))) \vee ((\neg P(b) \vee R(y)) - (\neg P(b)))$$
$$= (Q(a), R(y))$$
$$= Q(a) \vee R(y)$$

下面给出谓词逻辑中关于归结的定义。

定义 3.6 设 C_1 与 C_2 是两个没有相同变元的子句，L_1 和 L_2 分别是 C_1 和 C_2 中的文字，若 σ 是 L_1 和 $\neg L_2$ 的最一般合一，则称

$$C_{12} = (C_1\sigma - (L_1\sigma)) \vee (C_2\sigma - (L_2\sigma))$$

为 C_1 和 C_2 的二元归结式。

【例 3.8】 设对如下子句进行归结。

$$C_1 = P(a) \vee \neg Q(x) \vee R(x), C_2 = \neg P(y) \vee Q(b)$$

解 若选 $L_1 = P(a)$，$L_2 = \neg P(y)$，则 $\sigma = \{a/y\}$ 是 L_1 和 $\neg L_2$ 的最一般合一。
根据定义 3.6，可得

$$
\begin{aligned}
C_{12} &= (C_1\sigma - (L_1\sigma)) \vee (C_2\sigma - (L_2\sigma)) \\
&= ((P(a), \neg Q(x), R(x)) - (P(a))) \vee ((\neg P(a), Q(b)) - (\neg P(a))) \\
&= ((\neg Q(x), R(x))) \vee ((Q(b))) \\
&= (\neg Q(x), R(x), Q(b)) \\
&= \neg Q(x) \vee R(x) \vee Q(b)
\end{aligned}
$$

如果参加归结的两个子句有相同的变元。则需要修改其中一个子句中的变元的名字，使其不同，然后按照定义 3.6 进行归结。

【例 3.9】 设 $C_1 = P(x) \vee Q(a)$，$C_2 = \neg P(b) \vee R(x)$，求其二元归结式。

解 因为两个子句含有相同的变元，不符合定义要求。为了进行归结，需要修改 C_2 中变元的名字，令 $C_2 = \neg P(b) \vee R(y)$。此时，$L_1 = P(x)$，$L_2 = \neg P(b)$。
L_1 和 $\neg L_2$ 的最一般合一 $\sigma = (b/x)$。则

$$
\begin{aligned}
C_{12} &= ((P(x) \vee Q(a)) - (P(b))) \vee ((\neg P(b) \vee R(y)) - (\neg P(b))) \\
&= (Q(a), R(y)) \\
&= Q(a) \vee R(y)
\end{aligned}
$$

定义 3.7 子句 C_1 和 C_2 的归结式是下列二元归结式之一：

① C_1 与 C_2 的二元归结式；
② C_1 的因子 $C_1\sigma_1$ 与 C_2 的二元归结式；
③ C_1 与 C_2 的因子 $C_2\sigma_2$ 的二元归结式；
④ C_1 的因子 $C_1\sigma_1$ 和 C_2 的因子 $C_2\sigma_2$ 的二元归结式。

【例 3.10】 设有如下两个子句 $C_1 = P(x) \vee P(f(a)) \vee Q(x)$，$C_2 = \neg P(y) \vee R(b)$，求其二元归结式。

解 C_1 中含有可合一的文字 $P(x)$ 和 $P(f(a))$，用它们的最一般合一 $\theta = \{f(a)/x\}$ 进行代换，得到 $C_1\theta = P(f(a)) \vee Q(f(a))$。此时再对 $C_1\theta$ 和 C_2 进行归结，从而得到 C_1 与 C_2 的二元归结式。

对 $C_1\theta$ 和 C_2 分别选 $L_1 = P(f(a))$，$L_2 = \neg P(y)$，选取最一般合一式 $\sigma = (f(a)/y)$，则 $C_{12} = Q(f(a)) \vee R(b)$。

对于例 3.10，把 $C_1\theta$ 称为 C_1 的因子。一般来说，若子句 C 有两个或两个以上的文字具有最一般合一 σ，则称 $C\sigma$ 是子句 C 的因子，若 $C\sigma$ 是一个单文字，则称它为 C 的单元因子。另外，对于一阶谓词逻辑，从不可满足的意义上来说，归结原理也是完备的。即若子句集是不可满足的，则必存在一个从该子句集到空子句的归结演绎；若子句集存在一个到空子句的演绎，则该子句集是不可满足的。关于归结原理的完备性可用海伯伦的有关理论进行证明。

需要注意，如果没有归结出空子句，则既不能说明 S 不可满足，也不能说 S 是满足的。但是，如果确定不存在任何方法归结出空子句，则可以确定 S 是可满足的。归结原理的能力也是有限的，例如，用归结原理证明"两个连续函数之和仍然是连续函数"时，推导 10^5 步也没能证明出结果。

3.3.4 归结反演

归结原理给出了证明子句集不可满足性的方法。根据前面的知识可知，如证明 Q 为 $P_1,P_2,\cdots,P_n$ 的逻辑结论，只需证明

$$(P_1 \wedge P_2 \wedge \cdots \wedge P_n) \wedge \neg Q$$

是不可满足的。再根据定理 3.1，谓词公式的不可满足性和子句集的不可满足性互为充要条件。因此，可用归结定理进行定理的证明。

应用归结原理证明定理的过程称为归结反演。归结反演的一般步骤是：

① 将已知的前提表示为谓词公式 F。

② 将带证明的结论表示为谓词公式 Q，并否定得到 $\neg Q$。

③ 将谓词公式集 $\{F, \neg Q\}$ 化为子句集 S。

④ 应用归结原理对子句集 S 中的子句进行归结，并把每次归结得到的归结式都并入到子句集 S 中。如此反复，若出现了空子句，则停止归结，此时证明了 Q 为真。

【例 3.11】 某公司招聘工作人员，A、B、C 三人应试，经面试后公司有如下想法：

① 三人中至少录取一人；

② 如果录取 A 而不录取 B，那么一定录取 C；

③ 如果录取 B，则一定录取 C。

求证：公司一定录取 C。

证明 用谓词 $P(x)$ 表示录取 x，则把公司的想法用谓词公式表示如下：

① $P(A) \vee P(B) \vee P(C)$

② $P(A) \wedge \neg P(B) \rightarrow P(C)$

③ $P(B) \rightarrow P(C)$

要求证的结论用谓词公式表示出来并否定，得

④ $\neg P(C)$

将上述公式化为子句集：

① $P(A) \vee P(B) \vee P(C)$

② $\neg P(A) \vee P(B) \vee P(C)$

③ $\neg P(B) \vee P(C)$

④ $\neg P(C)$

应用归结原理进行归结：

⑤ $P(B) \vee P(C)$ ①与②归结

⑥ $P(C)$ ③与⑤归结

⑦ NIL   ④与⑥归结

所以公司一定录取 C。

3.3.5 应用归结原理求解问题

归结原理除了可用于定理的证明外，还可用来求取问题的答案，其思想与定理证明类似。给出应用归结原理求解问题的步骤：

① 将已知的前提表示为谓词公式并化为相应的子句集，设该子句集为 S。

② 把待求解的问题也用谓词公式表示出来，然后把它否定并与答案谓词 *Answer* 构成

析取式，*Answer* 是一个为了求解问题而专设的谓词，其变元必须与问题公式的变元完全一致。

③ 把②中的析取式化为子句集，并把该子句集并入到子句集 S 中，得到子句集 S_1。

④ 应用归结原理对 S_1 进行归结。

⑤ 若得到归结式 *Answer*，则答案就在 *Answer* 中。

【例 3.12】 已知如下信息：

① 王先生（Wang）是小李（Li）的老师；

② 小李和小张（Zhang）是同班同学；

③ 如果 x 和 y 是同班同学，则 x 的老师也是 y 的老师。

求：小张的老师是谁？

解 定义谓词：

$T(x,y)$：x 是 y 的老师。

$C(x,y)$：x 和 y 是同班同学。

把已知事实表示成谓词公式：

① $T(\text{Wang},\text{Li})$

② $C(\text{Li},\text{Zhang})$

③ $(\forall x)(\forall y)(\forall z)(C(x,y)\wedge T(z,x)\to T(z,y))$

待求解问题表达成谓词公式，并把它否定后与谓词 $Answer(x)$ 析取，得：

④ $\neg(\exists x)T(x,\text{Zhang})\vee Answer(x)$

将上述谓词公式化作子句集：

① $T(\text{Wang},\text{Li})$

② $C(\text{Li},\text{Zhang})$

③ $\neg C(x,y)\vee\neg T(z,x)\vee T(z,y)$

④ $\neg T(u,\text{Zhang})\vee Answer(u)$

应用归结原理进行归结：

⑤ $\neg C(\text{Li},y)\vee T(\text{Wang},y)$　　①和③归结

⑥ $T(\text{Wang},\text{Zhang})$　　②和④归结

⑦ $Answer(\text{Wang})$　　④和⑥归结

最后得到小张的老师是王先生。

3.3.6　归结策略

前面内容讨论了归结原理及其应用。对子句进行归结反演时，由于事先不知道哪两个子句可以进行归结，更不知道通过对哪些子句进行归结可以更快得到空子句，所以归结的一般过程是对子句集中的所有子句逐对地进行比较，对任何一个可归结的子句都进行归结，但是这样不仅归结出了许多无用的子句，而且有一些归结式还是重复的，这样不仅耗费时间，也耗费储存空间，造成了时空的浪费，降低了效率。针对这种情况，人们研究出多种归结反演策略。归结策略可分为两大类：一类是删除策略；另一类是限制策略。前一类通过删除某些无用的子句来缩小归结范围；后一类通过对参加归结的子句进行种种限制，尽可能减少归结的盲目性，使其尽快归结出空子句。下面介绍计算机归结的一般过程和各种归结策略。

（1）归结的一般过程

设有子句集 $S=\{C_1,C_2,C_3,C_4\}$，则计算机对此子句集归结的一般过程如下：

① 从子句 C_1 开始，逐个与 C_2、C_3、C_4 进行比较，看哪两个子句可进行归结。若能找到就求出归结式。然后用 C_2 与 C_3、C_4 比较，凡可归结的都进行归结。最后用 C_3 与 C_4 比较，若能归结也进行归结。经过这一轮比较及归结后，就会得到一组归结式，称为第一级归结式。

② 从 C_1 开始，用 S 中所有子句分别与第一级归结式中的子句逐个进行比较、归结，这样又会得到一组归结式，称为第二级归结式。仍然从 C_1 开始，用 S 和第一级归结式中的所有子句与第二级归结式中的所有子句逐个进行比较，归结得到第三级归结式。

③ 如此继续，只要子句集是不可满足的，上述归结过程一定会归结出空子句而停止。

【例 3.13】 归结子句集 $S=\{P,\neg R,\neg P\vee Q,\neg Q\vee R\}$。

解

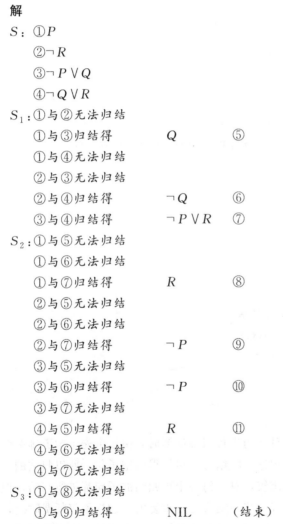

S：①P
②$\neg R$
③$\neg P\vee Q$
④$\neg Q\vee R$

S_1：①与②无法归结
①与③归结得　　Q　　⑤
①与④无法归结
②与③无法归结
②与④归结得　　$\neg Q$　　⑥
③与④归结得　　$\neg P\vee R$　　⑦

S_2：①与⑤无法归结
①与⑥无法归结
①与⑦归结得　　R　　⑧
②与⑤无法归结
②与⑥无法归结
②与⑦归结得　　$\neg P$　　⑨
③与⑤无法归结
③与⑥归结得　　$\neg P$　　⑩
③与⑦无法归结
④与⑤归结得　　R　　⑪
④与⑥无法归结
④与⑦无法归结

S_3：①与⑧无法归结
①与⑨归结得　　NIL　　（结束）

归结结束。

（2）删除策略

归结过程是一个不断寻找可归结子句的过程，子句越多，时空花费就越大。如果归结时先把子句集中的无用子句删除，就会提高归结效率。删除策略正式出于这一考虑提出的，它有以下几种删除方法：

① 纯文字删除法。如果某文字 L 在子句集中不存在可与之互补的文字 $\neg L$，则该文字称为纯文字。显然，纯文字在归结时不可能被消去，因而用包含它的子句进行归结时不可能得到空子句，所以可以把它所在的子句从子句集中删去而不影响子句集的可满足性。例如，设有子句集 $S = \{P, \neg R, \neg Q \vee R\}$，其中 P 是纯文字，所以可以把第一个子句从子句集中删除。

② 重言式删除法。如果一个子句同时包含互补文字时，则该子句可称为重言式。例如 $P(x) \vee \neg P(x)$、$P(x) \vee R(x) \vee \neg P(x)$ 都是重言式。重言式是真值为真的子句，因为不管 $P(x)$ 为真还是为假，$P(x) \vee \neg P(x)$、$P(x) \vee R(x) \vee \neg P(x)$ 都为真。对于一个子句集来说，删除一个真值为真的子句不会影响它的不可满足性，因而重言式子句也可以从子句集直接删除。

③ 包孕删除法。设有子句 C_1 和 C_2，如果存在一个代换 σ，使 $C_1 \sigma \subseteq C_2$，则 C_1 包孕于 C_2。

例如：　　$P(x)$　　　　　　包孕于　$P(y) \vee Q(z)$　　　　　　　　$\sigma = (y/x)$

　　　　　$P(x) \vee Q(a)$　　包孕于　$P(f(a)) \vee Q(a) \vee R(y)$　　$\sigma = (f(a)/x)$

将子句集中被包孕的子句删去后，不会影响子句集的不可满足性，因而可以从子句集中删去被其他子句包孕的子句。

（3）支持集策略

支持集策略对参加归结的子句提出了如下限制：每一次归结时，亲本子句中至少应有一个是由目标公式的否定所得到的子句，或是它们的衍生。可以证明，支持集策略是完备的，即若子句集是不可满足的，则由支持集策略一定可以归结出空子句。

【例 3.14】　用支持集策略归结子句集 $S = \{\neg I(x) \vee R(x), I(a), \neg R(y) \vee \neg L(y), L(a)\}$，其中 $\neg I(x) \vee R(x)$ 是目标公式否定后得到的子句。

解　用支持集策略进行归结的过程是：

S：①$\neg I(x) \vee R(x)$

　　②$I(a)$

　　③$\neg R(y) \vee \neg L(y)$

　　④$L(a)$

S_1：①与②归结得　　　　　$R(a)$　　　　　⑤

　　　①与③归结得　　　　　$\neg I(x) \vee \neg L(x)$　　⑥

　　　①与④无法归结

S_2：①与⑤无法归结

　　　①与⑥无法归结

　　　②与⑤无法归结

　　　②与⑥归结得　　　　　$\neg L(a)$　　　　　⑦

　　　③与⑤归结得　　　　　$\neg L(a)$　　　　　⑧

　　　③与⑥无法归结

　　　④与⑤无法归结

　　　④与⑥归结得　　　　　$\neg I(a)$　　　　　⑨

S_3：①与⑦无法归结

①与⑧无法归结

①与⑨无法归结

②与⑦无法归结

②与⑧无法归结

②与⑨归结得　　　　　　NIL　　　　　　　　（结束）

归结结束。

(4)线性输入策略

线性输入策略的限制方法是：参与归结的两个子句中至少有一个是原始子句集中的子句（包括那些代证明公式的否定）。线性输入策略可限制生成归结式的数量，具有简单、高效的优点。但是线性输入策略是不完备的。例如，用线性输入策略对子句集$\{P \lor Q, P \lor \neg Q, \neg P \lor Q, \neg P \lor \neg Q\}$进行归结，就得不到空子句。但是该子句是不可满足的，用支持集策略可以归结出空子句。

【例 3.15】 用线性输入策略对 $S = \{\neg I(x) \lor R(x), I(a), \neg R(y) \lor \neg L(y), L(a)\}$的子句集进行归结。

解 用线性输入策略进行归结的过程是：

S：　①$\neg I(x) \lor R(x)$

　　　②$I(a)$

　　　③$\neg R(y) \lor \neg L(y)$

　　　④$L(a)$

S_1：①与②归结得　　　　$R(a)$　　　　　　⑤

　　　①与③归结得　　　　$\neg I(x) \lor \neg L(x)$　　⑥

　　　①与④无法归结

　　　②与③无法归结

　　　②与④无法归结

　　　③与④归结得　　　　$\neg R(a)$　　　　　⑦

S_2：①与⑤无法归结

　　　①与⑥无法归结

　　　①与⑦归结得　　　　$\neg I(a)$　　　　　⑧

　　　②与⑤无法归结

　　　②与⑥归结得　　　　$\neg L(a)$　　　　　⑨

　　　②与⑦无法归结

　　　③与⑤归结得　　　　$\neg L(a)$　　　　　⑩

　　　③与⑥无法归结

　　　③与⑦无法归结

　　　④与⑤无法归结

　　　④与⑥归结得　　　　$\neg I(a)$　　　　　⑪

　　　④与⑦无法归结

S_3：①与⑧无法归结

　　　①与⑨无法归结

　　　①与⑩无法归结

①与⑪无法归结

②与⑧归结得   NIL   （结束）

归结结束。

（5）祖先过滤策略

线性输入策略是不完备的，但是对其改进之后可以获得完备的归结策略。祖先过滤策略就是对线性输入策略的一种改进，策略相似但是放宽了限制。可以证明它是完备的。祖先过滤策略的限制方法是：满足下列条件之一的子句可以参加归结。

① 参与归结的两个子句中至少有一个是初始子句集中的句子。

② 如果两个子句都不是初始子句集中的子句，则一个子句应是另一个子句的祖先。

一个子句 C_1 是另一个子句 C_2 的祖先是指：C_2 是由 C_1 与别的子句归结后得到的归结式或者其后裔。

【例 3.16】 用祖先过滤策略归结如下子句集。

$$S = \{\neg P(x) \vee R(x), \neg P(y) \vee \neg R(y), P(u) \vee R(u), P(t) \vee \neg R(t)\}$$

解 用祖先过滤策略进行归结的过程是：

S：①$\neg P(x) \vee R(x)$

    ②$\neg P(y) \vee \neg R(y)$

    ③$P(u) \vee R(u)$

    ④$P(t) \vee \neg R(t)$

S_1：①与②归结得 $\neg P(x)$ ⑤

    ①与③归结得 $R(x)$ ⑥

    ①与④无法归结 $R(x) \vee \neg R(x)$，重言式删除

    ②与③无法归结 $R(y) \vee \neg R(y)$，重言式删除

    ②与④无法归结 $\neg R(y)$ ⑦

    ③与④归结得 $P(u)$ ⑧

S_2：①与⑦归结得 $\neg P(x)$ ⑨

    ①与⑧归结得 $R(x)$ ⑩

    ②与⑥归结得 $\neg P(x)$ ⑪

    ②与⑧归结得 $\neg R(y)$ ⑫

    ③与⑤归结得 $R(x)$ ⑬

    ③与⑦归结得 $P(y)$ ⑭

    ④与⑤归结得 $\neg R(x)$ ⑮

    ④与⑥归结得 $P(x)$ ⑯

S_3：①与⑫归结得 $\neg P(x)$ ⑰

    ①与⑭归结得 $R(x)$ ⑱

    ①与⑮归结得 $\neg P(x)$ ⑲

    ①与⑯归结得 $R(x)$ ⑳

    ②与⑩归结得 $\neg P(x)$ ㉑

    ②与⑬归结得 $\neg P(x)$ ㉒

    ②与⑭归结得 $\neg R(y)$ ㉓

    ②与⑯归结得 $\neg R(x)$ ㉔

③与⑨归结得 $\qquad$ $R(x)$ $\qquad$ ㉕

③与⑪归结得 $\qquad$ $R(x)$ $\qquad$ ㉖

③与⑫归结得 $\qquad$ $P(y)$ $\qquad$ ㉗

③与⑮归结得 $\qquad$ $P(x)$ $\qquad$ ㉘

⋮

⑤与⑨不符合限制条件

⑤与⑩不符合限制条件

⑤与⑪不符合限制条件

⑤与⑫不符合限制条件

⑤与⑭不符合限制条件

⑤与⑯不符合限制条件

⋮（略）

S_4：：（S 与 S_3 的归结结果与 S_2 类似，此处略去）

⑤与⑰不符合限制条件

⑤与⑱不符合限制条件

⑤与⑳不符合限制条件

⑤与㉑不符合限制条件

⑤与㉓不符合限制条件

⑤与㉔不符合限制条件

⑤与㉕不符合限制条件

⑤与㉖不符合限制条件

⑤与㉗不符合限制条件

⑤与㉘NIL

归结结束。其中，无法归结的步骤均略去。

上述归结过程如果使用线性输入策略，则会看到 S_3 与 S_2 相同。如果继续归结下去，则会进入无限循环，所以线性输入策略不是完备的归结策略。

以上讨论的几种基本的归结策略，在具体应用的时候，可以把几种策略组合在一起使用。另外，上述示例的归结过程都是按照广度优先的策略进行搜索的。实际上，也可以结合具体情况采用其他的搜索策略来搜索下一条待归结的子句。

3.4　与或型演绎推理

与或型演绎推理不同于归结演绎推理，归结演绎推理要求将相关知识及目标的否定转化为子句形式，然后通过归结进行演绎；与或型演绎推理则不再把有关知识转化为子句集形式，而是把领域知识和已知事实分别用蕴含式及与或型表示出来，然后通过运用蕴含式进行演绎推理，从而证明某个目标公式。

与或型演绎推理分为正向、逆向和双向三种演绎推理型式，下面对其分别进行讨论。

3.4.1　与或型正向演绎推理

与或型正向演绎推理方法是从已知事实出发，正向使用蕴含式（F 规则）进行演绎推理，直至得到某个目标公式的一个终止条件为止。在这种推理中，对已知事实、F 规则及目标公式的表示形式均有一定要求。如果不是所要求形式，则需要进行变换。

（1）事实表达式的与或型变换及其树形表示

与或型正向演绎要求已知事实用不含蕴含符号"→"的与或型表示。把已知事实的谓词公式化为与或型的步骤和将其化为子句集的步骤相似，只是不必把公式化为子句的合取形式，也不能消去公式中的合取连词。步骤如下：

① 利用 $P \rightarrow Q \Leftrightarrow \neg P \vee Q$ 消去公式中的蕴含连接词"→"。

② 利用德摩根定律及量词转化律把否定词"¬"移到紧靠谓词的位置。

③ 重新为变元命名，使不同量词约束的变元有不同的名字。

④ 引入 Skolem 函数消去存在量词。

⑤ 消去全称量词，且使各主要合取式中的变元不同名。

例如，对如下事实表达式

$$(\exists x)(\forall y)(Q(y,x) \wedge \neg((R(y) \vee P(y)) \wedge S(x,y)))$$

按照上述步骤进行转化后得到与或型表达式

$$Q(z,a) \wedge ((\neg R(y) \wedge \neg P(y)) \vee \neg S(a,y))$$

事实表达式的与或型可用一棵与或树表示出来，上例的与或树如图 3.1 所示。

在图 3.1 中，每个结点表示相应事实表达式的一个子表达式，叶结点为谓词公式中的文字。对于用析取符号"∨"连接而成的表达式，在与或树表示中用一个连接符（半圆弧）连接起来，而对于合取符号"∧"连接的表达式中不需要用连接符。可以发现，将与或树中的叶结点组成的公式

$$Q(z,a)$$
$$\neg R(y) \vee \neg S(a,y)$$
$$\neg P(y) \vee \neg S(a,y)$$

恰好是原表达式化成的子句集。

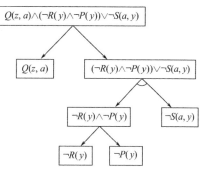

图 3.1 事实表达式的与或树表示

（2）F 规则的表达形式

在与或型正向演绎推理过程中，通常要求 F 规则具有如下的形式

$$L \rightarrow W$$

式中，L 为单文字；W 为与或型。

之所以限制 F 规则的左半部为单文字，是因为在进行演绎推理时，要用 F 规则作用于事实与或树。而该与或树的叶结点都是单文字，这样 F 规则的左部就可以和树的叶结点进行简单匹配了。

如果领域知识的表示形式不是所要求的形式，就需要通过变换将它变成规定的形式。变换步骤如下：

① 暂时消去蕴含符号"→"。例如，对公式

$$(\forall x)(((\exists y)(\forall z)P(x,y,z)) \rightarrow (\forall u)Q(x,u))$$

运用等价关系可化为

$$(\forall x)(\neg((\exists y)(\forall z)P(x,y,z)) \vee (\forall u)Q(x,u))$$

② 把否定词"¬"移到紧靠谓词的位置。运用德摩根定律和量词转化定律把否定词"¬"

移到括号中。于是上式化为

$$(\forall x)(((\forall y)(\exists z)\neg P(x,y,z))\vee(\forall u)Q(x,u))$$

③ 引入 Skolem 函数消去存在量词。上式可化为：

$$(\forall x)((\forall y)(\neg P(x,y,f(x,y)))\vee(\forall u)Q(x,u))$$

④ 消去全称量词。上式可化为

$$\neg P(x,y,f(x,y))\vee Q(x,u)$$

此时公式中的变元都被视为受全称量词约束的变元。

⑤ 恢复为蕴含式。利用等价关系，上式可化为

$$P(x,y,f(x,y))\rightarrow Q(x,u)$$

⑥ 目标公式的表达形式。在与或型的正向演绎推理中，要求将目标公式用子句表示。如果目标公式不是子句形式，就要对其进行转换，转换步骤以上已述。

（3）推理过程

应用 F 规则进行推理的目的在于证明某个目标公式。如果从已知事实的与或树出发，通过运用 F 规则最终推出了欲证明的目标公式，则推理成功结束。其推理过程如下：

① 用与或树将已知事实表达出来。

② 用 F 规则的左半部和与或树的叶结点进行匹配，并将匹配成功的 F 规则加入到与或树中。

③ 重复第②步，直到产生一个含有以目标结点作为终止结点的解图为止。

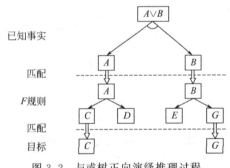

图 3.2　与或树正向演绎推理过程

【例 3.17】 设已知事实为

$$A\vee B$$

F 规则为

$$R_1:A\rightarrow C\wedge D$$
$$R_2:B\rightarrow E\wedge G$$

欲证明目标公式为

$$C\vee G$$

解　证明过程如图 3.2 所示，空心箭头表示匹配。

对谓词公式运用与或型推理的时候，与归结反演类似，都需要对公式运用最一般合一进行变换代换，经过代换之后变成一致的公式才能匹配。

3.4.2　与或形逆向演绎推理

与或形逆向演绎推理从目标公式出发，通过逆向使用蕴含式（B 规则）进行演绎推理，直到得到包含已知事实的终止条件为止。与或形逆向演绎推理对目标公式、B 规则及已知事实的表示形式也有一定的要求。若不符合要求，则需进行转换。

（1）目标公式的与或型变换及其与或树表示

在与或型逆向演绎推理中，要求目标公式用与或型表示。其变换过程和与或型正向演绎推理中对已知事实的变换基本相似。但是要用存在量词约束的变元的 Skolem 函数替换由全称量词约束的相应变元；先消去全称量词，再消去存在量词。这是与或型逆向演绎与正向演绎进行变换的不同之处。例如，对如下目标公式

$$(\exists y)(\forall x)(P(x)\rightarrow(Q(x,y)\vee\neg(R(x)\wedge S(y))))$$

经过变换后得到

$$\neg P(f(z)) \vee (Q(f(y),y) \wedge$$
$$(\neg R(f(y)) \vee \neg S(y)))$$

变换应注意，使各个主要的析取式具有不同的变量名。

目标公式可以用与或树表示出来。其表示形式和与或型正向演绎推理的方法略有不同，不同正向演绎推理中将析取关系的表达式用连接符（半圆弧）连接起来，在逆向演绎推理中是将具有合取关系的表达式用连接符连接。上例的与或型树如图 3.3。

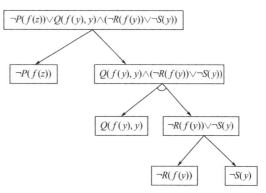

图 3.3　目标公式的与或树表示

在图 3.3 中，把叶结点用它们之间的合取、析取关系连接起来，就可以得到原目标公式的三个子目标

$$\neg P(f(z))$$
$$Q(f(y),y) \wedge \neg R(f(y))$$
$$Q(f(y),y) \wedge \neg S(y)$$

可见，字母表示文字的合取式。

（2）B 规则的表示形式

B 规则的表示形式如下

$$W \rightarrow (L_1 \wedge L_2)$$

这样的蕴含式可化为两个 B 规则

$$W \rightarrow L_1, W \rightarrow L_2$$

（3）已知事实的表示形式

在逆向演绎推理中，要求已知事实是文字的合取式，即

$$F_1 \wedge F_2 \wedge \cdots \wedge F_n$$

在问题的求解中，由于每个 $F_i(i=1,2,3,\cdots)$ 都可以单独起到作用，因此可以把上面公式表示为已知事实的集合$\{F_1,F_2,\cdots,F_n\}$。

（4）推理过程

应用 B 规则进行逆向演绎推理的目的是求解问题，当从目标公式的与或式出发，通过 B 规则最终得到某个终止在事实结点上的一致解图时，推理就可以成功结束。其推理过程如下：

① 先用与或树把目标公式表示出来。

② 用 B 规则的右部和与或树的叶结点进行匹配，将匹配成功的 B 规则加入与或树中。

③ 重复第②步，直到产生某个终止在事实结点上的一致解图为止。一致解图指的是：在推理过程中所用到的代换应该是一致的。

【例 3.18】　设有以下事实和规则：

事实：$F_1: Dog(\text{Fido})$　　　　　Fido 是一只狗

$F_2: \neg Barks(\text{Fido})$　　　　　Fido 不叫

$F_3: Wags-Tail(\text{Fido})$　　　　Fido 摇尾巴

$F_4: Meows(\text{Myrtle})$　　　　　Myrtle 喵喵叫

规则：R_1：$(Wags-Tail(x_1) \wedge Dog(x_1)) \rightarrow Friendly(x_1)$ 狗摇尾巴表示友好

R_2：$(Friendly(x_2) \wedge \neg Barks(x_2)) \rightarrow \neg Afraid(y_2, x_2)$ 友好且不叫的狗不可怕

R_3：$Dog(x_3) \rightarrow Animal(x_3)$ 狗是动物

R_4：$Cat(x_4) \rightarrow Animal(x_4)$ 猫是动物

R_5：$Meows(x_5) \rightarrow Cat(x_5)$ 喵喵叫的是猫

求解的问题是：是否有这样的一只狗和一只猫，而且这只猫不怕这只狗。

该问题的目标公式为

$$(\exists x)(\exists y)(Cat(x) \wedge Dog(y) \wedge \neg Afraid(x, y))$$

解 求解过程如图 3.4 所示。

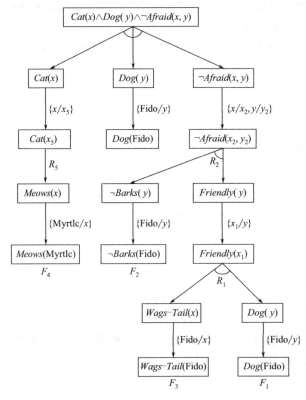

图 3.4 例 3.18 的求解过程

从图 3.4 可以看出，推出的叶结点和已知事实是匹配的，得到了一致解图，所以存在这样一只不怕狗的猫。

3.4.3 与或型双向演绎推理

与或型正向演绎推理要求目标公式是文字的析取式，逆向演绎推理要求已知事实是文字的合取式，这两点使得与或型的正向或者逆向演绎推理都存在一定的局限性。为了克服这个局限性，充分发挥各自优势，可使用双向演绎推理。

正向和逆向组合系统是建立在两个系统相结合的基础上的。此组合系统的总数据库由表示目标和表示事实的两个与或图结构组成。这些与或图最初用来表示给出的事实和目标的某些表达式集合，现在这些表达式的形式都不受约束。这些与或图结构分别用正向系统的 F

规则和逆向系统的 B 规则来修正。设计者必须决定哪些规则用来处理事实图，以及哪些规则用来处理目标图。尽管新系统在修正两部分构成的数据库时只沿着一个方向进行，但仍然把这些规则分别称为 F 规则和 B 规则。继续限制 F 规则为单文字前项和 B 规则为单文字后项。

组合演绎系统的主要复杂之处在于其终止条件。终止涉及两个结构图之间的适当交接。在完成两个图之间的所有可能匹配之后，目标图中的根结点上的表达式是否已经根据事实图中根结点上的表达式和规则得到证明的问题仍然需要判定。只有得到这样的证明时，推理过程才算成功终止。当然，若能断定在给定方法限度内找不到证明时，推理则以失败告终。

也就是说，分别从正、反两个方向进行推理，其与或树分别向着对方扩展。只有当它们对应的叶子结点都可以合一时，推理才能结束。在推理过程中用到的所有代换必须是一致的。

定义 3.8　设代换集合 $\theta = \{\theta_1, \theta_2, \cdots, \theta_n\}$ 中的第 i 个代换 $\theta_i (i=1,2,\cdots,n)$ 为

$$\theta_i = \{t_{i1}/x_{i1}, t_{i2}/x_{i2}, \cdots, t_{im(i)}/x_{im(i)}\}$$

其中，t_{ij} 为项，$x_{ij}[j=1,2,\cdots,m(i)]$ 为变元。则代换集是一致的充要条件是如下两个元组可合一

$$T = \{t_{11}, t_{12}, \cdots, t_{1m(1)}, t_{21}, \cdots, t_{2m(2)}, \cdots, t_{nm(n)}\}$$
$$X = \{x_{11}, x_{12}, \cdots, x_{1m(1)}, x_{21}, \cdots, x_{2m(2)}, \cdots, x_{nm(n)}\}$$

例如：① 设 $\theta_1 = (x/y)$，$\theta_2 = (y/z)$，则 $\theta = \{\theta_1, \theta_2\}$ 是一致的。

② 设 $\theta_1 = \{f(g(x_1))/x_3, \ f(x_2)/x_4\}$，$\theta_2 = \{x_4/x_3, g(x_1)/x_2\}$，则 $\theta = \{\theta_1, \theta_2\}$ 是一致的。

③ 设 $\theta_1 = (a/x)$，$\theta_2 = (b/x)$，则 $\theta = \{\theta_1, \theta_2\}$ 是不一致的。

④ 设 $\theta_1 = (g(y)/x)$，$\theta_2 = (f(x)/y)$，则 $\theta = \{\theta_1, \theta_2\}$ 是不一致的。

与或型的演绎推理不必把公式化为子句集，保留了蕴含连接词"→"。这样就可直观地表达出因果关系，比较自然。但是，与或型正向演绎推理把目标表达式限制为文字的析取式。与或型的逆向演绎推理把已知事实表达式限制为文字的合取式。与或型双向演绎推理虽然可以克服以上限制，但是其终止时间与判断难以被掌握。

4　不确定性推理

　案例引入

已知某种设备出现故障的概率是 2%。当设备出现故障时，故障信号灯亮的概率是 95%；当设备没有出现故障时，故障信号灯亮的概率是 4%。因此，故障信号灯亮与设备出现故障之间的关系存在一定的不确定性。现在已知故障信号灯亮了，问设备出现故障的概率是多少？

　学习意义

客观世界是极其复杂的，现实对象的随机性、模糊性以及观察的不充分性是普遍存在的，因此人们对客观世界的认识往往都具有一定程度的不确定性，进而形成不确定性的知识、不确定性的证据和不确定性的结论。这也就是需要进一步研究不确定性推理方法的原因所在。

　学习目标

- 熟悉不确定性推理的基本概念；
- 掌握各种不确定性推理的计算方法。

4.1　不确定性推理概述

不确定性推理就是从不确定性的证据出发，运用具有不确定性的知识，经过推理过程，最终得到具有不确定性的结论的思维过程。在不确定性推理中，证据、知识和结论都可能具有某种程度上的不确定性。这些对象的不确定性，根据其产生的原因和表现方式，可以分为以下六种类型：

① 随机性。概率论中讨论的随机性是现实生活中最常见的一种不确定性。具有随机性的事件，在每一次随机实验中，无法提前知道发生的是哪一个可能结果，但通过大量的重复

独立实验，可以发现其结果发生的统计规律性，因此在概率论中可以使用随机事件的概率分布来描述每一种可能结果发生的可能性大小，即可量化随机证据的不确定性。

② 模糊性。模糊数学中研究的模糊性是另外一种被广泛使用的不确定性。不同于随机性是对因果律的破缺，模糊性反映的是排中律的破缺。经典集合论中，对于特定的集合，一个元素或者属于或者不属于该集合，没有第三种状态。但在实际生活中，对于事物类别的划分往往是不分明的、非突变的。例如，"健康的人"这个概念就没有明确的划分，当需要判断一个人是否属于"健康的人"时，就不能给出明确的"是"或"否"的结论。模糊数学利用隶属函数来度量元素对模糊概念的隶属程度，从而表示了这种由于事物类别划分不分明所带来的模糊证据的不确定性。

③ 歧义性。在缺乏具体的上下文环境时，证据有时会存在多种不同的意义，难以确定其正确的含义。例如，"I saw a man with a telescope"，既可以理解为"我看见一个带望远镜的人"，也可以理解为"我用望远镜看到一个人"，类似的例子在中文表达中也是大量存在的。这种证据歧义带来的不确定性，应该尽量在证据获取阶段就通过深入了解加以避免。

④ 不完备性。证据和知识都可能具有不完备性。证据的不完备性可能是由于特征值不全或者是证据尚未收集完整。类似地，知识的不完备性包括内容的不完整和结构的不完备。在证据和知识获取的过程中，由于观测的不充分、设备的不精确性，可能只能获取证据的部分特征或知识的部分信息；或者由于人的认知能力或手段的局限性，对某个特定问题的背景和结构认识不全，造成一些重要因素被忽略。

⑤ 不协调性。知识有可能存在不协调，即知识内在的矛盾，按照矛盾的程度可分为知识的冗余、知识的互相干扰和知识的互相冲突。事实上，知识的不协调性是知识不确定性的重要特征，不应过于追求消除知识的不协调性，没有必要在一切场合保持知识的一致性，要允许适当程度的不协调性，允许包容，允许折中和调和。

⑥ 非恒常性。随着时间的变化，证据和知识可能会发生各种变化，这就是非恒常性。此外，对知识的认识过程本身就是一个逐渐认识、逐渐深入和不断更新的过程。正是由于知识的不断更新，人类社会才得到了不断的发展。

不确定性推理中，正是由于证据和知识的这些不确定性，给推理机的设计带来了难度和复杂性。要实现不确定性推理，完成运用不确定性的知识对不确定性的证据的推理，需要解决以下两个问题：

（1）不确定性的表示和度量

不确定性推理中存在关于知识的不确定性、关于证据的不确定性和关于结论的不确定性。因此，如何表示和度量不确定性，是解决不确定性推理的第一步。

知识的表示和推理是密切相关的，不同的推理方法要求有与之相应的知识表示方式。由于不确定性推理中知识的不确定性，所以需要采用适当的方法来表示知识的不确定性以及不确定的程度。知识不确定性的表示方法应该既能根据问题特征描述不确定性，满足问题求解需要，又能便于在推理过程中进行不确定性的推算。目前，在专家系统中知识的不确定性，通常是由专家给出一个数值，用于表示相应知识的不确定程度，它可以是相应知识的应用成功概率或其可信程度，称为知识的静态强度。

对事物的观察，由于观察的不精确、不完全，往往会产生某种程度的不确定性。这种观察中产生的不确定性会导致证据的不确定性。在推理中，有两种证据：一种是用户提供的大多来源于观察的初始证据；另一种是在推理中采用前面推出的结论作为当前推理的证据。这两种证据都有可能是具有不确定性的证据。一般来说，证据的不确定性表示应该与知识的不确定性表示相一致，以便在推理过程中不确定性问题的处理。通常，用一个数值来表示证据的不确定性，代表相应证据的不确定程度。初始证据的不确定性一般由用户给定，用前面推理结论作为当前推理证据的不确定性，一般由不确定性的传递算法算得。

（2）不确定性的传播和更新

不确定性推理中不确定性的计算问题，主要是证据和知识的不确定性的传播和更新。一般是在专家给出的知识不确定性和用户给出的原始证据不确定性的基础上，定义一组函数来求出结论的不确定性度量，包括组合证据不确定性、不确定性的传递和结论不确定合成三个方面。

推理过程中知识的前提若是复杂条件，即是由若干简单条件用 AND 或 OR 连接而成，其对应于若干证据的组合，因此需要计算组合证据的不确定性。目前常用的组合证据不确定性计算方法有最大最小法、Hamacher 方法、概率方法、有界方法和 Einstein 方法等。例如在最大最小法中，证据 E_1 和 E_2 析取和合取的不确定性为

$$C(E_1 \wedge E_2) = \min\{C(E_1), C(E_2)\}$$
$$C(E_1 \vee E_2) = \max\{C(E_1), C(E_2)\}$$

其中，$C(E_1)$、$C(E_2)$ 分别代表证据 E_1、E_2 的不确定性。

不确定性推理的本质其实就是根据用户提供的初始证据，运用不确定性的知识，推导出不确定性的结论，并给出结论的不确定性程度，因此需要解决不确定性的传递问题，即已知知识前提 E 的不确定性 $C(E)$ 和知识的不确定性 $(E \rightarrow H, f(H, E))$，求假设 H 的不确定性 $C(H)$。

此外，在不确定性推理过程中，可能会出现用不同知识进行推理得到具有不同不确定性程度的相同结论的情形。在这种情况下，就需要合适的算法对相同结论的不同不确定性进行合成，即当已知由两个独立证据 E_1 和 E_2 分别得到相同假设 H 的不确定性度量 $C_1(H)$ 和 $C_2(H)$，求 E_1 和 E_2 证据组合导致假设 H 的不确定性度量 $C(H)$。

由于概率论不仅具有完善的理论基础，还为不确定性的传播和更新提供了现成的公式，因此概率论最早被用于不确定性推理中。只采用概率模型进行不确定推理的方法被称为概率推理方法。但在概率推理方法中，需要的事件先验概率和条件概率往往是不易获取的。为了解决这个问题，在纯概率方法的基础上还发展出了主观 Bayes 方法、证据理论等。

虽然基于概率的不确定性推理方法在不确定性推理中占有重要的地位，但概率方法只能表示随机性这一种不确定性，不能反映另一种重要的不确定性——模糊性。因此基于模糊理论发展起来的模糊推理方法也是不确定性推理方法中的重要一员。

下面将具体介绍包括纯概率推理方法、主观 Bayes 方法、证据理论和模糊推理等几种常用的不确定性推理方法。

4.2 概率推理方法

4.2.1 纯概率推理

假设有一条规则

$$\text{If } E \text{ Then } H$$

其中，E 是前提条件；H 是结论。纯概率推理的目的，就是求证据 E 下结论 H 发生的条件概率 $P(H|E)$，用其作为证据 E 出现时结论的确定性程度。如果仅使用这一条规则进行推理，根据 Bayes 公式可知，在已知先验概率 $P(H)$ 和条件概率 $P(E|H)$ 时，可得

$$P(H|E) = \frac{P(E|H)P(H)}{P(E)} \tag{4.1}$$

当有多个证据 $E_1, E_2, \cdots, E_m$ 和多个结论 $H_1, H_2, \cdots, H_n$，并且每个证据都以一定程度支持每个结论时，根据独立事件的概率公式和全概率公式，可得

$$P(H_i|E_1, \cdots, E_m) = \frac{P(H_i)\prod\limits_{k=1}^{m}P(E_k|H_i)}{\sum\limits_{j=1}^{n}\left[P(H_j)\prod\limits_{k=1}^{m}P(E_k|H_j)\right]} \qquad (i = 1, 2, \cdots, n)$$

即当已知 H_i 的先验概率 $P(H_i)$ 以及 H_i 成立时证据 E_k 发生的条件概率 $P(E_k|H_i)(k=1, 2, \cdots, m)$，就可以利用上式计算出在 $E_1, \cdots, E_m$ 发生情况下 H_i 发生的条件概率 $P(H_i|E_1, \cdots, E_m)$。

在实际应用中，如果 $H_i(i=1, 2, \cdots, n)$ 是一组可能发生的疾病，$E_k(k=1, 2\cdots, m)$ 是相应的症状，先验概率 $P(H_i)$ 表示不考虑症状的情况下疾病 H_i 的发病率，条件概率 $P(E_k|H_i)$ 表示疾病 H_i 发生时观察到症状 E_k 的概率，$P(H_i)$ 和 $P(E_k|H_i)$ 都可以在实践中通过大量统计其发生频率而得到，于是利用上述公式可计算出 $P(H_i|E_1, \cdots, E_m)$，即当对某人观察到症状 $E_1, \cdots, E_m$ 时，其患病 H_i 的可能性。

纯概率推理具有较强的理论基础和较低的计算复杂度，但应用该方法需要提前获取结论 H_i 的先验概率 $P(H_i)$ 和条件概率 $P(E_k|H_i)$。虽然 $P(H_i)$ 和 $P(E_k|H_i)$ 可以通过大量统计数据计算出来，但获取大量数据本身有时就是一件相当困难的工作。此外，纯概率推理要求各事件相互独立，如果证据间存在相互依赖关系，就不能采用该方法。

4.2.2 主观 Bayes 方法

为了解决纯概率推理中需要提前获取条件概率 $P(E_k|H_i)$ 的困难，1976 年，R. O. Duda 等人在纯概率推理的基础上提出了主观 Bayes 方法，并把它成功地应用于地矿勘探 PROSPECTOR 专家系统中，该方法主要包括以下三方面。

(1) 知识不确定性的表示

在主观 Bayes 方法中，用产生式规则表示知识，其形式为

$$\text{If } E \text{ Then } (\text{LS}, \text{LN}) \ H \tag{4.2}$$

其中，(LS, LN) 表示该知识规则的静态强度，定义为

$$\text{LS} = \frac{P(E|H)}{P(E|\neg H)}, \ \text{LN} = \frac{P(\neg E|H)}{P(\neg E|\neg H)}$$

定义 4.1 对于事件 X，称

$$O(X) = \frac{P(X)}{P(\neg X)} = \frac{P(X)}{1 - P(X)} \tag{4.3}$$

为事件 X 的几率，即事件 X 的几率等于 X 发生的概率与 X 不发生的概率之比。

显然，几率 $O(X)$ 随着 $P(X)$ 的增大而增大，并且，$(P(X) \to 0) \Leftrightarrow (O(X) \to 0)$，$(P(X) \to 1) \Leftrightarrow (O(X) \to \infty)$。这样就把取值在 $[0, 1]$ 的概率放大到取值为 $[0, +\infty)$ 的

$O(X)$。反之，由式（4.3）可知，也可以如式（4.4）所示由 $O(X)$ 计算 $P(X)$

$$P(X) = \frac{O(X)}{1+O(X)} \qquad (4.4)$$

由式（4.1）可得

$$P(H|E) = \frac{P(E|H)P(H)}{P(E)}$$

$$P(\neg H|E) = \frac{P(E|\neg H)P(\neg H)}{P(E)}$$

以上两式相除，可得

$$\frac{P(H|E)}{P(\neg H|E)} = \frac{P(E|H)}{P(E|\neg H)} \times \frac{P(H)}{P(\neg H)}$$

利用几率和 LS 的定义，上式可以表示为

$$O(H|E) = LS \cdot O(H) \qquad (4.5)$$

同理可得

$$O(H|\neg E) = LN \cdot O(H) \qquad (4.6)$$

式（4.5）和式（4.6）即为修改的 Bayes 公式。利用修改的 Bayes 公式，可以将结论 H 的先验概率 $O(H)$ 更新为证据 E 为真时的后验概率 $O(H|E)$ 和证据 E 为假时的后验概率 $O(H|\neg E)$。从修改的 Bayes 公式还可以发现：当 LS 越大时，E 对 H 的支持越强，特别当 LS$\rightarrow\infty$ 时，$O(H|E)\rightarrow\infty$，$P(H|E)\rightarrow1$，这说明 E 的发生导致了 H 为真，因此称 LS 为式（4.2）成立的充分性因子；当 LN 越小时，$O(H|\neg E)$ 越小，特别当 LN$\rightarrow0$ 时，$O(H|\neg E)\rightarrow0$，$P(H|\neg E)\rightarrow0$，这说明 E 的不发生导致了 H 为假，因此称 LN 为式（4.2）成立的必要性因子。

在实际系统中，充分性因子 LS 和必要性因子 LN 的值往往是由相关领域内的专家根据经验给出的。当证据 E 的存在越是支持 H 为真时，则 LS 的值就越大；当 E 的不存在越是支持 H 为假时，即证据 E 对 H 越是必要时，则 LN 的值越小。

(2) 证据不确定性的表示

一般可以将证据分为全证据和部分证据。全证据 E 就是所有可能的证据和假设。部分证据 S 就是全证据 E 中已经获知的部分，也可以称之为观察 S。全证据 E 的可信度依赖于部分证据 S，表示为 $P(E|S)$，即为已知全证据 E 中的部分观察 S 后对 E 的信任。如果知道所有证据 E，即 $E=S$，则 $P(E|S)=P(E)$。

原始证据的不确定性一般由用户给定，而作为中间结果的证据可以通过下面的不确定性传递公式来确定。

根据概率论的知识，可知

$$P(H|S) = P(H|E)P(E|S) + P(H|\neg E)P(\neg E|S)$$

根据 $P(E|S)$ 的取值，有以下 4 种情况：

① 当 $P(E|S)=1$ 时，$P(\neg E|S)=1-P(E|S)=0$，故 $P(H|S)=P(H|E)$；

② 当 $P(E|S)=0$ 时，$P(\neg E|S)=1-P(E|S)=1$，故 $P(H|S)=P(H|\neg E)$；

③ 当 $P(E|S)=P(E)$ 时，$P(\neg E|S)=1-P(E)=P(\neg E)$，故

$$P(H|S) = P(H|E)P(E) + P(H|\neg E)P(\neg E) = P(H)$$

④ 当 $P(E|S)$ 为其他情况时，可以通过上述 3 个特殊点的分段线性插值函数计算 $P(H|S)$，如图 4.1 所示，分段线性插值函数的解析表达式为

$$P(H \mid S) = \begin{cases} P(H \mid \neg E) + \dfrac{P(H) - P(H \mid \neg E)}{P(E)} P(E \mid S), & P(E \mid S) < P(E) \\[3mm] P(H) + \dfrac{P(H \mid E) - P(H)}{1 - P(E)} (P(E \mid S) - P(E)), & P(E \mid S) \geqslant P(E) \end{cases} \tag{4.7}$$

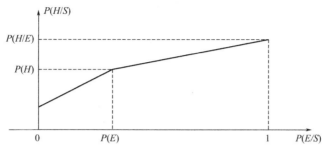

图 4.1 计算 $P(H \mid S)$ 的分段线性插值函数

(3) 主观 Bayes 方法的推理过程

主观 Bayes 方法推理的任务就是根据证据 E 的概率 $P(E)$ 和充分性因子 LS 以及必要性因子 LN 的值，把结论 H 的先验概率 $P(H)$ 或几率 $O(H)$ 更新为后验概率或后验几率。

如果有 n 条知识都支持同一个结论 H，并且这些知识的前提分别是相互独立的证据 $E_1, E_2, \cdots, E_n$，证据所对应的观察分别是 $S_1, S_2, \cdots, S_n$ 时，首先对每一条知识求出后验几率 $O(H \mid S_i)$，然后按照下述公式对结论的不确定性进行合成

$$O(H \mid S_1, \cdots, S_n) = O(H) \prod_{i=1}^{n} \frac{O(H \mid S_i)}{O(H)}$$

下面通过一个实例来具体说明主观 Bayes 方法的推理过程。

【例 4.1】 设有下列规则

$$R_1: \text{If } E_1 \text{ Then } (2, 0.01) \ H$$
$$R_2: \text{If } E_2 \text{ Then } (100, 0.001) \ H$$

且已知 $O(H) = 0.1$，$P(E_1 \mid S_1) = 0.5$，$P(E_2 \mid S_2) = 0.02$，$P(E_1) = 0.05$，$P(E_2) = 0.03$，求 $O(H \mid S_1, S_2)$。

解 求解过程如下。

① 计算 $O(H \mid S_1)$。根据规则 R_1，可得

$$O(H \mid E_1) = \text{LS} \cdot O(H) = 2 \times 0.1 = 0.2$$

由式 (4.4) 可知 $\quad P(H \mid E_1) = \dfrac{O(H \mid E_1)}{1 + O(H \mid E_1)} = \dfrac{0.2}{1 + 0.2} \approx 0.1667$

同理 $\qquad\qquad P(H) = \dfrac{O(H)}{1 + O(H)} = \dfrac{0.1}{1 + 0.1} \approx 0.0909$

因为 $P(E_1 \mid S_1) = 0.5 > P(E_1) = 0.05$，根据式 (4.7) 可得

$$P(H \mid S_1) = P(H) + \frac{P(H \mid E_1) - P(H)}{1 - P(E_1)} (P(E_1 \mid S_1) - P(E_1))$$

$$= \frac{1}{11} + \frac{\dfrac{2}{12} - \dfrac{1}{11}}{1 - 0.05} \times (0.5 - 0.05) \approx 0.1268$$

故 $\qquad\qquad O(H \mid S_1) = \dfrac{P(H \mid S_1)}{1 + P(H \mid S_1)} \approx 0.1125$

② 计算 $O(H|S_2)$。根据规则 R_2，可得

$$O(H|\neg E_2) = \text{LN} \cdot O(H) = 0.001 \times 0.1 = 0.0001$$

由式（4.4）可知

$$P(H|\neg E_2) = \frac{O(H|\neg E_2)}{1 + O(H|\neg E_2)} = \frac{0.0001}{1 + 0.0001} \approx 0.00009999$$

因为 $P(E_2|S_2) = 0.02 < P(E_2) = 0.03$，根据式（4.7）可得

$$P(H|S_2) = P(H|\neg E_2) + \frac{P(H) - P(H|\neg E_2)}{P(E_2)} P(E_2|S_2)$$

$$= \frac{1}{10001} + \frac{\dfrac{1}{11} - \dfrac{1}{10001}}{0.03} \times 0.02 \approx 0.06064$$

故

$$O(H|S_2) = \frac{P(H|S_2)}{1 + P(H|S_2)} \approx 0.0572$$

③ 计算 $O(H|S_1, S_2)$

$$O(H|S_1, S_2) = O(H) \frac{O(H|S_1)}{O(H)} \times \frac{O(H|S_2)}{O(H)} \approx 0.06433$$

从上述计算可以看出，H 的先验几率为 0.1，通过推理，其后验几率为 0.06433，变小了不少。

主观 Bayes 方法的计算公式大多是通过概率论的公式推导出来的，具有坚实的理论基础。规则中的充分性因子 LS 和必要性因子 LN 通常是由领域内的专家根据实践经验给出的，避免了需要通过大量的统计工作来确定条件概率 $P(E|H)$，但 H 的先验概率 $P(H)$ 的确定仍是一个比较困难的问题。此外，对于事件间独立性的要求对主观 Bayes 方法的应用有一定的限制。

4.3 证据理论

证据理论，也被称为 D-S 理论，源于 20 世纪 60 年代美国哈佛大学的数学家 A. P. Dempster 在利用上、下限概率来解决多值映射问题方面的研究工作。Dempster 的学生 G. Shafer 在 Dempster 的基础上，对证据理论做了进一步的发展，引入信任函数概念，形成了一套基于"证据"和"组合"来处理不确定性推理问题的数学方法。由于证据理论能够区分"不确定"与"不知道"的差异，具有较大的灵活性，受到了人们的关注。

4.3.1 假设的不确定性

设 Ω 是变量 x 的所有可能取值构成的集合，且 Ω 中的元素相互独立，称 Ω 为样本空间。在证据理论中，Ω 的任何一个子集 A 都对应一个关于变量 x 的命题，即"x 的值在 A 中"。例如，x 代表看到的汽车的颜色，$\Omega = \{红、黄、蓝\}$，则 $A = \{红\}$ 表示"x 是红色的"，$A = \{红、蓝\}$ 表示"x 或者是红色的，或者是蓝色"。

证据理论中，引入了基本概率分配函数、信任函数、似然函数和类概率函数来描述和处理不确定性，定义分别如下：

定义 4.2 若函数 $m: 2^{\Omega} \rightarrow [0, 1]$ 满足

$$m(\phi)=0,\sum_{A\subset\Omega}m(A)=1$$

则称 m 是 2^{Ω} 上的基本概率分配函数，称 $m(A)$ 为 A 的基本概率数。

基本概率分配函数的作用是把样本空间 Ω 的子集 A 映射为 $[0,1]$ 上的一个数 $m(A)$，是对 Ω 的各个子集进行信任分配，$m(A)$ 表示分配给 A 但不知道如何分配给 A 的子集的那一部分的精确信任度。需要注意的是，基本概率分配函数是 2^{Ω} 上的而非 Ω 上的概率分布，故 $m(A)$ 和 $1-m(\neg A)$ 不一定相等。

定义 4.3 设函数 $Bel:2^{\Omega}\to[0,1]$，对于任意 $A\subset\Omega$，都有

$$Bel(A)=\sum_{B\subset A}m(B)$$

则称函数 Bel 为 2^{Ω} 上的信任函数。$Bel(A)$ 函数又称为下限函数，表示对命题 A 为真的总的信任度。

定义 4.4 设函数 $Pl:2^{\Omega}\to[0,1]$，对于任意 $A\subset\Omega$，都有

$$Pl(A)=1-Bel(\neg A)$$

则称函数 Pl 为 2^{Ω} 上的似然函数。$Pl(A)$ 函数又称为上限函数或不可驳斥函数，表示对命题 A 为非假的信任度。

定义 4.5 定义集 A 的类概率函数为

$$f(A)=Bel(A)+\frac{|A|}{|\Omega|}\left[Pl(A)-Bel(A)\right]$$

其中，$|A|$、$|\Omega|$ 分别表示 A、Ω 中包含元素的个数。$f(A)$ 具有如下的性质：

① $f(\phi)=0,f(\Omega)=1$

② $f(A)\in[0,1]$

③ $Bel(A)\leqslant f(A)\leqslant Pl(A)$

④ $f(\neg A)=1-f(A)$

证据 E 的不确定性可以由类概率函数 $f(E)$ 表示，一般原始证据的 $f(E)$ 由用户给定，作为中间结果证据的 $f(E)$ 可以由不确定性的传递算法计算得出。

下面通过一个例子来说明上述 4 个函数值的计算。

【例 4.2】 设 $\Omega=\{$红、黄、蓝$\}$，$m(\phi)=0$，$m(\{$红$\})=0.2$，$m(\{$黄$\})=0.1$，$m(\{$蓝$\})=0.1$，$m(\{$红、黄$\})=0.2$，$m(\{$红、蓝$\})=0.2$，$m(\{$黄、蓝$\})=0.1$，$m(\Omega)=0.1$。

$m(\{$红$\})=0.2$ 表示对于命题"x 是红色"的精确信任度为 0.2，$m(\{$红、黄$\})=0.2$ 表示对于命题"x 或者是红色，或者是黄色"的精确信任度为 0.2，但不知道该把这 0.2 分给 $\{$红$\}$ 还是分给 $\{$黄$\}$。

解 $Bel(\{$红、黄$\})$ 表示对命题 A 为真的总的信任度

$$Bel(\{红、黄\})=m(\{红\})+m(\{黄\})+m(\{红、黄\})=0.5$$

$Pl(\{$红、黄$\})$ 表示对命题 A 为非假的信任度。

$$Pl(\{红、黄\})=1-Bel(\{蓝\})=1-m(\{蓝\})=0.9$$

类概率函数为

$$f(\{红、黄\})=Bel(\{红、黄\})+\frac{|\{红、黄\}|}{|\Omega|}(Pl(\{红、黄\})-Bel(\{红、黄\}))$$

$$=0.5+\frac{2}{3}\times(0.9-0.5)=0.76667$$

4.3.2　证据的组合函数

当同样的证据有不同的基本概率分配函数时，需要通过基本概率分配函数的正交和运算对它们进行组合。

定义 4.6　设 m_1、m_2 是 2^Ω 上的两个基本概率分配函数，则其正交和 $m = m_1 \oplus m_2$ 为

$$m(\phi) = 0$$

$$m(A) = \frac{\sum\limits_{A_1 \cap A_2 = A} m_1(A_1) \times m_2(A_2)}{K}$$

其中

$$K = 1 - \sum\limits_{A_1 \cap A_2 = \phi} m_1(A_1) \times m_2(A_2)$$

若 $K \neq 0$，则其正交和 m 也是一个基本概率分配函数；否则，则不存在正交和 m，也称 m_1、m_2 矛盾。对于多个基本概率分配函数 $m_1, m_2, \cdots, m_n$，类似的也可以通过其正交和将它们组合起来。

【例 4.3】　设 $\Omega = \{红、黄\}$，且有

$$m_1(\phi, \{红\}, \{黄\}, \Omega) = (0, 0.3, 0.5, 0.2)$$

$$m_2(\phi, \{红\}, \{黄\}, \Omega) = (0, 0.6, 0.3, 0.1)$$

求 m_1 和 m_2 的正交和 m。

解　由定义 4.6 可知

$$K = 1 - \sum\limits_{A_1 \cap A_2 = \phi} m_1(A_1) \times m_2(A_2)$$

$$= 1 - m_1(\{红\}) \times m_2(\{黄\}) - m_1(\{黄\}) \times m_2(\{红\}) = 0.61$$

故

$$m(\{红\}) = \frac{\sum\limits_{A_1 \cap A_2 = \{红\}} m_1(A_1) \times m_2(A_2)}{K}$$

$$= \frac{1}{0.61}\{m_1(\{红\}) \times (m_2(\{红\}) + m_2(\Omega)) + m_1(\Omega) \times m_2(\{红\})\} = 0.54$$

同理可得

$$m(\{黄\}) = 0.43, \ m(\Omega) = 0.03$$

即

$$m(\phi, \{红\}, \{黄\}, \Omega) = (0, 0.54, 0.43, 0.03)$$

4.3.3　证据理论的不确定性推理算法

在证据理论中，具有不确定性的推理规则可以表示为

$$\text{If } E \text{ Then } H, CF$$

其中，假设 $H = \{a_1, a_2, \cdots, a_m\} \subset \Omega$，$E$ 为支持 H 成立的证据，$CF = \{c_1, c_2, \cdots, c_m\}$ 是可信度因子，$c_i \in [0,1]$ 为证据 E 成立时 a_i 的可信度，满足 $\sum\limits_{i=1}^{m} c_i \leqslant 1$。

若已知证据的类概率函数 $f(E)$，则

$$m(\{a_i\}) = f(E)c_i \qquad (i = 1, 2, \cdots, m)$$

且规定 $m(\Omega) = 1 - \sum\limits_{i=1}^{m} m(\{a_i\})$，则对于 Ω 的所有其他子集的基本概率数都为 0，

故
$$Bel(H) = \sum_{B \subset H} m(B) = \sum_{i=1}^{m} m(\{a_i\}) = f(E) \sum_{i=1}^{m} c_i$$

进一步可以计算 $Pl(H)$ 和 $f(H)$

$$Pl(H) = 1 - Bel(\neg H) = 1$$

$$f(H) = Bel(A) + \frac{|A|}{|\Omega|} [Pl(A) - Bel(A)]$$

当规则的证据 E 是多个命题的合取或析取时，规定

$$f(E_1 \land E_2 \land \cdots \land E_n) = \min\{f(E_1), f(E_2), \cdots, f(E_n)\}$$

$$f(E_1 \lor E_2 \lor \cdots \lor E_n) = \max\{f(E_1), f(E_2), \cdots, f(E_n)\}$$

当多个规则相互独立支持同一个结论成立时，有

$$\text{If } E_1 \text{ Then } H, CF_1 = \{c_{11}, c_{12}, \cdots, c_{1n}\}$$

$$\text{If } E_2 \text{ Then } H, CF_2 = \{c_{21}, c_{22}, \cdots, c_{2n}\}$$

$$\vdots$$

$$\text{If } E_m \text{ Then } H, CF_m = \{c_{m1}, c_{m2}, \cdots, c_{mn}\}$$

其中 $H = \{a_1, a_2, \cdots, a_n\}$，则可以首先分别根据这些规则计算基本概率数

$$m_i(\{a_1\}, \{a_2\}, \cdots, \{a_n\}, \Omega) = \left(f(E_i)c_{i1}, f(E_i)c_{i2}, \cdots, f(E_i)c_{in}, 1 - \sum_{j=1}^{n} f(E_i)c_{ij}\right)$$

然后根据求正交和方法，将这些基本概率分配函数 m_i 组合成 m。最后通过 $m(H)$ 计算 Bel (H)、$Pl(H)$ 和 $f(H)$。

【例 4.4】 设有如下的推理规则：

R_1: If $E_1 \lor E_2$ Then $A_1 = \{a_{11}, a_{12}, a_{13}\}$, $CF_1 = \{0.2, 0.3, 0.5\}$

R_2: If $E_3 \land E_4$ Then $A_2 = \{a_{21}, a_{22}\}$, $CF_2 = \{0.3, 0.4\}$

R_3: If A_1 Then $H = \{a_1, a_2\}$, $CF_3 = \{0.2, 0.5\}$

R_4: If A_2 Then $H = \{a_1, a_2\}$, $CF_4 = \{0.4, 0.5\}$

若已知 $f(E_1) = 0.5$，$f(E_2) = 0.7$，$f(E_3) = 0.9$，$f(E_4) = 0.8$，$|\Omega| = 10$，求 H 的不确定性。

解 ① 求 A_1 的不确定性

$$f(E_1 \lor E_2) = \max\{f(E_1), f(E_2)\} = 0.7$$

$$m_1(\{a_{11}\}, \{a_{12}\}, \{a_{13}\}) = (0.7 \times 0.2, 0.7 \times 0.3, 0.7 \times 0.5) = (0.14, 0.21, 0.35)$$

$$Bel(A_1) = m_1(\{a_{11}\}) + m_1(\{a_{12}\}) + m_1(\{a_{13}\}) = 0.7$$

$$Pl(A_1) = 1 - Bel(\neg A_1) = 1$$

$$f(A_1) = Bel(A_1) + \frac{|A_1|}{|\Omega|}(Pl(A_1) - Bel(A_1)) = 0.79$$

② 求 A_2 的不确定性

$$f(E_3 \land E_4) = \min\{f(E_3), f(E_4)\} = 0.8$$

$$m_2(\{a_{21}\}, \{a_{22}\}) = (0.8 \times 0.3, 0.8 \times 0.4) = (0.24, 0.32)$$

$$Bel(A_2) = m_2(\{a_{21}\}) + m_2(\{a_{22}\}) = 0.56$$

$$Pl(A_2) = 1 - Bel(\neg A_2) = 1$$

$$f(A_2) = Bel(A_2) + \frac{|A_2|}{|\Omega|}(Pl(A_2) - Bel(A_2)) = 0.648$$

③ 求 H 的不确定性。根据 R_3、R_4，有

$$m_3(\{a_1\},\{a_2\})=(0.79\times0.2,0.79\times0.5)=(0.158,0.395)$$

$$m_4(\{a_1\},\{a_2\})=(0.648\times0.4,0.648\times0.5)=(0.2592,0.324)$$

$$m_3(\Omega)=1-m_3(\{a_1\})-m_3(\{a_2\})=0.447$$

$$m_4(\Omega)=1-m_4(\{a_1\})-m_4(\{a_2\})=0.4168$$

由正交和公式得到

$$K=1-m_3(\{a_1\})m(\{a_2\})-m_3(\{a_2\})m(\{a_1\})=0.846424$$

则有 $m=m_1\oplus m_2$ 为

$$m(\{a_1\})=K^{-1}[m_3(a_1)m_4(a_1)+m_3(a_1)m_4(\Omega)+m_3(\Omega)m_4(\{a_1\})]=0.263072$$

$$m(\{a_2\})=K^{-1}[m_3(a_2)m_4(a_2)+m_3(a_2)m_4(\Omega)+m_3(\Omega)m_4(\{a_2\})]=0.516814$$

于是

$$Bel(H)=m(\{a_1\})+m(\{a_2\})=0.779886$$

$$Pl(H)=1-Bel(\neg H)=1$$

$$f(H)=Bel(H)+\frac{|H|}{|\Omega|}[Pl(H)-Bel(H)]=0.823909$$

证据理论的优点在于能够满足比概率论更弱的公理系统，可以区分不知道和不确定的情况。但证据的独立性不易得到保证，而且基本概率分配函数要求的值也较多，计算传递关系复杂。

4.4 模糊推理系统

除随机性以外，模糊性也是一种普遍存在的不确定性。处理模糊性的理论基础是1965年Zadeh提出的模糊集合论。Zadeh随后将模糊集合论应用于近似推理，形成了可能性理论。以模糊逻辑为基础的近似推理，是一种处理不精确描述的软计算，它的应用背景是对自然语言的理解。换言之，模糊逻辑是直接建立在自然语言上的逻辑系统，与其他逻辑系统相比较，它考虑了更多的自然语言成分。目前，模糊逻辑和可能性理论已经广泛应用于专家系统和智能控制中。

4.4.1 模糊集合及模糊关系

在经典集合中，元素 x 是否属于集合 A 是确定的，即 x 或者属于 A，或者不属于 A，两者必有且仅有一个成立。它的逻辑基础是二值逻辑，可以用特征函数来描述元素与经典集合的隶属关系。例如，集合 A 的特征函数可以表示为

$$\chi_A(x)=\begin{cases}1,&x\in A\\0,&x\notin A\end{cases}$$

可见，经典集合元素的特征函数值 $\chi_A(x)$ 只能取 1 或 0。当 $\chi_A(x)=1$ 时说明 x 是集合 A 中的元素；当 $\chi_A(x)=0$ 时说明 x 不是集合 A 中的元素。

但经典集合的这种对元素的二值描述，不能用于描述现实世界中的模糊概念。因为在现实世界中，有很多概念是模糊的，并不是非此即彼的。例如，人按照年龄可以分为"青年人"和"老年人"，但实际上找不到一个确切的年龄作为"青年"和"老年"的分界线，只能说一个人随着年龄的增加，属于"青年"的程度越来越小，属于"老年"的程度越来越大而已。

为了表示这些模糊的概念，1965 年 Zadeh 提出了模糊集合理论，将经典集合特征函数的取值范围从 $\{0,1\}$ 扩展到整个 $[0,1]$ 区间，将经典集合的特征函数拓展为模糊集合的隶属函数，以表示元素隶属于集合的程度。

定义 4.7 给定论域 X 上的一个映射 $\mu_{\widetilde{A}}: X \to [0,1]$，$x \mapsto \mu_{\widetilde{A}}(x)$，称 $\widetilde{A}$ 是由 $\mu_{\widetilde{A}}$ 确定的一个论域 X 上模糊子集，$\mu_{\widetilde{A}}$ 是模糊集 $\widetilde{A}$ 的隶属函数，$\mu_{\widetilde{A}}(x)$ 为元素 x 对 $\widetilde{A}$ 的隶属度。

与经典集合的表示不同，模糊集合的表示既要列出论域中的元素，还要列出元素对模糊集合的隶属度。

当论域 X 是离散的且元素个数有限时，模糊集 $\widetilde{A}$ 可以表示为

$$\widetilde{A} = \{(x, \mu_{\widetilde{A}}(x)), x \in X\}$$

也可以采用 Zadeh 表示法将其表示为

$$\widetilde{A} = \frac{\mu_{\widetilde{A}}(x_1)}{x_1} + \frac{\mu_{\widetilde{A}}(x_2)}{x_2} + \cdots + \frac{\mu_{\widetilde{A}}(x_n)}{x_n}$$

当论域 X 是连续的或者元素个数无限时，模糊集 $\widetilde{A}$ 可以表示为

$$\widetilde{A} = \int_{x \in X} \mu_{\widetilde{A}}(x)/x$$

模糊集合是经典集合的推广，所以经典集合的运算也可以推广到模糊集合。但由于模糊集合是由隶属函数确定的，所以模糊集合的运算可基于其隶属函数来进行。

设 $\widetilde{A}$、$\widetilde{B}$ 是论域 X 中的两个模糊集，可以定义如下模糊集的运算：

① 模糊交运算 $\widetilde{A} \cap \widetilde{B}$

$$\mu_{\widetilde{A} \cap \widetilde{B}}(x) = \min\{\mu_{\widetilde{A}}(x), \mu_{\widetilde{B}}(x)\} = \mu_{\widetilde{A}}(x) \wedge \mu_{\widetilde{B}}(x)$$

② 模糊并运算 $\widetilde{A} \cup \widetilde{B}$

$$\mu_{\widetilde{A} \cup \widetilde{B}}(x) = \max\{\mu_{\widetilde{A}}(x), \mu_{\widetilde{B}}(x)\} = \mu_{\widetilde{A}}(x) \vee \mu_{\widetilde{B}}(x)$$

③ 模糊补运算 $\widetilde{A}^C$

$$\mu_{\widetilde{A}^C}(x) = 1 - \mu_{\widetilde{A}}(x)$$

【例 4.5】 设论域 $X = \{x_1, x_2, x_3\}$，$\widetilde{A}$ 和 $\widetilde{B}$ 是论域 X 上的两个模糊集合，已知

$$\widetilde{A} = \frac{0.3}{x_1} + \frac{0.6}{x_2} + \frac{0.4}{x_3}$$

$$\widetilde{B} = \frac{0.2}{x_1} + \frac{0.7}{x_2} + \frac{0.5}{x_3}$$

求 $\widetilde{A} \cap \widetilde{B}$、$\widetilde{A} \cup \widetilde{B}$，$\widetilde{A}^C$。

解

$$\widetilde{A} \cap \widetilde{B} = \frac{0.3 \wedge 0.2}{x_1} + \frac{0.6 \wedge 0.7}{x_2} + \frac{0.4 \wedge 0.5}{x_3} = \frac{0.2}{x_1} + \frac{0.6}{x_2} + \frac{0.4}{x_3}$$

$$\widetilde{A} \cup \widetilde{B} = \frac{0.3 \vee 0.2}{x_1} + \frac{0.6 \vee 0.7}{x_2} + \frac{0.4 \vee 0.5}{x_3} = \frac{0.3}{x_1} + \frac{0.7}{x_2} + \frac{0.5}{x_3}$$

$$\widetilde{A}^C = \frac{1-0.3}{x_1} + \frac{1-0.6}{x_2} + \frac{1-0.4}{x_3} = = \frac{0.7}{x_1} + \frac{0.4}{x_2} + \frac{0.6}{x_3}$$

与模糊集是经典集合的扩充类似，模糊关系也是经典关系的扩充。

定义 4.8 给定论域 X、Y，称 $X \times Y$ 上的一个模糊子集 $\tilde{R}$ 确定了一个 $X \times Y$ 上的模糊关系，并称 $\mu_{\tilde{R}}(x,y)$ 为 X 中元素 x 与 Y 中元素 y 具有模糊关系 $\tilde{R}$ 的程度。

例如，设 $X = Y = \mathbb{R}$，则"近似相等"为 $X \times Y$ 上的模糊关系，其隶属度函数可以定义为 $\mu_{近似相等}(x,y) = e^{-(x-y)^2}$。

若论域 X、Y 都是离散有限集，则其上的模糊关系可以由模糊矩阵表示。例如，设 $X = \{x_1, x_2\}$，$Y = \{y_1, y_2, y_3\}$，则 $X \times Y$ 上的一个模糊关系 $\tilde{R}$ 可以表示为

$$\tilde{R} = \begin{bmatrix} 0.1 & 0.2 \\ 0.3 & 0.4 \\ 0.5 & 0.6 \end{bmatrix}$$

其中，$\mu_{\tilde{R}}(x_1, y_1) = 0.1$，$\mu_{\tilde{R}}(x_2, y_2) = 0.4$。

若 $\tilde{R}$ 为 $X \times Y$ 上的模糊关系，$\tilde{S}$ 为 $Y \times Z$ 上的模糊关系，通过 max-min 合成可以得到 $X \times Z$ 上的模糊关系 $\tilde{T} = \tilde{R} \circ \tilde{S}$，其中

$$\mu_{\tilde{T}}(x,z) = \bigvee_{y \in Y} [\mu_{\tilde{R}}(x,y) \wedge \mu_{\tilde{S}}(y,z)]$$

【例 4.6】 采用 max-min 合成计算 $T = \tilde{R} \circ \tilde{S}$，其中

$$\tilde{R} = \begin{bmatrix} 0.3 & 0.7 & 0.2 \\ 1 & 0 & 0.3 \\ 0 & 0.6 & 0.2 \end{bmatrix}, \tilde{S} = \begin{bmatrix} 0.2 & 0.9 \\ 0.9 & 0.1 \\ 0.6 & 0.5 \end{bmatrix}$$

解 根据

$$\mu_{\tilde{T}}(x,z) = \bigvee_{y \in Y} [\mu_{\tilde{R}}(x,y) \wedge \mu_{\tilde{S}}(y,z)]$$

可得

$$\tilde{T} = \begin{bmatrix} 0.7 & 0.3 \\ 0.3 & 0.9 \\ 0.6 & 0.2 \end{bmatrix}$$

4.4.2 语言变量和模糊 If-Then 规则

生活中的变量常用词语来描述，例如当说"小王的年龄小"时，就是用词语"小"来描述变量"小王的年龄"，这种取值为普通语言中的词语的变量，称为语言变量，与经典数学理论中的变量取值为数值不同，其取值是模糊集。例如，汽车速度 x 是取值范围为区间 $[0, V_{max}]$ 的一个变量，在 $[0, V_{max}]$ 上定义 3 个模糊集 $\tilde{S} = $ "慢速"、$\tilde{M} = $ "中速"、$\tilde{F} = $ "快速"

$$\mu_{\tilde{S}}(v) = \begin{cases} 1, & v \in [0, 0.25V_{max}] \\ (0.5V_{max} - v)/0.25V_{max}, & v \in (0.25V_{max}, 0.5V_{max}] \\ 0, & v \in (0.5V_{max}, V_{max}] \end{cases}$$

$$\mu_{\tilde{M}}(v) = \begin{cases} 0, & v \in [0, 0.25V_{max}] \\ (v - 0.25V_{max})/0.25V_{max}, & v \in (0.25V_{max}, 0.5V_{max}] \\ (0.75V_{max} - v)/0.25V_{max}, & v \in (0.5V_{max}, 0.75V_{max}] \\ 0, & v \in (0.75V_{max}, V_{max}] \end{cases}$$

$$\mu_{\widetilde{F}}(v)=\begin{cases}1, & v\in[0,0.5V_{max}]\\(v-0.5V_{max})/0.25V_{max}, & v\in(0.5V_{max},0.75V_{max}]\\0, & v\in(0.75V_{max},V_{max}]\end{cases}$$

若将 x 视为语言变量，则 x 可取这 3 个模糊集。

子模糊命题是表达语言变量取某个特定模糊集的陈述句，若干子模糊命题通过连接词"AND""OR""NOT"连接成复合模糊命题。例如，在汽车速度的例子中，有以下模糊命题（其中前两个为子模糊命题，后两个为复合命题）

$$x \text{ is } \widetilde{S}$$

$$x \text{ is } \widetilde{M}$$

$$(x \text{ is } \widetilde{S}) \text{ AND } (y \text{ is } \widetilde{F})$$

$$(x \text{ is NOT}(\widetilde{S})) \text{ OR } (y \text{ is } \widetilde{M})$$

每一个子模糊命题均可以由相应的模糊集作细化描述。复合命题中的连接词"AND""OR""NOT"可以分别对应于"模糊交""模糊并""模糊补"。一般地，$(x \text{ is } \widetilde{S}) \text{ AND } (y \text{ is } \widetilde{F})$ 可以解释为 $X\times Y$ 中的模糊关系 $\widetilde{S}\cap\widetilde{F}$，其隶属函数为 $\mu_{\widetilde{S}\cap\widetilde{F}}(x,y)=\min\{\mu_{\widetilde{S}}(x),\mu_{\widetilde{F}}(y)\}$；$(x \text{ is NOT}(\widetilde{S})) \text{ OR } (y \text{ is } \widetilde{M})$ 可以解释为 $X\times Y$ 中的模糊关系 $\widetilde{S}^c\cup\widetilde{F}$，其隶属函数为 $\mu_{\widetilde{S}^c\cup\widetilde{F}}(x,y)=\max\{1-\mu_{\widetilde{S}}(x),\mu_{\widetilde{F}}(y)\}$。

可见，引入语言变量能够使自然语言的模糊描述形成精确的数学表达，这是人类知识嵌入工程系统的第一步。在模糊推理中，人类知识可以表示为模糊 If-Then 规则，形如

$$\text{If } x \text{ is } \widetilde{A} \quad \text{Then } y \text{ is } \widetilde{B}$$

其中，规则的前件 $x \text{ is } \widetilde{A}$ 和后件 $y \text{ is } \widetilde{B}$ 都是模糊命题。例如，规则"如果路滑，则车速慢"，$\widetilde{A}=$"路滑"，$\widetilde{B}=$"车速慢"。

模糊 If-Then 规则 If x is $\widetilde{A}$ Then y is $\widetilde{B}$，也可以表示为"$\widetilde{A}\rightarrow\widetilde{B}$"，它表示的是语言变量 x、y 之间的依赖关系，蕴涵了模糊关系 $\widetilde{R}$，$\mu_{\widetilde{R}}(x,y)=\theta(\mu_{\widetilde{A}}(x),\mu_{\widetilde{B}}(y))$，其中，$\theta$ 是蕴涵算子。

常见的蕴涵算子有：

① Zadeh 蕴涵：$\theta(a,b)=(1-a)\vee(a\wedge b)$；

② Mamdani 蕴涵：$\theta(a,b)=a\wedge b$；

③ Larsen 蕴涵：$\theta(a,b)=a\cdot b$；

④ Lukasiewicz 蕴涵：$\theta(a,b)=1\wedge(1-a+b)$；

⑤ Kleene-Dienes 蕴涵：$\theta(a,b)=(1-a)\vee b$。

若有 m 条模糊 If-Then 规则

$$R_i:\text{If } x \text{ is } \widetilde{A}_i \quad \text{Then } y \text{ is } \widetilde{B}_i \qquad (i=1,2,\cdots,m)$$

每一条规则都对应于一个模糊关系 $\widetilde{R}_i$，将这 m 个模糊关系取"并"，得到总的模糊关系 $\widetilde{R}$

$$\widetilde{R}=\widetilde{R}_1\cup\widetilde{R}_2\cup\cdots\cup\widetilde{R}_m$$

$$\mu_{\widetilde{R}}(x,y)=\bigvee_{i=1}^{m}\mu_{\widetilde{R}_i}(x,y)$$

由此，以模糊 If-Then 规则表达出来的人类知识，最终解释为模糊关系。

4.4.3 模糊推理

模糊推理的基本模型可以表示为：

$$规则：If\ x\ is\ \widetilde{A}\ Then\ y\ is\ \widetilde{B}$$

$$前提：x\ is\ \widetilde{A}'$$

$$结论：y\ is\ \widetilde{B}'$$

其中，$\widetilde{A}$、$\widetilde{A}'$是输入论域 X 上的两个模糊集；$\widetilde{B}$、$\widetilde{B}'$是输出论域 Y 上的两个模糊集。模糊推理模拟人的思维过程，当前提 $\widetilde{A}'$ 与规则前件 $\widetilde{A}$ 相似的情况下，结论 $\widetilde{B}'$ 与规则后件 $\widetilde{B}$ 也会比较相似。

下面介绍几种常见的模糊推理方法，即如何具体求出结论 $\widetilde{B}'$ 的隶属函数的方法。

(1) 关系合成推理（CRI方法）

若将规则蕴涵的模糊关系记为 $\widetilde{R}$，结论 $\widetilde{B}$ 由输入 $\widetilde{A}$ 和关系 $\widetilde{R}$ 模糊合成得到，即

$$\widetilde{B}=\widetilde{A}\circ\widetilde{R}$$

其中，$\mu_{\widetilde{R}}(x,y)=\theta[\mu_{\widetilde{A}}(x),\mu_{\widetilde{B}}(y)]$。特别地，如果合成方式采用 sup-min，则

$$\mu_{\widetilde{B}}(y)=\bigvee_{x\in X}[\mu_{\widetilde{A}}(x)\wedge\mu_{\widetilde{R}}(x,y)]$$

【例 4.7】 设有模糊规则

$$R_1: If\ x\ is\ \widetilde{A}_1\quad Then\ y\ is\ \widetilde{B}_1$$

$$R_2: If\ x\ is\ \widetilde{A}_2\quad Then\ y\ is\ \widetilde{B}_2$$

其中，规则前件 $\widetilde{A}_1$、$\widetilde{A}_2$ 是论域 $X=\{1,2,3\}$ 上的模糊集，规则后件 $\widetilde{B}_1$、$\widetilde{B}_2$ 是论域 $Y=\{1,2,3,4,5\}$ 上的模糊集

$$\widetilde{A}_1=\frac{1}{1}+\frac{0.8}{2}+\frac{0.5}{3},\ \widetilde{B}_1=\frac{0}{1}+\frac{0.1}{2}+\frac{0.4}{3}+\frac{0.7}{4}+\frac{1}{5}$$

$$\widetilde{A}_2=\frac{0}{1}+\frac{0.4}{2}+\frac{1}{3},\ \widetilde{B}_2=\frac{1}{1}+\frac{0.8}{2}+\frac{0.6}{3}+\frac{0.3}{4}+\frac{0}{5}$$

假设前提为

$$\widetilde{A}=\frac{0.3}{1}+\frac{1}{2}+\frac{0.5}{3}$$

求采用 CRI 方法得到的结论 $\widetilde{B}$。

解 ① 计算 R_1 蕴含的关系 $\widetilde{R}_1$

$$\widetilde{R}_1=\widetilde{A}_1\times\widetilde{B}_1,\ \mu_{\widetilde{R}_1}(x,y)=\mu_{\widetilde{A}_1}(x)\wedge\mu_{\widetilde{B}_1}(y)$$

$$\widetilde{R}_1=\begin{bmatrix}0&0.1&0.4&0.7&1\\0&0.1&0.4&0.7&0.8\\0&0.1&0.4&0.5&0.5\end{bmatrix}$$

② 计算 R_2 所蕴含的关系 $\widetilde{R}_2$

$$\widetilde{R}_2 = \widetilde{A}_2 \times \widetilde{B}_2, \mu_{\widetilde{R}_2}(x, y) = \mu_{\widetilde{A}_2}(x) \wedge \mu_{\widetilde{B}_2}(y)$$

$$\widetilde{R}_2 = \begin{bmatrix} 0 & 0 & 0 & 0 & 0 \\ 0.4 & 0.4 & 0.4 & 0.3 & 0 \\ 1 & 0.8 & 0.6 & 0.3 & 0 \end{bmatrix}$$

③ 关系 $\widetilde{R}_1$ 和关系 $\widetilde{R}_2$ 合成得到 $\widetilde{R}$

$$\widetilde{R} = \widetilde{R}_1 \cup \widetilde{R}_2, \mu_{\widetilde{R}}(x, y) = \mu_{\widetilde{R}_1}(x, y) \vee \mu_{\widetilde{R}_2}(x, y)$$

$$\widetilde{R} = \begin{bmatrix} 0 & 0.1 & 0.4 & 0.7 & 1 \\ 0.4 & 0.4 & 0.4 & 0.7 & 0.8 \\ 1 & 0.8 & 0.6 & 0.5 & 0.5 \end{bmatrix}$$

④ 计算输出 $\widetilde{B}$

$$\widetilde{B} = \widetilde{A} \circ \widetilde{R}$$

$$\mu_{\widetilde{B}}(y) = \bigvee_{x \in X} (\mu_{\widetilde{A}}(x) \wedge \mu_{\widetilde{R}}(x, y)) = \frac{0.5}{1} + \frac{0.5}{2} + \frac{0.5}{3} + \frac{0.7}{4} + \frac{0.8}{5}$$

(2) 相似度推理

相似度推理在专家系统和人工智能等领域有着广泛的应用。首先，介绍贴近度的公理化定义，它给出了对两个模糊集相似程度的一种度量。

定义 4.9 记 $F(X)$ 为论域 X 上的所有模糊集构成的集合，映射 $\sigma: F(X) \times F(X) \rightarrow [0, 1]$，$(\widetilde{A}, \widetilde{B}) \mapsto \sigma(\widetilde{A}, \widetilde{B})$，若满足：

① $\sigma(X, \phi) = 0$；

② $\sigma(\widetilde{A}, \widetilde{A}) = 1$；

③ $\sigma(\widetilde{A}, \widetilde{B}) = \sigma(\widetilde{B}, \widetilde{A})$；

④ 对任意 $\widetilde{A}, \widetilde{B}, \widetilde{C} \in F(X)$，若 $\widetilde{A} \subset \widetilde{B} \subset \widetilde{C}$，则 $\sigma(\widetilde{A}, \widetilde{C}) \leqslant (\sigma(\widetilde{A}, \widetilde{B}) \wedge \sigma(\widetilde{B}, \widetilde{C}))$，称 $\sigma(\widetilde{A}, \widetilde{B})$ 为模糊集 $\widetilde{A}$ 和模糊集 $\widetilde{B}$ 的贴近度。

显然，满足上述条件的映射不唯一，下面举出三种常见的贴近度

$$\sigma_1(\widetilde{A}, \widetilde{B}) = \sum_{k=1}^{n} [\widetilde{A}(x_k) \wedge \widetilde{B}(x_k)] / \sum_{k=1}^{n} [\widetilde{A}(x_k) \vee \widetilde{B}(x_k)]$$

$$\sigma_2(\widetilde{A}, \widetilde{B}) = \sum_{k=1}^{n} [\widetilde{A}(x_k) \wedge \widetilde{B}(x_k)] / \sum_{k=1}^{n} [\widetilde{A}(x_k) + \widetilde{B}(x_k)]$$

$$\sigma_3(\widetilde{A}, \widetilde{B}) = 1 - \frac{1}{n} \sum_{k=1}^{n} |\widetilde{A}(x_k) - \widetilde{B}(x_k)|$$

其中，论域 $X = \{x_1, x_2, \cdots, x_n\}$。

若已知一组推理规则

$$R_i : \text{If } x \text{ is } \widetilde{A}_i \quad \text{Then } y \text{ is } \widetilde{B}_i \qquad (i = 1, 2, \cdots, m)$$

前提 x is $\widetilde{A}'$ 以及阈值 σ_0，则相似度推理方法的基本步骤可概括如下：

步骤 1：计算 $\widetilde{A}'$ 与每一条规则前件的相似度，记为 σ_i。

步骤 2：若 $\sigma_i \geqslant \sigma_0$，则激活该条规则，其在前提 x is $\widetilde{A}'$ 下的推理结论为 y is $\widetilde{B}_i{}'$，

$\mu_{\widetilde{B}'_i}(y)=\sigma_i \cdot \mu_{\widetilde{B}_i}(y)$。若 $\sigma_i<\sigma_0$，则不激活该条规则，令其在前提 x is $\widetilde{A}'$ 下的推理结论为 y is $\widetilde{B}'_i$，$\mu_{\widetilde{B}'_i}(y)=0$。

步骤3：将所有被激活规则的推理结果取模糊并，得到最终的推理结果 $\widetilde{B}'$

$$\mu_{\widetilde{B}'}(y)=\bigvee_{i=1}^{m}\mu_{\widetilde{B}'_i}(y)$$

【例4.8】 设模糊规则

$$R_1: \text{If } x \text{ is } \widetilde{A}_1 \quad \text{Then } y \text{ is } \widetilde{B}_1$$
$$R_2: \text{If } x \text{ is } \widetilde{A}_2 \quad \text{Then } y \text{ is } \widetilde{B}_2$$

其中，规则前件 $\widetilde{A}_1$、$\widetilde{A}_2$ 是论域 $X=\{1,2,3\}$ 上的模糊集，规则后件 $\widetilde{B}_1$、$\widetilde{B}_2$ 是论域 $Y=\{1,2,3,4,5\}$ 上的模糊集

$$\widetilde{A}_1=\frac{1}{1}+\frac{0.8}{2}+\frac{0.5}{3}, \quad \widetilde{B}_1=\frac{0}{1}+\frac{0.1}{2}+\frac{0.4}{3}+\frac{0.7}{4}+\frac{1}{5}$$
$$\widetilde{A}_2=\frac{0}{1}+\frac{0.4}{2}+\frac{1}{3}, \quad \widetilde{B}_2=\frac{1}{1}+\frac{0.8}{2}+\frac{0.6}{3}+\frac{0.3}{4}+\frac{0}{5}$$

假设前提为

$$\widetilde{A}=\frac{0.3}{1}+\frac{1}{2}+\frac{0.5}{3}$$

若采用相似度推理，且贴近度取为

$$\sigma_1(\widetilde{A},\widetilde{B})=\sum_{k=1}^{n}[\widetilde{A}(x_k)\wedge\widetilde{B}(x_k)]/\sum_{k=1}^{n}[\widetilde{A}(x_k)\vee\widetilde{B}(x_k)]$$

贴近度阈值 $\sigma_0=0.3$，求结论 $\widetilde{B}$。

解 ① 计算贴近度 $\sigma_1(\widetilde{A}_1,\widetilde{A})$

$$\sigma_1(\widetilde{A}_1,\widetilde{A})=\frac{\sum_{k=1}^{n}[\widetilde{A}(x_k)\wedge\widetilde{A}_1(x_k)]}{\sum_{k=1}^{n}[\widetilde{A}(x_k)\vee\widetilde{A}_1(x_k)]}=\frac{0.3+0.8+0.5}{1+1+0.5}=0.64$$

② 计算贴近度 $\sigma_1(\widetilde{A}_2,\widetilde{A})$

$$\sigma_1(\widetilde{A}_2,\widetilde{A})=\frac{\sum_{k=1}^{n}(\widetilde{A}(x_k)\wedge\widetilde{A}_2(x_k))}{\sum_{k=1}^{n}(\widetilde{A}(x_k)\vee\widetilde{A}_2(x_k))}=\frac{0+0.4+0.5}{0.3+1+1}=0.391304$$

③ 计算结论 $\widetilde{B}$

由于 $\sigma_1(\widetilde{A}_1,\widetilde{A})>\sigma_0,\sigma_1(\widetilde{A}_2,\widetilde{A})>\sigma_0$，故两条规则都被激活，因此

$$\mu_{\widetilde{B}}(y)=\max\{\sigma_1(\widetilde{A}_1,\widetilde{A})\cdot\mu_{\widetilde{B}_1}(y),\sigma_1(\widetilde{A}_2,\widetilde{A})\cdot\mu_{\widetilde{B}_2}(y)\}$$
$$\widetilde{B}=\frac{0.391304}{1}+\frac{0.313043}{2}+\frac{0.256}{3}+\frac{0.448}{4}+\frac{0.64}{5}$$

5 搜索求解策略

案例引入

　　假设有一名推销员，需要旅行去往 A、B、C、D、E 各个城市推销产品，那么若从城市 A 出发，到达城市 E，走怎样的路线费用最省？5 个城市之间的交通图如图 5.1 所示，图中的数字即为旅行费用。

　　在这个例子中，从 A 到 E 共有 4 种策略（每条路径不重复），可以采用简单穷举的方法找到最优路线，但当城市数量和路径数量变大时，穷举法将占用大量的时间与空间，难以应用于实际工程中。那我们是否可以采用具有一定规则的搜索策略更加高效地找到最优路线呢？

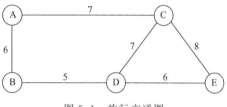

图 5.1　旅行交通图

学习意义

　　现实中的大多数问题都是非结构化的问题，在求解时，一般涉及两个方面：一是如何表示问题，即将问题用合适的方法描述出来；二是如何解决问题，即找到一种可行的问题求解方法。针对第一点，已在第 2 章讨论了几种不同的知识表示方法，对于不同的问题，需要具体问题具体分析。针对第二点，求解问题的基本方法包含搜索法、归约法、归结法、推理法、产生式法等多种方法。由于大多数需要采用人工智能方法求解的问题缺乏直接的解法，例如上述案例中的推销员旅行问题，因此，搜索法可以作为问题求解的一般方法。在人工智能领域中，搜索法被广泛应用于下棋等游戏软件中。

学习目标

- 掌握搜索的基本概念；
- 掌握状态空间表示法；
- 掌握深度优先搜索与宽度优先搜索两种盲目传统的搜索策略；

- 掌握代价树搜索策略；
- 掌握 A 算法与 A* 算法两种启发式搜索策略及其特性；
- 熟悉与或图搜索并了解 AO* 算法。

5.1 搜索的基本概念

搜索是利用计算机的高性能来有目的地穷举一个问题解空间的部分或所有可能情况，从而求出问题的解的一种方法。针对人工智能所需要处理的结构不良或非结构化的问题，搜索算法往往是解决这类问题的通用求解技术。

5.1.1 搜索的过程

搜索主要过程如下：

① 从初始状态或者目的状态出发，将它作为当前状态。

② 扫描操作算子集，将适用当前状态的一些操作算子作用于当前状态而得到新的状态，并建立指向其父结点的指针。

③ 检查所生成的新状态是否满足结束状态，如果满足，则得到问题的一个解，并可沿着指针序列从结束状态反向到达开始状态，找出解路径；否则，将新状态作为当前状态，返回步骤②再进行搜索。

5.1.2 搜索的方向

根据搜索的方向，可以将搜索策略分为正向搜索、逆向搜索。

① 从初始状态出发的正向搜索，也称为数据驱动。

正向搜索是从问题给出的条件（一个用于状态转换的操作算子集合）出发的。首先应用操作算子从给定的条件中产生新条件，然后用操作算子从新条件产生更多的条件，直到产生一条满足目的要求的路径。

② 从目的状态出发的逆向搜索，也称为目的驱动。

逆向搜索从想达到的目的入手，分析哪些算子可以达到该目的，以及达到该目的所需的条件，条件被称为子目的，它们是要达到的新目的。反向不断寻找子目的，直到找到给定的条件为止，这样就找到了一条从数据到目的的操作算子组成的链路，这便是逆向搜索。

5.1.3 搜索的种类

根据搜索过程中是否运用与问题有关的信息，可以将搜索策略分为盲目搜索和启发式搜索。

① 盲目搜索。盲目搜索是按照固定的步骤（依次或随机调用算子）进行的搜索，它不考虑问题本身的特性，通过遍历问题解的集合来寻找可行解或最优解。盲目搜索可以快速地调用一个算子。

② 启发式搜索。启发式搜索考虑特定问题领域的可用知识，将其作为启发信息，用启发函数来导航，动态地确定调用操作算子的步骤，优先选择较合适的操作算子，以加快搜索过程。通常利用评价函数将启发信息转换为对应于特定搜索方向的评价值，作为选择搜索方向的依据。

盲目搜索可保证找到问题的最优解，但时间代价很高，难以解决比较复杂的问题。与盲目搜索相比，启发式搜索虽然调用算子速度较慢，但是它可以减少不必要的搜索，以求尽快地到达结束状态。换句话说，启发式搜索能有效降低搜索的时间复杂度，提高搜索效率，是解决复杂问题的基本策略。为了搜索到一个解答，盲目搜索要生成很大的状态空间图，而启发式搜索的状态空间图较小。一般情况下，实际应用中启发式搜索要优于盲目搜索，尽管每使用一个操作算子要做更多的计算和判断。

5.2 状态空间表示法

状态空间的搜索是人工智能中最基本的求解问题方法，它采用状态空间表示法来表示要求解的问题。状态空间搜索的基本思想是利用"状态"和"操作算子"来表示和求解问题。

5.2.1 状态空间表示的基本概念

首先介绍状态空间表示法，它主要包含以下三个概念：

（1）状态

状态是指问题在任意确定时刻的状况，它用来表征问题的特征、结构等属性。状态一般以一组变量或数组进行表示。在状态空间图中，状态表示为结点。在程序中，状态可以用字符、数字、记录、数组、结构、对象等进行表示。

（2）操作

操作是能够使问题状态发生改变的某种规则、行为、变换、关系、函数、算子、过程等，也被称为状态转化规则。在状态空间图中，操作表示为边。在程序中，操作可以用数据对、条件语句、规则、函数、过程等进行表示。

（3）状态空间

状态空间常常表示为

$$(S, F, G)$$

其中，S 是问题的初始状态集合；G 是问题的目标状态集合；F 是问题的状态转化规则集合。一个问题的全体状态及其关系构成的空间就是状态空间。

下面以一个具体的例子描述状态空间表示法。

【例 5.1】 迷宫问题。走迷宫是人们熟悉的一种游戏，图 5.2 是一个迷宫，目标是从迷宫左侧的入口出发，找到一条到达右侧出口的路径。

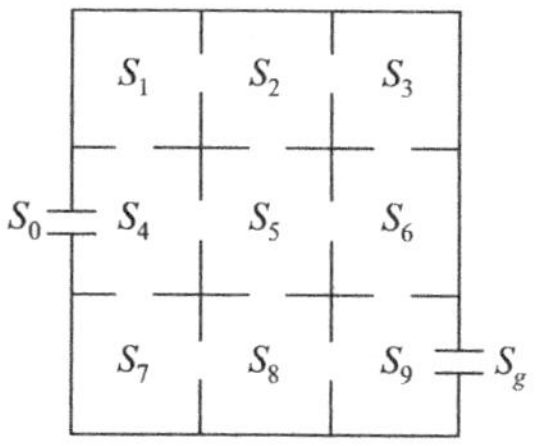

图 5.2 迷宫图

解 以每个格子作为一个状态，并用其标识符表示。那么两个标识符的序对就是一个状态转换规则，即操作。于是迷宫的状态空间表示为

S：S_0

F：$\{(S_0, S_4), (S_4, S_0), (S_4, S_1), (S_1, S_4), (S_1, S_2), (S_2, S_1), (S_2, S_3), (S_3, S_2), (S_4, S_7), (S_7, S_4), (S_4, S_5), (S_5, S_4), (S_5, S_6), (S_6, S_5), (S_5, S_8), (S_8, S_5), (S_8, S_9), (S_9, S_8), (S_9, S_g)\}$

G：S_g

5.2.2 状态空间的图描述

状态空间可以用有向图来描述,图的结点表示问题的状态,图的弧表示从一个状态转换为另一个状态的操作,状态空间图可以描述问题求解的步骤。初始状态对应于实际问题的已知信息,是图中的根结点。在问题的状态空间描述中,寻找从一种状态转换为另一种状态的某个操作算子序列就等价于在状态空间图中寻找某一路径。

图 5.3 描述了一个有向图表示的状态空间。其中初始状态为 S_0,针对 S_0,允许使用操作 F_1、F_2 和 F_3 并分别使 S_0 转换为 S_1、S_2 和 S_3。这样一步步利用操作转换下去,可以得到目标状态,如 $S_{10} \in G$,则路径 F_2、F_6、F_{10} 就是一个解。

以上是较为形式化的说明,下面以几个具体的例子详细描述状态空间的有向图描述。

仍以例 5.2 中的迷宫问题为例,如果我们把迷宫的每一个空间和出入口作为一个结点,把通道作为边,则迷宫可以由一个有向图表示(图 5.4)。那么走迷宫其实就是从该有向图的初始结点(入口)出发,寻找目标结点(出口)的问题,或者是寻找通向目标结点的路径的问题。

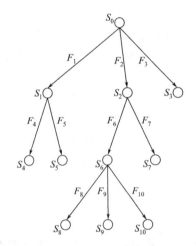

图 5.3 状态空间的有向图描述

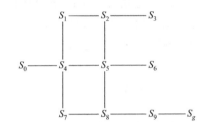

图 5.4 迷宫的有向图表示

可以看出,例 5.2 中的状态转换规则(操作)是迷宫的任意两个格子间的通道,也就是对应状态图中的任一条边,而这个规则正好描述了图中的所有的结点和边。类似于这样罗列出全部的结点和边的状态图称为显示状态图,或者说状态图的显示表示。

现实中很多问题都可以用状态空间图来描述,我们再来看两个有趣的例子:汉诺塔问题和旅行商问题。

【例 5.2】 汉诺塔问题。在印度古老传说中有一个这样的问题:有 64 个大小不同的金盘串在一个宝石杆上,另外旁边再插上两个宝石杆,要求把串在第一个宝石杆上的 64 个金盘全部搬到第三个宝石杆上。搬动金盘的规则是:一次只能搬一个;不许将较大的盘子放到较小的盘子上。问如何才能完成搬运。

解 经计算,把 64 个盘子全部搬到 3 号杆上,需要搬动盘子 $2^{64}-1$ 次,也就是 18446744073709511615 次。问题过于复杂,将汉诺塔的规模减少到二阶(即只有两个金盘)。

设有三个宝石杆,仅在 1 号杆上穿有 A、B 两个金盘,A 在 B 上面(A 比 B 小)。要求把这两个金盘全部移到 3 号杆上,规定每次只能移动一个盘子,任何时刻都不能使 B 在 A

上面。

设用二元组 (S_A, S_B) 表示问题的状态，S_A 表示金盘 A 所在的杆号，S_B 表示金盘 B 所在的杆号，这样得到的可能状态有九种，可以表示如下

$$(1,1),(1,2),(1,3)$$
$$(2,1),(2,2),(2,3)$$
$$(3,1),(3,2),(3,3)$$

这些状态可以用图例来表示，见图 5.5。

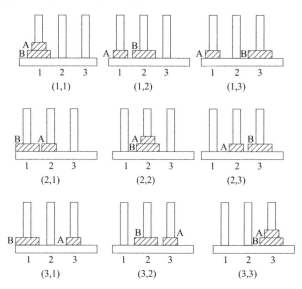

图 5.5 二阶汉诺塔的状态示意图

这里的状态转换规则就是金盘的搬动规则，分别用 A(i, j) 和 B(i, j) 表示。A(i, j) 表示把 A 盘从第 i 号杆移动到第 j 号杆上；B(i, j) 表示把 B 盘从第 i 号杆移动到第 j 号杆上，共有以下 12 个操作

$$A(1,2),A(1,3),A(2,1),A(2,3),A(3,1),A(3,2)$$
$$B(1,2),B(1,3),B(2,1),B(2,3),B(3,1),B(3,2)$$

由题意，问题的初始状态为 (1, 1)，目标状态为 (3, 3)。则二阶汉诺塔的问题可以用状态图表示为

$$(\{(1,1)\},\{A(1,2),\cdots,B(3,2)\},\{(3,3)\})$$

共有 9 种状态和 12 种操作，二阶汉诺塔问题的状态空间图如图 5.6 所示。

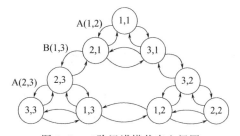

图 5.6 二阶汉诺塔状态空间图

【例 5.3】 旅行商问题。假设一个旅行商人从起始地出发，到若干个城市去推销商品，最后再回到起始地。需要找到一条最优路径，使得旅行商人访问所有城市后再回到起始地所需的花销最小。图 5.7 是这个问题的一个实例，图中结点代表城市，标注的数值表示经过该路径的花销。假设旅行商人从 A 城出发。

解 可以看出，可能的路径有很多，如 A、B、D、C、E、A，总花销为 1160，但该路径并不是最优解，而目的是需要找到总花销最小的最优解（注意：这里目的描述的是整个路

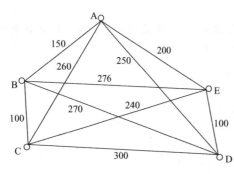

图 5.7　旅行商问题实例

径的特性而不是单个状态的特性)。

图 5.8 描述了该问题的状态空间表示(部分)。在这个例子中,并未绘出问题的全部状态空间图。在解决大部分实际问题时,在有限的时间内绘出问题完整的状态空间图几乎是不可能的。例如在旅行商人问题中,访问 n 个城市共有 $\frac{1}{2}(n-1)!$ 条路径。当 $n=20$ 时,共有 6.1×10^{16} 条路径,如果采用 10^9 次/s 的高性能计算机进行穷举,也需要 2 年! 这在实际问题解决的过程中是无法接受的,为了解决这样的问题,需要探究能够在有限时间内找到合适解的搜索算法。

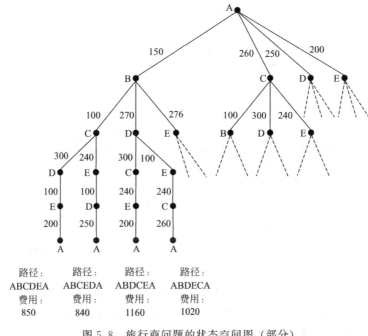

图 5.8　旅行商问题的状态空间图(部分)

5.3　盲目搜索策略

针对一些通用性较强、较为简单的问题,往往采用盲目搜索策略解决。盲目搜索又称非启发式搜索,是一种无信息搜索。一般来说,盲目搜索是按预定的搜索策略进行搜索,而没有利用与问题有关的有利于找到问题解的信息或知识。本节主要介绍两种盲目搜索算法:深度优先搜索和宽度优先搜索。

5.3.1　深度优先搜索策略

在深度优先搜索(depth first search)中,当分析一个结点时,在分析它的任何"兄弟"结点之前分析它的所有"后代",如图 5.9 所示。深度优先搜索尽可能地向搜索空间的更深层前进,图 5.9 所示的深度优先搜索顺序为 A、B、D、E、C、F、G。

首先介绍一下扩展的概念。所谓扩展，就是用合适的算符对某个结点进行操作，生成一组后继结点，扩展过程实际上就是求后继结点的过程。所以，对于状态空间图中的某个结点，如果求出了它的后继结点，则此结点为已扩展的结点，而尚未求出后继结点的结点称为未扩展结点。在实际搜索过程中，为了保存状态空间搜索的轨迹，引入了两个表：open 表和 closed。open 表保存了未扩展的结点，open 表中的结点排列次序就是搜索的次序。closed 表用于存放将要扩展或者已经扩展的结点，它是一

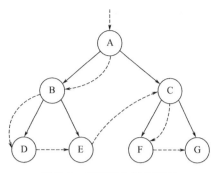

图 5.9　深度优先搜索顺序

个搜索记录器，保存了当前搜索图上的结点。open 表和 closed 表的数据结构分别如表 5.1 和表 5.2 所示。

表 5.1　open 表的结构

状态结点	父结点

表 5.2　closed 表的结构

编号	状态结点	父结点

对于许多问题，深度优先搜索状态空间树的深度可能为无限深，为了避免算法向空间深入时"迷失"（防止搜索过程沿着无用的路径扩展下去），往往给出一个结点扩展的最大深度——深度界限。

含有深度界限的深度优先搜索算法如下：

① 建立一个只含初始结点 S_0 的搜索图 G，把 S_0 放入 open 表。

② 如果 open 表是空的，则搜索失败。

③ 从 open 表中取出第一个结点，置于 closed 表中，给这个结点编号为 n。

④ 如果 n 是目标结点，则得解，算法成功退出。解路径可从目标结点开始直到初始结点的返回指针中得到。

⑤ 扩展结点 n。如果它没有后继结点，则转到步骤②；否则，生成 n 的所有后继结点集 $M=\{m_i\}$，把 m_i 作为 n 的后继结点添入 G。为 m_i 添加一个返回到 n 的指针，并把它们放入 open 表的前端。

⑥ 返回第②步。

注意，深度优先搜索中，open 表是一个堆栈结构，即先进后出（FILO）的数据结构。open 表用堆栈实现的方法使得搜索偏向于最后生成的状态。

整个搜索过程产生的结点和指针构成一棵隐式定义的状态空间树的子树，称为搜索树。下面以八数码难题为例，描述搜索树的构建过程。

【例 5.4】 八数码难题。在一个 3×3 的方格盘上，放有编码为 $1\sim8$ 的数码和一个空格，可以移动空格与周围上下左右四个数码交换位置，需要找到一个移动序列使初始排列布局变为指定的目标排列布局。如图 5.10 所示，八数码难题需要把棋局从初始状态变为目标状态。

```
2 8 3        1 2 3
1   4        8   4
7 6 5        7 6 5
(a)初始状态    (b)目标状态
```

图 5.10　八数码难题

解 图 5.11 绘出了把深度优先搜索应用于八数码难题

的搜索树。搜索树上每个结点旁边的数字表示结点扩展的先后顺序，设置深度优先搜索深度为 5，空格的移动顺序为左、上、右、下。图 5.11 中加粗实线表示的路径是宽度优先搜索得到的解路径。

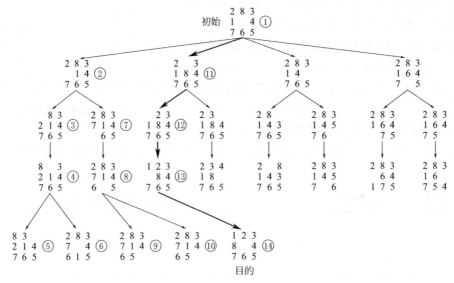

图 5.11 八数码难题的深度优先搜索树

5.3.2 宽度优先搜索策略

如果搜索是以接近起始结点的程度依次扩展结点的，那么这种搜索就叫作宽度优先搜索（breadth first search），如图 5.12 所示。宽度优先搜索是逐层进行的，在对下一层的任意结点搜索之前，必须完成本层的所有结点。图 5.12 所示的宽度优先搜索顺序为 A、B、C、D、E、F、G。

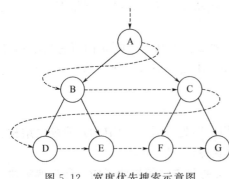

图 5.12 宽度优先搜索示意图

宽度优先搜索算法如下：

① 建立一个只含初始结点 S_0 的搜索图 G，把 S_0 放入 open 表。

② 如果 open 表是空的，则搜索失败。

③ 从 open 表中取出第一个结点，置于 closed 表中，给这个结点编号为 n。

④ 如果 n 是目标结点，则得解，算法成功退出。解路径可从目标结点开始直到初始结点的返回指针中得到。

⑤ 扩展结点 n。如果它没有后继结点，则转到步骤②；否则，生成 n 的所有后继结点集 $M = \{m_i\}$，把 m_i 作为 n 的后继结点添入 G。为 m_i 添加一个返回到 n 的指针，并把它们放入 open 表的末端。

⑥ 返回第②步。

显然，宽度优先搜索算法能够保证在搜索树中找到一条通往目标结点的最短路径，该搜索树包含了所有存在的路径。注意，宽度优先搜索中，open 表是一个队列结构，即先进先出（FIFO）的数据结构。

图 5.13 绘出了把宽度优先算法应用到八数码难题的搜索树，搜索树上每个结点旁边的数字表示结点扩展的先后顺序，空格的移动顺序为左、上、右、下。

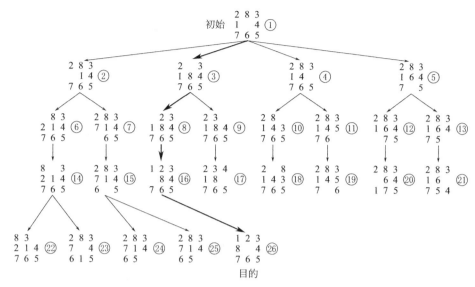

图 5.13　八数码难题的宽度优先搜索树

5.4　代价树搜索策略

在前面的几种搜索算法中，都没有考虑搜索代价的问题，即状态空间图中各结点之间的代价均等价，均视为一个单位量。那么在求解问题时，最终解的代价即是解路径的长度，如八数码难题，最终解的代价为数码的移动次数。然而，在大部分实际问题中，从一个状态转换到另一个状态所需的代价往往是不同的，例如，在例 5.4 旅行商问题中，任意两个城市之间的花销是不同的。那么针对这样的问题，采用何种策略才能保证付出的代价（费用）最小呢？这样的问题生成的搜索树称为代价搜索树，简称代价树。

在代价树中，把结点 i 到其后继结点 j 的代价记为 $C(i, j)$，把从初始结点 S_0 到任意结点 x 的总路径代价记为 $g(x)$，则有 $g(j)=g(i)+C(i, j)$。

类似地，可以利用上述深度优先搜索策略或宽度优先搜索策略的搜索方法对代价树进行搜索。与它们不同的是，代价树搜索需要考虑路径代价的因素，因此不那么的"盲目"。下面分别介绍代价树的最近择优搜索和最小代价优先搜索。

5.4.1　最近择优搜索

最近择优搜索是一种局部择优的搜索策略，其基本思想是：每次从刚刚扩展的结点的后继结点中选择一个代价最小的放入 closed 表中，并进行判断（是否是目标结点）或进一步扩展。具体的算法流程如下：

① 建立一个只含初始结点 S_0 的搜索图 G，把 S_0 放入 open 表。

② 如果 open 表是空的，则搜索失败。

③ 从 open 表中取出第一个结点，置于 closed 表中，给这个结点编号为 n。

④ 如果 n 是目标结点，则得解，算法成功退出。解路径可从目标结点开始直到初始结

点的返回指针中得到。

⑤ 扩展结点 n。如果它没有后继结点，则转到步骤②；否则，生成其全部后继结点 $M=\{m_i\}$，把 m_i 作为 n 的后继结点添入 G。并为所有 m_i 添加一个返回到 n 的指针，按照代价 $C(n，m_i)$ 自小到大进行排序，放入 open 表的前端（优先访问）。

⑥ 返回第②步。

这里要特别说明的是，在步骤⑤中，对所有扩展结点进行排序时仅考虑当前结点到扩展结点的代价大小，而不是初始结点到扩展结点的总代价。这是由于最近择优搜索每次仅在当前结点的所有扩展结点中选择代价最小的，而不是在整个 open 表中选择。

在代价树的最近择优搜索中，每次都是在当前状态下选择最好的结点进行扩展，是一种局部最优策略。在求解许多问题时，虽然可以找到解，但不一定能找到最优解。下面以例 5.1 推销员旅行问题为例进行具体的讲解。

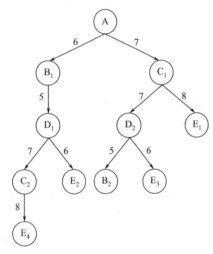

图 5.14 旅行交通图的代价树

首先将图 5.1 旅行交通图转换为代价树，如图 5.14 所示。转换方法如下：从初始结点 A 开始，把与它直接相邻的结点作为其后继结点，对其他结点也做同样操作，但若一个结点已经作为某结点的前驱结点的话，则它就不能再作为该结点的后继结点。另外，图中的结点除了初始 A 结点以外，其他的结点都有可能在代价树中多次出现，为了区分，分别用下标 1，2，…标出，但它们却是图中的同一结点，例如，E_1 和 E_2 都代表图中的结点 E。

按照最近择优搜索策略，首先对 A 进行扩展，得到 B_1 及 C_1 两个后继结点。由于 B_1 的代价小于 C_1，所以将 B_1 移入 closed 表，B_1 不是目标结点，所以继续对 B_1 进行扩展，得到后继结点 D_1。继续扩展 D_1，将 D_1 加入 closed 表，D_1 的后继结点有 C_2 和 E_2，而 E_2 的代价小于 C_2，所以选择 E_2 作为 D_1 的后继结点。这时，E_2 已经是目标结点，故搜索结束。按照代价树的最近择优搜索，得到旅行费用最小的路径为 ABDE。总代价为 $6+5+6=17$，高于 ACE，代价为 $7+8=15$。

可以看出，若采用最近择优搜索对该问题进行求解，则需要将所有路径全部找出，再进行比较才能找到最优解，那么其代价就和穷举法无异了。因此在该问题中，我们必须考虑另一种搜索策略，才能在较短时间内找到问题的最优解路径。

5.4.2 最小代价优先搜索

最小代价优先搜索与最近择优搜索不同，它每次会从 open 表的所有结点中选取一个代价最小的放入 closed 表中，并对它进行判断（是否是目标结点）或进一步扩展，它考虑了全局状态下的最优选择，是一种全局最优搜索策略。具体的算法流程如下：

① 建立一个只含初始结点 S_0 的搜索图 G，把 S_0 放入 open 表。

② 如果 open 表是空的，则搜索失败。

③ 从 open 表中取出第一个结点，置于 closed 表中，给这个结点编号为 n。

④ 如果 n 是目标结点，则得解，算法成功退出。解路径可从目标结点开始直到初始结

点的返回指针中得到。

⑤ 扩展结点 n。如果它没有后继结点，则转到步骤②；否则，生成其全部后继结点 $M=\{m_i\}$ 放入 open 表中，把 m_i 作为 n 的后继结点添入 G，并为所有 m_i 添加一个返回到 n 的指针。然后计算每个后继结点 m_i 的总代价 $g(m_i)=g(n)+C(n，m_i)$，并根据 open 表中所有结点的总代价由小到大进行排序。

⑥ 返回第②步。

同样以例 5.3 的旅行商问题为例，利用最小代价优先搜索策略对代价树进行搜索时，其结点的扩展次序依次为 A、B_1、C_1、D_1、D_2、E_1。可得最优解路径为 AC_1E_1，总代价为 7+8=15。因此，从城市 A 走向城市 E 费用最省的路线为 ACE。

可以看出，最小代价优先搜索能在较短的时间复杂度内找到最优解，这是由于它每次考虑的都是全局状态下的最优扩展策略，根据代价函数 $g(j)=g(i)+C(i，j)$，每次都可以得到从初始结点 S_0 到当前结点 j 的全局最小代价，从而找到最优解路径。可以说，在代价树搜索中，最小代价优先搜索比最近择优搜索更加具有"大局观"。

5.5 启发式搜索策略

前面所介绍的几种盲目搜索方法，需要产生大量的结点才能找到解路径，所以其搜索的复杂性往往是很高的。如果能找到一种搜索算法，充分利用待求解问题自身的某些特性信息，来指导搜索朝着最有利于问题求解的方向发展，即在选择结点进行扩展时，选择那些最有希望的结点加以扩展，那么搜索效率会大大提高。这种利用问题自身特性信息来提高搜索效率的搜索策略，称为启发式搜索。

本节首先介绍启发式策略及其所涉及的概念启发信息、估价函数，然后具体介绍启发式图搜索算法——A 及 A* 算法，最后讨论启发式搜索算法的性质。

5.5.1 启发信息和估价函数

在搜索的过程中，关键的一步是确定如何选择下一个要被考察的结点，不同的选择方法就是不同的搜索策略。如果在确定要被考察的结点时，能够利用被求解问题的有关特性信息，估计出各结点的重要性，那么就可以选择重要性较高的结点进行扩展，以便提高求解的效率。像这样的可用于指导搜索过程且与具体问题求解有关的控制性信息称为启发信息。

启发信息按作用不同可分为三种：

① 用于扩展结点的选择，即用于决定应先扩展哪一个结点，以免盲目扩展。

② 用于生成结点的选择，即用于决定要生成哪一个或哪几个后继结点，以免盲目生成过多无用的结点。

③ 用于删除结点的选择，即用于决定删除哪些无用结点，以免造成进一步的时空浪费。

为提高搜索效率就需要利用上述三种启发信息作为搜索的辅助性策略，在搜索过程中需要根据这些启发信息估计各个结点的重要性。本节所描述的启发信息属于第一种启发信息，即决定哪个结点是下一步要扩展的结点，把这一结点称为"最有希望"的结点。那么如何来度量结点的"希望"程度呢？通常可以构造一个函数来度量，称这种函数为估价函数。

估价函数（evaluation function）用于估算待搜索结点"希望"程度，并依次给它们排定次序。因此，估价函数 $f(n)$ 定义为从初始结点经过结点 n 到达目的结点的路径的最小

095

代价估计值，其一般形式是

$$f(n)=g(n)+h(n)$$

其中，$g(n)$ 是从初始结点到结点 n 的实际代价，而 $h(n)$ 是从结点 n 到目的结点的最佳路径估计代价，称为启发函数。

$g(n)$ 的作用一般是不可忽略的，因为它代表了从初始结点经过结点 n 到达目的结点的总代价估值中实际已付出的那一部分。保持 $g(n)$ 项就保持了搜索的宽度优先成分，$g(n)$ 的比重越大，越倾向于宽度优先搜索方式。$h(n)$ 的比重越大，表示启发性能越强。

设计一个好的估价函数具有相当高的难度。估价函数的选择对搜索结果起着重要作用，如果估计函数没能识别出真正有希望的结点，则可能延长搜索过程，扩展较多的结点；如果估价函数过高地估计了结点的希望值，则也可能导致扩展大量的结点。

5.5.2　启发式策略

启发式（heuristic）策略是在搜索路径的控制信息中增加关于被求解问题的相关特征，从而指导搜索向最有希望到达目标结点的方向前进，提高搜索效率。在实际问题求解中，需要用启发信息引导搜索，从而减少搜索量。启发式策略及算法设计一直是人工智能的核心问题。

下面以一字棋游戏为例，描述如何使用启发信息进行剪枝，以减少状态空间。

【例 5.5】　一字棋游戏。在九宫格棋盘上，从空棋盘开始，两位选手轮流在棋盘上摆各自的棋子×或○（每次一枚），先取得三子一线（一行、一列或一条对角线）的一方获胜。×和○在棋盘中摆成的各种不同的棋局就是问题空间中的不同状态。在 9 个位置上摆放 {空，×，○}，有 3^9 种棋局。

解　在一字棋实际的对局中，第一步有 9 个空格便有 9 种可能的走法，第二步 8 种，第三步 7 种，……，如此递减，所以共有 $9\times8\times7\times\cdots\times1$，即 9! 种不同的棋局状态，其状态空间是巨大的。

在分析这个复杂的状态空间搜索问题时，可以利用启发式策略进行剪枝，减少搜索空间的大小。棋盘上很多棋局是等价的，如第一步实际上只有 3 种走法，角、边的中央和棋盘的正中，此时走法数就减少为 $3\times8!$ 种。在状态空间的第二层上，由对称性还可以进一步减少到 $3+12\times7!$ 种。

此外，使用启发式策略进行搜索几乎可以消除复杂的搜索过程。首先，考虑×方如何将棋子走到棋盘上有最高的赢的概率的格子上。若存在多种状态具有相等的赢的概率，则取其中的一种。最初三种状态显示在图 5.15 中，×方先走棋，有 8 种布子方法可以成为一线。对于图 5.15（a），○方有 5 种布子成为一线，所以×方赢的概率为 $8-5=3$。对于图 5.15（b），○方有 6 种布子成为一线，所以×方赢的概率为 $8-6=2$。对于图 5.15（c），○方有 4 种布子成为一线，所以×方赢的概率为 $8-4=4$，是×方的最佳走步。因此，在接下来的棋局状态空间搜索中，对于×方来说，只需要搜索×方占据棋盘正中位置的棋局状态，而其他的各种转台连同它们的延伸状态都不必考虑了。如图 5.15 所示，2/3 的状态空间就不必搜索了。

第一步棋下完后，根据棋盘的对称性，○方的走法可简化为两种。无论选择哪种走法，×方均可以通过启发式搜索来选择下一步可能的走法。图 5.16 显示了游戏前三步简化了的搜索过程。每种状态都标记了它的启发值，图中实线表示最佳走步。

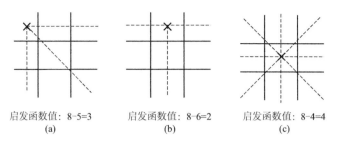

启发函数值: 8-5=3　　　启发函数值: 8-6=2　　　启发函数值: 8-4=4
　　　(a)　　　　　　　　　(b)　　　　　　　　　(c)

图 5.15　启发式策略的运用

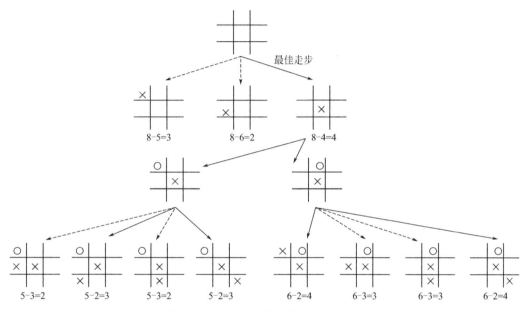

图 5.16　启发式搜索下缩减的状态空间

5.5.3　A 搜索算法

启发式图搜索法的基本特点是如何寻找并设计一个与问题有关的启发式函数 $h(n)$ 及构造相应的估价函数 $f(n)$。有了 $f(n)$ 就可以按照 $f(n)$ 的大小来安排带扩展结点的次序，选择 $f(n)$ 最小的结点先进行扩展。

启发式图搜索法使用两张表记录状态信息：在 open 表中保留所有未扩展的结点；在 closed 表中记录已扩展的结点。进入 open 表的状态是根据其估值的大小插入到表中合适的位置，每次从表中优先取出启发估价函数值最小的状态加以扩展。

A 算法是基于估计函数的一种加权启发式图搜索算法，具体步骤如下：

① 建立一个只含初始结点 S_0 的搜索图 G，把 S_0 放入 open 表，并计算 $f(S_0)$ 的值。

② 如果 open 表是空的，则搜索失败。

③ 从 open 表中取出 f 值最小的结点（第一个结点），置于 closed 表中，给这个结点编号为 n。

④ 如果 n 是目标结点，则得解，算法成功退出。解路径可从目标结点开始直到初始结点的返回指针中得到。

⑤ 扩展结点 n。如果它没有后继结点，则转到步骤②；否则，生成 n 的所有后继结点集 $M=\{m_i\}$，把 m_i 作为 n 的后继结点添入 G，并计算 $f(m_i)$。

⑥ 若 m_i 未曾在 G 中出现过，即未曾在 open 表或 closed 表中出现过，就将它配上刚计算过的 $f(m_i)$ 值和返回到 n 的指针，并把它们放入 open 表中。

⑦ 若 m_i 已在 open 表中，则需要把其原来的 g 值与现在刚计算过的 g 值相比较：若前者不大于后者，则不做任何修改；若前者大于后者，则将 open 表中该结点的 f 值更改为刚计算的 f 值，返回指针更改为 n。

⑧ 若 m_i 已在 closed 表中，但 $g(m_i)$ 小于原先的 g 值，则将表中该结点的 g、f 值及返回指针进行类似第⑦步的修改，并要考虑修改表中通向该结点的后裔结点的 g、f 值及返回指针。

⑨ 按 f 值自小至大的次序，对 open 表中的结点重新排序。

⑩ 返回第②步。

【例 5.6】 用 A 算法求解八数码难题。

解 图 5.17 给出了利用 A 算法求解八数码难题的搜索树，解的路径为 $S_0 BEIKL$。图中状态旁括号内的数字表示该状态的估价函数值，其估价函数定义为

$$f(n)=d(n)+w(n)$$

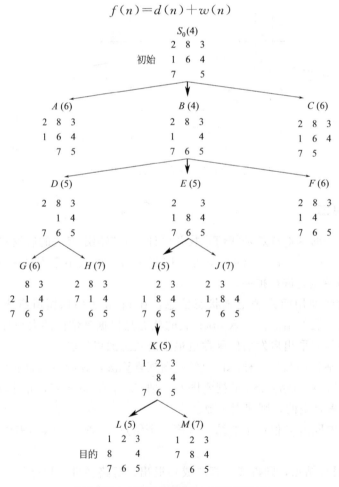

图 5.17　八数码难题的 A 算法搜索树

式中，$d(n)$ 代表状态的深度，每步为单位代价；$w(n)$ 表示以"不在位"的数码作为启发信息的度量。例如，A 的状态深度为 1，不在位的数码数为 5，所以 A 的启发函数值为 6，记为 $A(6)$。

搜索过程中 open 表和 closed 表内状态排列的变化情况如表 5.3 所示。

表 5.3　搜索过程中 open 表和 closed 表内状态排列的变化情况

open 表	closed 表
初始化：$(S_0(4))$	()
一次循环后： $(B(4)\ A(6)\ C(6))$	$(S_0(4))$
二次循环后： $(D(5)\ E(5)\ A(6)\ C(6)\ F(6))$	$(S_0(4)\ B(4))$
三次循环后： $(E(5)\ A(6)\ C(6)\ F(6)\ G(6)\ H(7))$	$(S_0(4)\ B(4)\ D(5))$
四次循环后： $(I(5)\ A(6)\ C(6)\ F(6)\ G(6)\ H(7)\ J(7))$	$(S_0(4)\ B(4)\ D(5)\ E(5))$
五次循环后： $(K(5)\ A(6)\ C(6)\ F(6)\ G(6)\ H(7)\ J(7))$	$(S_0(4)\ B(4)\ D(5)\ E(5)\ I(5))$
六次循环后： $(L(5)\ A(6)\ C(6)\ F(6)\ G(6)\ H(7)\ J(7)\ M(7))$	$(S_0(4)\ B(4)\ D(5)\ E(5)\ I(5)\ K(5))$
七次循环后： L 为目的状态，则成功退出，结束搜索	$(S_0(4)\ B(4)\ D(5)\ E(5)\ I(5)\ K(5)\ L(5))$

5.5.4　A* 搜索算法

A* 搜索算法是由著名的人工智能学者 Nilsson 提出的，它是目前最有影响的启发式图搜索算法，也称为最佳图搜索算法。

定义 $h^*(n)$ 为状态 n 到目的状态的最优路径的代价，对所有结点 n，当 A 搜索算法的启发函数 $h(n)$ 小于等于 $h^*(n)$，即满足 $h(n) \leqslant h^*(n)$ 时，称为 A* 搜索算法。

如果某一问题有解，那么利用 A* 搜索算法对该问题进行搜索则一定能搜索到解，并且一定能搜索到最优解。

A* 搜索算法有三点特性：

(1) 可采纳性

如果一个搜索算法对于任何具有解路径的图都能找到一条最佳路径，则称此算法为可采纳的。

定义最优估价函数为

$$f^*(n) = g^*(n) + h^*(n)$$

式中，$g^*(n)$ 为起点到 n 状态的最短路径代价值；$h^*(n)$ 是 n 状态到目的状态的最短路径的代价值。这样，$f^*(n)$ 就是起点出发通过 n 状态而到达目的状态的最佳路径的总代价值。

尽管在大部分实际问题中并不存在 $f^*(n)$ 这样的先验函数，但可以将 $f(n)$ 作为 $f^*(n)$ 的近似估计函数。在 A 及 A* 搜索算法中，$g(n)$ 作为 $g^*(n)$ 的近似估价，则 $g(n) \geqslant g^*(n)$，仅当搜索过程已发现了到达 n 状态的最佳路径时，它们才相等。同样，可以利用 $h(n)$ 代替 $h^*(n)$ 作为 n 状态到目的状态的最小代价估计值。如果 A 搜索算法所使用的估计函数 $f(n)$ 能达到 $f(n)$ 中的 $h(n) \leqslant h^*(n)$，则称之为 A* 搜索算法。

可以证明，所有的 A* 搜索算法都是可采纳的。

（2）单调性

如果启发函数 h 对任何结点 n_i 和 n_j，只要 n_j 是 n_i 的后继，都有 $h(n_i) - h(n_j) \leqslant c(n_i, n_j)$。其中，$c(n_i, n_j)$ 是从 n_i 到 n_j 的实际代价，且 $h(t) = 0$（t 是目标结点），则称启发函数 h 是单调的。

搜索算法的单调性：在整个搜索空间都是局部可采纳的。一个状态和任一个子状态之间的差由该状态与其子状态之间的实际代价所限定。A* 搜索算法中采用单调性启发函数，可以减少比较代价和调整路径的工作量，从而减少搜索代价。

（3）信息性

在两个 A* 启发策略的 h_1 和 h_2 中，如果对搜索空间中的任一状态 n 都有 $h_1(n) \leqslant h_2(n)$，就称策略 h_2 比 h_1 具有更多的信息性。

如果某一搜索策略的 $h(n)$ 越大，则 A* 算法搜索的信息性越多，所搜索的状态越少。但更多的信息性需要更多的计算时间，可能抵消减少搜索空间所带来的益处。

5.6 与或图搜索

除状态空间搜索外，启发式搜索可以应用的第二个问题就是与或图的反向推理问题。与或图的反向推理过程可以表示一个问题的归约过程。问题归约的基本思想是：在求解问题的过程中，将一个大问题分解为若干个子问题，再将这些子问题继续分解为更小的子问题，以此类推进行问题的分解，直到每个子问题都可以被直接求解为止。根据全部子问题的解，我们可以构造出原问题的解，从而求解问题。一般地，待求解的问题称之为初始问题，能直接求解的问题称之为本原问题。

5.6.1 问题的归约描述

我们以一个自动推理的例子介绍问题归约思想求解问题的过程。

【例 5.7】 给定下面一组命题公式，找出使得命题 u 成立的证明序列。

$$\{p, q, p \wedge q \rightarrow r, p \rightarrow s, t \rightarrow r, r \rightarrow u\}$$

解 该问题可以采用两种方法思考：正向思考或反向思考。

正向思考的过程如下：根据 p 成立和 $p \rightarrow s$ 得出 s 成立；根据 p 成立、q 成立和 $p \wedge q \rightarrow r$ 得出 r 成立；根据 r 成立和 $r \rightarrow u$ 得出 u 成立。即构造出 p，q，$p \wedge q \rightarrow r$，$r \rightarrow u$ 的证明序列。

反向思考的过程如下：若需要证明 u 成立，则必须利用 $r \rightarrow u$ 的蕴含式，进一步需要证明 r 成立。此时既可以利用蕴含式 $t \rightarrow r$ 证明，也可以利用蕴含式 $p \wedge q \rightarrow r$ 证明。若利用前者，则需要 t 成立，而给出的命题中不包含 t 或以 t 结尾的蕴含式，因此该路径不通；若利用后者证明，则需要 p 和 q 都成立，而 p 和 q 都在给定的命题组中。至此，证明完毕，同样构造出 p，q，$p \wedge q \rightarrow r$，$r \rightarrow u$ 的证明序列。

在这个例子中，反向思考即问题归约的过程。将目标"命题 u 成立"通过蕴含式不断转化、分解为证明其他命题成立，最终获得"证明 p 成立"和"证明 q 成立"这两个可以被立即解决的子问题，从而求解原问题。在求解问题的过程中，正向思考和反向思考没有明确的优劣之分，一般取决于具体的问题。如对于给定 $\{p, p \rightarrow q, p \rightarrow r, p \rightarrow s\}$，证明 s 成立，则反向思考效率更高；而对于给定 $\{p, p \rightarrow s, q \rightarrow s, r \rightarrow s\}$，证明 s 成立，正向思考效率更高。

一般地，基于问题归约思想去求解问题，问题可以用三元组 (S_0, O, P) 表示，其中：

① S_0 是初始问题，即求解问题。

② O 是操作算子集，与状态空间表示法中的操作类似，它是一组变换规则，可以将一个问题转换成若干子问题。

③ P 是本原问题集，其中每个问题都是无须证明直接成立的，如公理、已证明的问题或直接给定成立的前提条件。

这样，基于问题归约的求解方法求解问题就可以表示为：对初始问题利用操作算子，将其分解为一系列子问题，再对子问题继续利用操作算子进行分解，直到产生的问题都为本原问题即可得解。

5.6.2 与或图表示法

对于上述问题归约的过程，我们可以用图进行表示。如例 5.7 的问题可以被表示为图 5.18。其中，圆圈结点表示问题，有向边表示源结点对应的问题可以转化分解为目标结点对应的子问题。如有向边 $<u, r>$ 表示 u 问题可以转化为 r 问题，$<r, t>$ 表示 r 问题可以转化为 t 问题。特别地，r 指向 p 和 q 的两条边被一个圆弧连接在一起，用于表示 r 问题可以被分解为 p 和 q 两个子问题，只有两个问题都被解决，r 问题才能被解决。将 r 指向 p 和 q 的两条边看作一个整体，把边 $<r, t>$ 也看作一个整体，那么就可以理解为 r 既可以按照前者进行分解，又可以按照后者进行分解。我们将这样的图称为与或图。

一般地，与或图可以用四元组 (N, n_0, H, T) 表示，其中：

① N 是所有结点的集合，每个结点对应一个唯一的问题。

② $n_0 \in N$，表示初始问题。

③ H 是所有超边的集合，每条超边 $<s, D>$ 都表示为 s 的一个分解方法，即源结点 s 可以分解为目标结点集合 D，超边也被称为"k 连接符"，其中 $k = |D|$。例如例 5.7 中的 $<r, \{t\}>$ 称为"1 连接符"；$<r, \{p, q\}>$ 称为"2 连接符"。若 $|D| = 1$，则该超边称为"或弧"，D 中的结点称为"或子结点"，或者称为 s 的"或后继"；若 $|D| > 1$，则该超边称为"与弧"，D 中所有结点称为"与子结点"，或者称为 s 的"与后继"。

④ T 是 N 的子集，每个结点对应的都是本原问题，T 中的结点也被称为叶结点。

在与或图 (N, n_0, H, T) 中，每个以 n_0 为根结点的子图都可以表示为原始问题不断分解的过程。图 5.19（a）和图 5.19（b）分别是图 5.18 两个不同的子图。可以看出，并不是所有子图都可以解决原始问题，只有子图 5.19（a）的分解是有解的。因此，需要设计一种算法能够搜索到与或图中的解图。为了便于理解，下面先介绍几个基本概念：

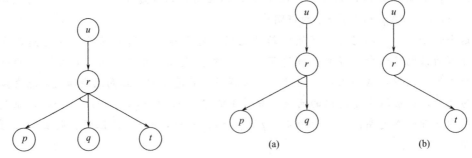

图 5.18　问题归约的图形化表示　　　　图 5.19　与或图的子图

(1) 可解结点

① 叶结点是可解结点。

② 一个结点是可解的，当且仅当以该结点为源的某一条"k 连接符"可解。

③ 一条"k 连接符"可解的，当且仅当它的每个目的结点都可解。

(2) 不可解结点

①无后继的非叶结点是不可解点。

②一个结点不可解，当且仅当以该结点为源的所有"k 连接符"都不可解。

③一条"k 连接符"不可解，当且仅当它某一个目的结点不可解。

(3) 与或图的解图

使得初始结点可解的那些可解结点及其相关超边构成的子图。

显然，对于某一个问题的与或图可能存在多个解图。如何评价哪个解图更优呢？可以根据归约问题，为图中的本原问题和操作算子赋予相应的权重，这些权重定义了路径上的费用。基于此，将计算归约问题最优解的问题，转换为寻找该问题对应与或图上最优（费用最小）解图的问题。由于与或图一般规模很大，采用一边扩展一边搜索的方法。为了在搜索的过程中能够尽量减少扩展的结点数，提高搜索效率，仍然采用可归纳的启发函数估算每个结点的真实费用，搜索方向总是沿着启发函数值较低的点。

5.6.3　AO* 算法

和状态空间搜索中 A* 算法类似，在与或图中也存在一种启发式搜索算法，称为 AO* 算法，它与 A* 算法主要有以下两点不同：

① AO* 算法可以考虑"与弧"的费用，A* 算法无法考虑。

② AO* 算法中，如果部分路径通往的结点是其他路径上的"与"结点扩展出来的结点，那么不能像"或"结点那样只考虑从结点到结点的个别路径，有时候较长的路径反而费用更低。

AO* 算法需要利用启发函数计算每个结点的真实费用，假设任一结点 n 到目标集 S_g 的费用估计为 $h(n)$。结点 n 的费用按如下的方法计算：

① 如果 $n \in S_g$，则 $h(n) = 0$，否则 $h(n)$ 等于以 n 为源结点的所有 k 连接符费用中的最小值。

② 形如 $<n, \{n_1, n_2, \cdots, n_k\}>$ 的 k 连接符，其费用为 $h(n) = k + h(n_1) + h(n_2) + \cdots + h(n_k)$。

下面由图 5.20 中扩展的与或图具体地说明 AO* 算法的基本流程。

① 如图 5.20（a）所示，此时 A 是唯一的结点，因此将它放到最优解路径的末端。

② 如图 5.20（b）所示，此时扩展 A 结点，得到结点 B、C 和 D，由于 B 和 C 与弧的费用为 $3+4+2=9$，D 的费用为 6，故选择 A 到 D 的路径为 A 最有希望得到最优解的路径（图中用箭头表示），并标记 A 的费用为 6。

③ 如图 5.20（c）所示，此时扩展 D 结点，得到 E 和 F 与弧的费用为 $4+4+2=10$，因此我们将 D 的费用由 6 修改为 10。接着，回退至上一层发现与弧 $<A,\{B,C\}>$ 的费用为 9，小于或弧 $<A,\{D\}>$ 的 10，因此，撤销对 $<A,\{D\}>$ 的标记，而对 $<A,\{B,C\}>$ 进行标记。

④ 如图 5.20（d）所示，此时扩展 B 结点，得到结点 G、H，它们的费用为 5、7，故选择或弧 $<B,\{G\}>$ 为最佳，将 B 的费用修改为 6，并继续自底向上回传至上一层，修改 $<A,\{B,C\}>$ 的费用为 $6+2+4=12$。而此时考虑 $<A,\{D\}>$，其费用为 11，低于前者，故取消 $<A,\{B,C\}>$ 的标记，再次标记 $<A,\{D\}>$ 为最优路径。

通过以上四步计算，最终求得 A 的最小费用为 $\min\{6+4+2, 4+4+2+1\}=11$。

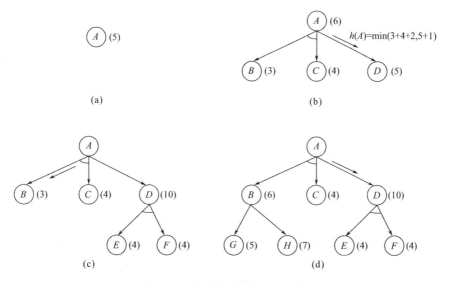

图 5.20　与或图的搜索过程示例

6　遗传算法及应用

案例引入

　　达尔文的"生物进化论"证明生物不是由上帝创造的,而是在种群的遗传、变异、生存斗争中,由低等到高等,由简单到复杂,不断发展进化而来的。通过自然选择,生物的优良基因可以代代相传,从而进化出更加强大、更加适合生存的基因。遗传算法借鉴了进化生物学中遗传、突变、自然选择以及杂交等机制。基于达尔文的进化论,遗传算法模拟了这种自然选择,通过多代的基因变异、交叉和复制等操作,进化出问题的最优解。

学习意义

　　实际工程问题多数为多极值的优化问题,并且组合优化问题中可能存在优化目标不可导、不可微的情况,而传统的优化方法(如梯度下降法等)却难以获得满意的求解精度。遗传算法通过模拟生物进化机制能够有效克服多极值优化问题,并且适用于求解各种优化目标。因此,学习遗传算法对于解决实际工程问题大有裨益。

学习目标

- 熟悉遗传算法的基本概念;
- 熟悉遗传算子在算法中的操作机制和作用;
- 能够熟练地将遗传算法应用于各种实际的工程优化问题。

6.1　遗传算法概述

　　遗传算法是模拟生物进化机制来工作的,此算法是一种进化算法(evolutionary algorithm,EA)。进化算法通过模拟生物进化过程与机制来实现求解问题的自组织、自适应能力,是一类借鉴生物界自然选择和自然遗传机制的随机搜索算法,通常包括差分进化算法、遗传算法等。生物进化是通过繁殖、变异、竞争和选择实现的,而进化算法则主要通过选择、重组和变异这三种操作实现优化问题的求解。其中，优化问题的候选解在进化种群中扮演个体的角色，适应度函数值决定了解的质量，并通过重复执行以上进化操作来控制种群的进化方向，使其整个种群的适应度函数值达到最优。而遗传算法是此类算法的优秀代表。

6.1.1　遗传算法的发展历史

遗传算法的雏形形成于 20 世纪 60 年代初，为了求解优化问题，一些学者尝试通过计算机模拟生物进化过程。早期大多数研究运用"适者生存"的仿自然法则，对生物染色体进行二进制编码，还有一些研究采用加入了自然选择和变异操作的种群设计方案。例如，由于在风洞实验设计中难以采用传统方法来优化描述物体形状的参数，柏林工业大学的 I. Rechenberg 和 H. P. Schwefel 等利用生物变异的思想寻找参数最优值，最终通过随机改变参数值获得了较好的结果。但由于缺乏一种通用的编码方案，学者只能依赖变异而非交叉来产生新的基因结构，导致难以产生更多有效的基因个体。这一时期的研究进展非常缓慢，收效甚微。而到了 20 世纪 60 年代中期，遗传算法的研究取得重要突破。John Holland 提出了位串编码技术，此种编码技术可将交叉作为主要遗传操作，进而大大提升遗传算法的性能。

遗传算法的研究真正兴起于 20 世纪 60 年代末到 70 年代初。"遗传算法"（genetic algorithms）一词的概念首次出现于 1967 年 Holland 教授的学生 J. D. Bagley 的博士论文中。他的论文提出了与当前研究十分接近的双倍体编码，以及复制、突变、交叉、倒位等基因操作。为了防止算法出现早熟收敛现象，还提出了自组织遗传算法的概念。同时，针对单细胞生物群体的计算机仿真研究，Bagley 在他的博士论文中发展了自适应交换策略，这对此后遗传算法的发展很有影响。Holland 于 1971 年提出了模式定理，首次采用二进制编码将遗传算法用于函数优化问题，并指出了运用 Gary 码的一些优点，并研究了从生物系统引申的多种的选择和配对策略。

1975 年是遗传算法研究历史上十分重要的一年，这一年树立了遗传算法发展史上的两块里程碑。一是 Holland 出版了他的第一本系统论述遗传算法的专著 *Adaptation in Natural and Artificial Systems*，该书通过系统阐述遗传算法的基本理论和方法奠定了数学基础。此后，Holland 等人将该算法进行推广，应用到优化及机器学习等问题中，并将其正式命名为遗传算法。遗传算法的通用编码技术和有效的遗传操作为其在各领域的应用奠定了基础。二是 De Jong 完成了重要论文 *An Analysis of the Behavior of a Class of Genetic Adaptive System*，该论文针对函数优化问题，进一步完善选择、交叉和变异操作，并设计了遗传算法性能评价指标和执行策略。文中的 5 个专门用于遗传算法数值实验的函数至今仍被频繁使用，而他提出的在线和离线指标仍是目前衡量遗传算法优化性能的主要手段。

20 世纪 80 年代时，遗传算法进入兴盛发展时期，在理论和应用上的研究均十分热门。1983 年，美国伊利诺大学的 Goldberg 在他的博士论文中第一次把遗传算法用于实际煤气管道优化。自此，遗传算法的理论研究更为深入和丰富，应用研究更为广泛和完善。这一时期对遗传算法研究影响力最大的专著是 1989 年 Goldberg 所著的 *Genetic Algorithms in Search, Optimization, and Machine Learning*。此书较为全面地分析和论证了遗传算法理论及其多领域的应用。此外，针对遗传算法的国际会议在这一时期也频繁召开，如 1985 年在美国召开了第一届遗传算法国际会议（International Conference on Genetic Algorithms, ICGA）。自此，该会议每两年举行一次。在欧洲，从 1990 年开始每隔一年举办一次 Parallel

Problem Solving from Nature 学术会议，其中遗传算法是会议的重要内容之一。以遗传算法理论基础为中心的学术会议还有 Foundations of Genetic Algorithms，该会议从 1990 年开始隔年召开一次。这些国际会议集中反映了遗传算法的最新发展动向。

进入 20 世纪 90 年代，多个学科的学者均对遗传算法产生了浓厚的兴趣，同时产业应用方面的研究也在摸索之中。1991 年，L. Davis 编辑出版了包括遗传算法的大量工程应用实例的名为 *Handbook of Genetic Algorithms* 的书籍。一些学者认识到遗传算法可以为在实际工程应用中难以得到最优解的复杂问题寻求次优解。同时，遗传算法在吸收遗传学、进化论及分子生物学最新成果和在实验得到证明和证伪的同时，本身也在进化。

近些年来，遗传算法发展迅速，对此算法的研究越来越成熟，在解决实际问题和理论建模两方面，遗传算法的应用研究范围都在不断扩展。目前，许多以"遗传算法"冠名的研究成果与 Holland 最初提出的算法已少有相同之处，具体表现为遗传基因表达方式，交叉和变异算子均与最初的遗传算法不同；此外，各种改进方法如特殊算子的引入，以及不同的再生和选择方法等都来自生物进化，可以将这些算法归为同一"算法簇"。学界采用"进化计算"来形容这一遗传"算法簇"。它基本包括以下四个分支：遗传算法，进化规划，进化策略和遗传程序设计。有关进化计算的学术论文也不断发表在 *Machine Learning*、*Artificial Intelligence*、*Information science*、*IEEE Transactions on Neural Networks and Learning Systems*、*IEEE Transactions on Signal Processing*、*IEEE Transactions on Evolutionary Computation* 和 *Evolutionary Computation* 等国际期刊上。

6.1.2 遗传算法的基本思想

遗传算法通过借鉴达尔文进化论和孟德尔遗传学说，并模仿生物界中"适者生存，优胜劣汰"的进化规律发展而来。作为一种全局优化方法，遗传算法提供了一种求解复杂系统优化问题的通用框架，以一种群体中的所有个体为对象，利用随机化技术指导对一个被编码的参数空间进行高效搜索。遗传算法对优化函数的要求很低，以其简单实用、通用高效以及鲁棒性强等特点，广泛应用于各个领域。

遗传算法从一组被称为"种群"的随机初始解开始执行。群体中的每个个体都被称为"染色体"，也叫作基因型个体。鉴于模拟生物基因编码的工作将会非常复杂，遗传算法的编码往往被简化，如采用二进制编码，因此个体通常被表示为一串二进制字符串。一定数量的个体组成一个种群，群体中的个体数量称为种群的大小。个体对环境的适应性称为适应度。根据适者生存和优胜劣汰原则，通过世代演化来产生较好的近似解。针对每一代群体，根据问题域中个体的适应度值选择个体，然后对选择后的个体进行遗传算子的操作，通过交叉和变异操作来生成代表新解集的种群。这个过程类似于生物遗传学中的交配现象。两条染色体交叉产生新的染色体。选择适应性大的个体进行遗传操作，淘汰适应性小的个体。每次迭代后，将产生具有更好适应性的个体，并将进化出更好的近似解。经过几代种群的进化，该算法可以得出接近最优解的近似解。

遗传算法一般包含两个数据转换操作，一个是从表现型到基因型的转换，即将搜索空间中的参数或解转换成遗传空间中的染色体或个体，这一过程称为编码；另一个是从基因型到表现型的转换，即将个体转换成搜索空间中的参数，这个过程称为解码。类似生物遗传中的变异，编码过程中某一个分量可能会发生变化。

6.2　编码和种群

6.2.1　编码

在遗传算法中无法直接处理问题空间的参数，必须将参数转换成遗传空间的由基因按一定结构组成的个体，这一转换操作就叫作编码。例如，问题解由变量 x_1 和 x_2 组成，它们的取值是实数的某个范围，将 x_1 和 x_2 分别转换为一定位数的二进制数，再组合起来就构成了一个遗传编码，以此来执行遗传操作。在 Holland 提出的遗传算法中，就采用了二进制编码来表现个体的遗传基因型，使用的编码符号集由二进制符号 0 和 1 组成，因此实际的遗传基因型是一个二进制符号串。对于不同的问题，如何编码是遗传算法的首要问题，它影响了遗传算法性能。编码方法也会影响到交叉算子、变异算子等遗传算子的运算方式，在很大程度上能够决定遗传进化的效率。对一个特定的优化问题如何编码是遗传算法应用的难点。迄今为止学者已经提出了许多种不同的编码方法。下面重点介绍位串编码和浮点数编码这两大类编码方法。

6.2.1.1　位串编码

(1) 二进制编码

将问题空间的参数编码为一维排列的染色体（个体）的方法称为一维染色体编码方法。此方法中最常用的是由二进制符号 0 和 1 所组成的二值符号集，即采用二进制编码。二进制编码是用若干二进制数表示一个个体，将原问题的解空间映射到位串空间 $B = \{0，1\}$ 上，然后在位串空间上进行遗传操作。考虑一个一般的优化问题

$$\min[f(x)] \tag{6.1}$$

其中，x 为优化的变量，它的维数为 p。假设有 N 个解 $\{x_i\}_{i=1}^N$，则每个解 $x_i = [x_{i1}，x_{i2}，\cdots，x_{ij}，\cdots，x_{ip}]$ 都必须转换为只包含 0 和 1 的二进制数。例如，可以假设 x_i 中的第 j 个元素 x_{ij} 等于 10，那么该元素将被转换为 "00001010" 的八位二进制数。因此，x_i 的二进制形式将有 $8p$ 位，这个二进制数用作表示被编码后的个体，其中每个位置都是一个基因。

在二进制编码中编码和解码的操作都较为简单，以此为基础的交叉、变异等遗传操作也便于实现，且便于利用模式定理进行理论分析等。但其缺点在于，对于一些连续函数的优化问题，遗传算法的随机特性使得遗传算法的局部搜索能力较差，并且二进制编码方式也不容易反映所求问题的特定知识。对于一些精度要求比较高的函数优化问题，二进制编码存在着连续函数离散化时的映射误差，个体编码串较短会影响求解精度；而个体编码串的长度较长时，虽然获得了较高的求解精度，但却会耗费更多的计算时间。

为此，有学者对遗传算法的编码方法进行了改进。例如，为提高遗传算法的局部搜索能力，提出了 Gray 码；为了提高遗传算法的计算复杂度和效率，提出了浮点编码和符号编码；为了利用解的特殊知识，提出了一种符号编码方法；还存在多参数级联编码和替代编码方法。

(2) Gray 编码

典型的二进制格雷码简称格雷码，因 1953 年公开的弗兰克·格雷专利 "Pulse Code Communication" 而得名，最初为了通信而使用，现则常用于模拟-数字转换和位置-数字转

换中。Gray 编码是将二进制编码通过一个变换而得到的编码。设二进制串 $\{b_1,\ b_2,\ \cdots,\ b_n\}$ 对应的 Gray 串为 $\{\gamma_1,\ \gamma_2,\ \cdots,\ \gamma_n\}$，那么，从二进制编码到 Gray 编码的变换如下所示

$$\gamma_k = \begin{cases} b_1, & k=1 \\ b_{k-1}\oplus b_k, & k>1 \end{cases} \tag{6.2}$$

其中 $\oplus$ 表示模 2 的加法。从一个 Gray 串到二进制串的变换为

$$b_k = \begin{cases} \gamma_1, & k=1 \\ b_{k-1}\oplus \gamma_k, & k>1 \end{cases} \tag{6.3}$$

Gray 编码有以下几个优点：

① 便于提高遗传算法的局部搜索能力。

② 交叉、变异等遗传操作易于实现。

③ 符合最小字符集编码原则。

④ 便于利用模式定理对算法进行理论分析。

6.2.1.2 浮点数编码

浮点数编码方式不需要进行数据转换操作而直接采用若干实数表示一个个体，进而在实数空间上进行遗传操作。可以看出，浮点数编码会避免由二进制编码带来的个体基因过长导致的耗时问题，尤其针对求解高维或复杂优化问题。但是，在进行交叉算子操作时，浮点数编码的空间搜索能力要弱于二进制编码。

总之，编码过程不应是一个简单的描述问题的过程，而应该去适应要解决的问题。针对具体应用，在设计和选择编码方法时，应遵循以下 9 个特性：

① 完全性原则。将问题域中的解都尽可能构造出来。

② 封闭性。保证交叉变异等遗传操作不会产生无效的个体，即每个构造出来的基因均对应一个可接受的个体。

③ 可扩展性。对于具体问题，编码的大小确定了解码的时间，两者存在一定的函数关系，若增加一种表现型，作为基因型的编码大小也作出相应的增加。

④ 紧致性。若两种基因编码 g_1 和 g_2 都被解码成相同的个体，且 g_1 比 g_2 所占空间少，则认为 g_1 比 g_2 紧致。

⑤ 多重性。多个基因型解码成一个表现型，即从基因型到相应的表现型空间是多对一的关系，这是基因的多重性。若相同的基因型被解码成不同的表现型，则是表现型多重性。

⑥ 个体可塑性。表现型与相应给定基因型是受环境影响的。

⑦ 模块性。在基因型编码中应当尽量避免基因表现的构成中的多个重复结构。

⑧ 冗余性。增加冗余可提高遗传算法的可靠性和鲁棒性。

⑨ 复杂性。包括基因型的结构复杂性，解码复杂性，计算时空复杂性（基因解码、适应值等）。

6.2.2 种群

种群是众多个体的集合，每一个个体均代表了被编码后的问题解。图 6.1 给出了基因、个体和种群的示例图。在执行遗传算法之前，首先要产生初始的种群。理论上初始种群中的个体是随机产生的，但在文献中一般按如下两种方法来设定：

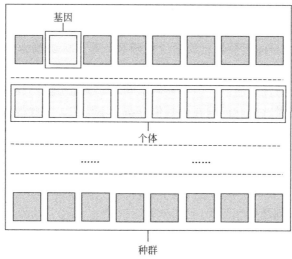

图 6.1 基因、个体和种群示例

① 首先明确最优解的大致分布范围，并在此范围内随机生产初始种群。

② 随机产生一定数目的个体，将其中最好的个体加入到初始种群，不断重复以上过程，直到初始种群中个体数目达到预定的规模。

种群规模是指任意一代中的个体数量，此数量需人为设定。遗传优化的结果和效率受到种群规模的影响。当种群规模很大时，易搜索到全局最优解，但遗传算法的计算复杂度较高；而种群规模太小又会影响遗传算法的优化性能，从而使算法陷入局部最优解。遗传操作中选择操作会影响种群规模的确定。模式定理表明：若种群规模为 N，则遗传操作可从中生成并检测出 N 个模式，在此基础上不断形成和优化积木块，直到找到最优解。可以看出，针对较大的种群规模，需要处理的模式就多，将会有较高的机会产生有意义的积木块并将其逐步进化为最优解。而保持种群的多样性是十分重要的，当种群规模过小时，遗传算法的搜索空间会限制在很小的范围内，搜索过程可能会在种群未成熟的阶段就停止，这种过早收敛现象将会使算法陷入局部解，因此，种群规模不能太小。然而，当种群规模过大时会带来如下缺点：一是种群越大，其适应度函数的评估次数越多，算法的计算效率越低；二是群体中个体生存下来的概率大多采用和适应度成比例的方法，当群体中个体非常多时，少量适应度很高的个体会被选择而生存下来，但大多数个体却被淘汰，这会影响配对库的形成，从而影响交叉操作。因此，在具体算法运行时一般将种群规模设定为 $20\sim100$。

6.3 适应度函数

遗传算法会根据适应度的大小对个体优胜劣汰，适应度是评价个体性能的主要指标。因此适应度函数的选取直接影响到遗传算法的性能。具体而言，在使用遗传算法求解具体问题时，适应度函数的选择对算法的收敛性以及收敛速度的影响较大，针对不同的问题需根据经验或算法来确定相应的参数。一般而言，适应度函数是由目标函数变换而成的。

对于求解有约束的优化问题，采用罚函数方法将目标函数和约束条件构造为一个无约束的优化目标函数；然后将此目标函数作适当处理，建立适用于遗传算法的适应度函数。构造适应度函数需要遵循两个原则：一是适应度函数值必须为非负值；二是群体进化过程中适应度函数变化方向应与优化过程中目标函数的变化方向保持一致。

下面介绍几种适应度函数的构造方法。

① 直接以待求解的目标函数转化为适应度函数，若目标函数为最大问题，适应度函数为 $f(x)$；若目标函数为最小问题，适应度函数为 $-f(x)$。

这种适应度函数十分简单直观，但存在两个问题，一是可能不满足常用的轮盘赌选择中概率非负的要求；二是某些优化问题在函数值分布上不均匀，由此得到的平均适应度可能不利于体现种群的平均性能，从而影响算法性能。

② 若目标函数为最小问题

$$Fitness[f(x)] = \frac{1}{1+e+f(x)} \qquad (e \geqslant 0, e+f(x) \geqslant 0) \tag{6.4}$$

若目标函数为最大问题

$$Fitness[f(x)] = \frac{1}{1+e-f(x)} \qquad (e \geqslant 0, e-f(x) \geqslant 0) \tag{6.5}$$

式中，e 为目标函数界限的保守估计值。

进行选择操作时，通常会遇到以下问题：

问题一：遗传进化早期常常会出现一些竞争力超强的异常个体。若按比例进行选择操作，那么这些异常个体则会控制整个选择过程，从而影响算法的全局优化性能。

问题二：在遗传进化后期，当算法接近收敛时，由于种群个体适应度差异较小，算法连续优化的潜力降低。因此，适应度函数的设计需要满足以下条件：

a. 要求适应度是对应解优劣程度的一种度量。

b. 单值、连续非负及最大化目标函数，以上条件是容易实现的。

c. 适应度函数设计时计算量尽可能小，以减少计算时间和空间上的复杂性，降低计算成本。

6.4 遗传算子

在遗传算法中初始种群生成后会通过一系列算子对种群进行遗传操作来生成后代个体。这些遗传算子包括选择算子、交叉算子和变异算子等。

6.4.1 选择算子

适应度更高的个体有更多的机会被选择算子选中，将其基因传递给下一代。每个个体的适应度取决于其适应度函数值。众所周知的选择策略包括轮盘赌选择、排序选择、锦标赛选择等。

(1) 轮盘赌选择

选择某个体的概率设定为这个个体的适应度与当前群体中其他成员的适应度比值。此方法是基于概率选择的，存在统计误差，因此可以结合最优保存策略以保证当前适应度最优的个体能够进化到下一代而不被遗传操作的随机性破坏，以保证算法的收敛性。

轮盘赌选择算法的基本思想是个体被选中的概率与其适应度函数值成正比。具体步骤如下：

步骤 1：计算每个个体 x_i（$i=1,2,\cdots,N$）的适应度函数值。

步骤 2：计算每个个体遗传给下一代的概率

$$P(x_i) = \frac{g(x_i)}{\sum\limits_{i=1}^{N} g(x_i)} \tag{6.6}$$

步骤 3：计算第 i 个个体 $x_i (i=1,2,\cdots,N)$ 的累积概率 q_i

$$q_i = \sum\limits_{j=1}^{i} P(x_j) \tag{6.7}$$

为了更加清晰地说明该步骤，图 6.2 列举了累积概率的一个实例。

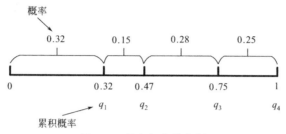

图 6.2 累积概率的实例

步骤 4：在单位区间内以一定的概率产生一个随机数 r。

步骤 5：若 $r > q_1$，则选择个体 x_1 作为下一个用以交叉的个体；若 $q_{k-1} \leqslant r \leqslant q_k$，则选择个体 x_k。

步骤 6：重复步骤 4 和步骤 5 直至选择出 M 个个体。

（2）排序选择

对群体中的所有个体按其适应度大小进行从大到小排序，根据排序来分配各个体被选中的概率，适应度越高，被选中概率越大。

（3）最优个体保存

为了保证遗传算法的收敛性，直接将父代种群中的最优个体选入子代中。这样就保证了在遗传过程中交叉和变异操作就不会破坏每一代中所得到的最优个体。它也容易使局部最优个体不易被淘汰，从而使算法的全局搜索能力变强。

（4）锦标赛选择

在每一次算法迭代过程中选取 N 个个体中适应度最高的个体直接遗传到下一代种群中。具体步骤如下：从群体中随机选取 N 个个体进行适应度大小比较，将其中适应度最高的个体遗传到下一代种群中；并将上述过程重复执行 M（为群体大小）次，则可选择 M 个个体进入到下一代群体。

上述选择方法均基于适应度函数，这就导致了在进化过程中可能会出现以下问题。

① 选择机制有可能趋于随机选择，从而使进化过程陷于停顿状态，不利于全局最优解的搜索。对于个体适应度非常接近的个体，它们进入配对集的机会相当，而且交配后所得的新个体也不会有多大变化，这样难以有效推进搜索过程。

② 鉴于搜索范围的有限性，遗传算法经常会出现早熟现象。这是因为在种群中出现个别或极少数适应度相当高的个体时，采用以上选择机制有可能导致这些个体在种群中大量繁殖。少数几次迭代后这些个体占满了种群的位置。这样遗传算法容易出现局部最优的情况。

6.4.2 交叉算子

基因交叉操作的目的是为了能够在下一代产生新的个体，类似人类社会的婚姻过程。当执行完选择算子后，被选择出来的个体要进行下一步的交叉操作。当个体交配时，交叉发生的概率设定为 P_c，其中子染色体从父染色体随机生成。需要注意的是，适应度越高的个体将有更多的机会遗传给后代。遗传算法的交叉操作可分为二进制交叉和浮点数交叉。

常用的二进制交叉包含单点交叉、多点交叉、均匀交叉等。为简单起见，图6.3给出单点交叉算子的一个例子。可以看出，首先选定一个交叉点位置，将这个位置前后的两条染色体分别互换则得到新的两个个体。

执行交叉算子前：
01000|01110000000010000
11100|00000111111000101

执行交叉算子后：
01000|00000111111000101
11100|01110000000010000

图6.3 单点交叉算子的例子

对于浮点数编码的种群，有以下几种个体交叉方法，包括离散交叉、中间交叉和线性交叉。

(1) 离散交叉

离散交叉方法在个体之间交换变量的值，考虑如下含有三个变量的个体：

父个体1	132	5	45
父个体2	2	56	33

每个子个体中的每个变量可按等概率随机挑选父个体，例如，重组后一个子个体表示为：

新父个体1	132	56	45
新父个体2	2	5	33

(2) 中间交叉

中间交叉只适用于实数变量。假设有两个父个体 x_1 和 x_2，子个体中第 i 个变量的产生按照以下公式

$$x_{i,\text{new}} = x_{1i} + \alpha(x_{2i} - x_{1i}) \tag{6.8}$$

其中，α 是一个比例因子，可由 $[-d, 1+d]$ 上的均匀分布随机产生。对于中间交叉，$d=0$，一般选择 $d=0.25$。子代的每个变量的值按上面的表达式计算，对每个变量要选择一个新的 α 值。线性交叉与中间交叉比较类似，只是对一个个体中所有变量使用同一个 α 值来计算。

6.4.3 变异算子

为了保证种群的多样性并避免过早收敛，通常在交叉操作后执行变异算子，此算子源于生物基因突变机制。当少数基因随机改变时发生突变，例如，从显性到隐性，反之亦然。进行此操作时，以很小的概率或步长来对子个体变量进行变异，变量转变的概率或步长与维数（即变量的个数）成反比，而与种群规模无关。假设发生概率为 P_m，一部分新个体的基因值将被翻转，此算子诱导了一个遍历搜索空间的随机游走。图6.4表示了一个单点变异算子

的例子。其过程如下：对于一个二编码个体来说，首先随机选择一个变异位置，再将基因位的取值进行翻转，如变异前取值为1，变异后变为0。

0100001110000<u>0</u>00010000

对于实数编码，可以采用如下的变异算子

$$x' = x \pm 0.5L\Delta \tag{6.9}$$

0100001110000<u>1</u>00010000

图 6.4　变异算子的例子

其中 $\Delta = \sum\limits_{i=0}^{m} \dfrac{a(i)}{2^i}$，$a(i)$ 以概率 $1/m$ 取值为 1，以 $1-1/m$ 取值

为 0；通常 $m=20$；L 为变量的取值范围；x 为变异前变量取值，x' 为变异后变量取值。

在变异操作中，变异概率不能取值太大，变异概率超过 0.5 时，遗传算法将会退化为随机搜索，遗传算法的一些重要数学特性和搜索能力将会减弱甚至消失。

6.5　遗传算法的总体流程和特点

遗传算法中群体大小（即个体数量）在迭代期间不应变化。为确保这一点，父代中的一些个体必须被其后代所取代，以便创造新一代。其中，后代个体的适应度越高，其存留机会就越大。因此，我们希望通过多次迭代来得出好的解决方案，同时将最不适合的个体淘汰。遗传算法的整个实施过程如图 6.5 所示。

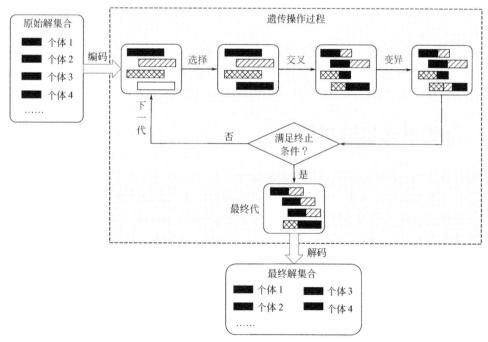

图 6.5　遗传算法的一般流程图

随着应用问题的不同以及现代问题规模的扩大，遗传算法提供了一种能以有限代价来解决搜索和优化的通用方法，它不同于传统的搜索和优化方法。传统的优化方法主要包括枚举法、搜索算法和启发式算法这三种。

① 枚举法通过列举出可行解集合内的所有可行解的形式来求出精确最优解。但当枚举空间比较大时，该方法的求解效率比较低，有时甚至在目前先进计算工具上无法求解。对于

连续函数，需要先对其进行离散化处理，这样就可能造成求解精度的降低。

② 搜索算法通过搜索可行解集合的一个子集，来找到问题的最优解或近似最优解。若适当地在该方法中利用一些启发知识，既能保证近似解的质量，也能获得较高的求解效率。

③ 启发式算法通过建立一种启发式规则来产生可行解，以找到一个最优解或近似最优解。虽然该方法求解效率较高，但由于所建启发式规则对于不同问题一般不通用，因此其计算成本会很高。

遗传算法与上述三种方法相比的主要区别在于：

① 自组织、自适应和智能性。遗传算法可用来解决复杂的非结构化问题，并具有很强的鲁棒性。由于该算法无须要求事先描述问题的全部特点，并说明针对问题的不同特点算法应采取的措施。

② 直接处理的对象是问题参数转换后的参数编码集。

③ 搜索过程中使用的是基于目标函数值的评价信息，搜索过程既不受优化函数连续性的约束，也没有优化函数必须可导的要求。

④ 该算法易于并行化处理，可采用多个低性能计算机来完成计算。

⑤ 该算法的运行方式和步骤易于编程实现。

基于以上特点，遗传算法可以通过选择、交叉和变异的多次迭代得出全局最优解，但该算法仍存在以下几点局限性：

① 对于复杂优化问题（例如高维和多模态），群体的目标函数的评估在计算成本中可能是非常高的。

② 在遗传算法中，很难设定一个停止准则，通常做法是设定一个最大迭代次数。

③ 在多个工程应用中，遗传算法只能找到局部最优解，而非全局最优解，也即遗传算法自身无法衡量如何牺牲短期适应度以获得更长期适应度。

6.6 遗传算法的改进算法

自遗传算法提出以来，学者对遗传算法的理论和应用进行了深入的研究，主要包括对编码方式、控制参数的确定和交叉机理等方面进行深入的探究。为改善遗传算法性能，众多学者提出了各种改进形式的遗传算法（variants of canonical genetic algorithms，VCGA）。主要有以下几个方面：

① 优化算法中的控制参数、寻找适合问题特性的编码技术等。

② 提出混合遗传算法。

③ 提出动态自适应遗传算法，在进化过程中调整算法控制参数和编码粒度。

④ 遗传算法的并行化等。

6.6.1 自适应遗传算法

交叉概率（P_c）和变异概率（P_m）是影响遗传算法性能的关键所在，在很大程度上决定了算法的求解精度和收敛速度。1994 年 M. Revives 和 L. M. Patnaik 等提出一种自适应遗传算法（adaptive genetic algorithm，AGA），该算法不使用固定的交叉概率 P_c 和变异概率 P_m 值，而是利用每代种群个体的适应度，自适应地调整 P_c 和 P_m，以保持种群的搜索能力。因此，自适应的 P_c 和 P_m 能够提供相对某个解的最佳 P_c 和 P_m。P_c 越大，产生新个体的速度就越快。然而，过大的 P_c 会增加遗传模式被破坏的可能性，进而容易破坏具有高适应度的个体结构；但若 P_c 过小，会使搜索过程缓慢，甚至停滞不前。对于变异概率 P_m，如果 P_m 过小，则不易产生新的个体结构；如果 P_m 过大，遗传算法则蜕变为纯粹随机算法。因此，可采用以下策略：当种群各个体适应度趋于一致时，增大 P_c 和 P_m 的值，而当群体适应度比较分散时，减小 P_c 和 P_m 的值。同时，对于适应值高于群体平均适应值的个体，对应于较低的 P_c 和 P_m，使该解得以保护进入下一代；而低于平均适应值的个体，相对应于较高的 P_c 和 P_m，使该解被淘汰掉。针对不同优化问题，P_c 和 P_m 的最优值是不同的，就需要反复实验来确定 P_c 和 P_m，这是一件烦琐的工作，而且很难找到适应于每个问题的最佳值。

下面给出自适应遗传算法的具体步骤：

步骤 1：以基本遗传算法编码和解码设计准则来进行 AGA 算法的编码和解码工作。

步骤 2：产生初始种群，种群中包含 N（N 是偶数）个初始候选解。

步骤 3：定义适应度函数，计算适应度 $\{f_i\}$。

步骤 4：按照某一选择操作规则来选择 N 个个体，并计算群体的最大适应度和种群平均适应度。

步骤 5：两两随机搭配群体中的各个个体，共组成 $N/2$ 对。对每一对个体，按自适应公式计算自适应交叉概率 P_c，以 P_c 为交叉概率进行交叉操作，即随机产生 0～1 之间的实数 R，如果 $R < P_c$，则对该对染色体进行交叉操作。

步骤 6：对于群体中的所有 N 个个体，根据自适应变异公式计算自适应变异概率 P_m，以变异概率 P_m 进行变异操作。

步骤 7：计算由交叉和变异生成新个体的适应度，新个体与父代一起构成新群体。

步骤 8：判断是否达到预定的迭代次数，是则结束寻优过程，否则转步骤 4。

可按式(6.10) 和式(6.11) 进行自适应概率 P_c 和 P_m 的自适应计算。

$$P_c = \begin{cases} \dfrac{u_1(f_{\max} - f')}{f_{\max} - f_{\text{avg}}}, & f \geqslant f_{\text{avg}} \\ u_2, & f < f_{\text{avg}} \end{cases} \tag{6.10}$$

和

$$P_m = \begin{cases} \dfrac{u_3(f_{\max} - f)}{f_{\max} - f_{\text{avg}}}, & f \geqslant f_{\text{avg}} \\ u_4, & f < f_{\text{avg}} \end{cases} \tag{6.11}$$

式中，$f_{\max}$ 表示群体中个体的最大适应度；f_{avg} 表示每代群体的平均适应度；f' 表示要交叉的两个个体中较大的适应度；f 表示要变异个体的适应度；u_1、u_2、u_3、u_4 均设定为 0～1 之间的值。

以上的自适应调整策略可以归纳为：对于个体适应度低于平均值的较差个体，对其采用较大的交叉概率和变异概率。对于适应度高于平均值的优良个体，对其根据其适应度来确定相应的交叉概率和变异概率。可以看出，当适应度接近最大适应度时，交叉概率和变异概率变小。当等于最大适应度时，交叉概率和变异概率的值变为零。此调整方法适用于种群的进化后期，但在种群进化初期，初期群体中的占优个体几乎处于一种不发生变化的状态，并且此时优良个体却不一定是全局最优解，进而使得初期的进化缓慢。为此，可做如下的进一步改进，使种群中最大适应度个体的交叉概率和变异概率永不为零，并分别提高至P_{c2}和P_{m2}，这就相应地提高了群体中表现优良的个体的交叉概率和变异概率，使得它们不会处于一种近似停滞不前的状态。为了保证每一代的优良个体不被破坏，采用精英选择策略，使它们直接复制到下一代中。

下面给出经改进后的P_c和P_m的计算表达式。

$$P_c = \begin{cases} P_{c1} - \dfrac{(P_{c1} - P_{c2})(f' - f_{avg})}{f_{max} - f_{avg}}, & f' \geqslant f_{avg} \\ P_{c1}, & f' < f_{avg} \end{cases} \tag{6.12}$$

和

$$P_m = \begin{cases} P_{m1} - \dfrac{(P_{m1} - P_{m2})(f_{max} - f)}{f_{max} - f_{avg}}, & f \geqslant f_{avg} \\ P_{m1}, & f < f_{avg} \end{cases} \tag{6.13}$$

其中 $P_{c1} = 0.9$，$P_{c2} = 0.6$，$P_{m1} = 0.1$，$P_{m2} = 0.001$。

6.6.2 分层遗传算法

为提高遗传算法的性能和搜索效率，分层遗传算法首先执行低层遗传算法，在此基础上执行高层遗传算法。基本思路如下：在低层遗传算法中，对N个具有相同规模的不同种群分别执行标准遗传操作，经过若干代后均可获得各自的位于个体编码串上的一些特定位置的优良基因。进而对这些优良个体进行高层遗传算法的操作，从而得到最终的最优种群个体。

对于一个特定的优化问题，首先随机地生成Nn个样本（$N \geqslant 2$，$n \geqslant 2$），然后将这些样本分为N个子种群，每个子种群包含n个样本，对每个子种群各自独立地运行各自的遗传算法，记为$GA_i (i = 1, 2, \cdots, N)$。对这$N$个种群执行遗传算法时进行较大差异的参数设置以获得不同的遗传特性，这样可为接下来的高层遗传算法提供种群优良模式的多样性。在每个子种群的遗传算法运行到一定代数后，将N个算法的适应度结果记录到二维数组$R[i, j]$中，则$R[i, j](i = 1, 2, \cdots, N, j = 1, 2, \cdots, n)$表示$GA_i$的结果种群的第$j$个个体；同时，将$N$个结果种群的平均适应度记录到数组$A[i]$中，$A[i]$表示$GA_i$的结果种群平均适应度。高层遗传算法与普通遗传算法的操作相类似，也可分成如下三个步骤：

① 选择操作。基于数组$A[i]$，即N个遗传算法的平均适应度，对数组R代表的结果种群进行选择操作，一些结果种群由于它们的平均适应度高而被复制，甚至复制多次；另一些结果种群由于它们的种群平均适应度低而被淘汰。

② 交叉操作。如果$R[1, 2, \cdots, n]_i$和$R[1, 2, \cdots, n]_j$被随机匹配到一起（$R[1, 2, \cdots, n]_i$表示第i行第1至n列数值组成的向量），而且从位置x进行交叉（$1 \leqslant i, j \leqslant N; 1 \leqslant x \leqslant n - 1$），则$R[x+1, x+2, \cdots, n]_i$和$R[x+1, x+2, \cdots, n]_j$相互交换相应的部分。这一步骤相当于交换$GA_i$和$GA_j$中结果种群的$n - x$个个体。

③ 变异操作。以很小的概率将少量的随机生成的新个体替换$R[i, j]$中随机抽取的个体。至此，高层遗传算法的第一轮运行结束。N个遗传算法$GA(i = 1, 2, \cdots, N)$可以从相应与新的$R[i, j]$种群继续各自的操作。

在N个GA再次各自运行到一定代数后，再次更新数组$R[i, j]$和$A[i]$，并开始高层遗传算法的第二轮运行。如果继续循环操作，直至得到满意的结果。此种改进的遗传算法可以进行多处理器的并行或分布式遗传计算，进而节省计算机运行时间。

6.6.3 并行遗传算法

以上介绍的遗传算法为单一种群的遗传算法。单一种群算法已经能够很好解决很多优化问题，但多种群算法往往会获得更好的结果。遗传算法的性能受种群规模、杂交和变异概率等控制参数的影响，并受到早熟现象的困扰。一般地，遗传算法中最耗时的计算在于适应度的计算。较大的种群规模需要不断进行适应度函数计算，计算量相当大，因此提高遗传算法的计算速度显得尤为突出。遗传算法的运行机制可以很容易给出并行处理架构。每个子种群执行单种群遗传算法独立地演算若干代后，再在子种群之间进行个体交换。这种多种群遗传算法更加类似于自然中种族的进化，称为并行遗传算法（parallel genetic algorithms，PGA）。下面给出三种并行遗传算法的实现方案。

（1）主从式模型

此模型分为一个主处理器和若干个从处理器。主处理器基于全局统计执行选择操作来监控整个编码种群。主处理器产生的个体分发给各个从处理器在从处理器中进行重组交叉和变异操作，以产生新一代个体，并计算个体的适应度，再将计算结果传给主处理器。

这种方法的应用有严格限制条件。当计算时间主要集中在适应度的评估计算上时，主从式模型相对传统顺序遗传算法将有一个较好的加速比，而且适应度评价函数的复杂度越高，加速比越大。然而它的缺陷也很明显，经常会出现主、从处理器负荷忙闲不均匀和通信延迟问题。

（2）细粒度模型

细粒度模型也称邻域模型。此模型为种群中的每一个体分配一个处理器，每个处理器互相独立地并行执行适应度的计算，而选择、重组交叉和变异的操作仅在与之相邻的一个处理器之间互相传递个体中进行。这样就能获得并行遗传算法的最大可能的并发性。

（3）粗粒度模型

基于粗粒度模型的遗传算法也称为分布式遗传算法（distributed genetic algorithm，DGA），此方法是目前应用最广的一种并行遗传算法，对并行系统平台要求不高，可以是松散耦合并行系统，主要开发群体之间的并行性。其基本思路是将群体分为若干子群体，每个子群体包含一些个体，每个子群体分配一个处理器，让它们互相独立地并行执行进化，每经过一定间隔，就把它们的最佳个体迁移到相邻的子群体中，这种现象称为"迁移"。其中每个处理器独立计算适应度，独立进行遗传操作，并定期相互传送各自种群中适应度最好的个体，以加速算法的收敛。

迁移是并行遗传算法中一个重要的新算子，并且是影响算法效率的一个关键因素。此算子用来在进化过程中的子种群间交换个体。通过迁移可在各个子种群间加快传播较好个体，进而提高解的精度和收敛速度，具体方法是将各个子群体中最优的个体分发给其他子种群。迁移算子使并行算法以较小的计算量找到全局最优解。以粗粒度模型的并行算法为例，其迁移策略可分为以下两种：

① 一传多策略。每个处理器有若干相邻处理器，每个处理器产生新一代个体后，都将这些个体与自己的个体同时考虑，淘汰适应度差的个体。接受来源于相邻处理器最优个体的同时，将种群中最优个体传送给其所有相邻处理器。

② 一传一策略。为保证个体的多样性，每个处理器都将自己的最优个体仅传给与之相邻的一个处理器。此过程包含两个重要参数：一是传送率，表示处理器之间通信的频率，如

当传送率等于 4 时表示当遗传代数是 4 的倍数时，各处理器之间相互传送个体；二是传送的最优个体个数，表示每次传送的最优个体的数目，如当其值为 5 时表示每个处理器把最好的前 5 个个体传给各自相邻的处理器。

个体迁移的选择方法一般有：a. 迁移对象按适应度来选择；b. 迁移对象按均匀随机挑选的原则。对于子种群之间的个体迁移结构也有多种可能性，例如：迁移发生在所有子种群，即发生在完全的网络拓扑；迁移发生在邻集拓扑；迁移发生在环状拓扑。

此外，迁移算子中迁移率和迁移间隔是十分重要的概念。迁移率是指每次被迁移的个体数。较大的迁移率利于优良个体在整个群体中的传播，但同时增加了通信的开销，使加速比下降。迁移间隔是指相邻两次迁移的时间间隔。较小的迁移间隔有利于子群体之间的融合，使得优秀个体及时传播到所有子群体中，对群体的进化方向可以起到良好的指导作用；但同时会明显地增大通信及同步开销，不利于加速比的提高。而较大的迁移间隔使各子群体之间比较隔绝，但能提高加速比，降低通信开销，却也会导致优良个体不能被及时传播，不利于提高解的精度和收敛速度。

总之，选取合理的参数是并行遗传算法获得较好性能的关键所在，但参数的选择目前还没有指导性的实验结论。

6.7 多目标遗传算法

在多准则或多设计目标下设计和决策的问题是工程应用中经常遇到的优化问题，而各个优化目标之间经常是互相冲突的。这样的含多目标优化的问题被称为多目标优化（multi-objective optimization，MO）问题。多目标优化很早就得到了学者的重视，目前已发展出较多求解方法。最常用的方法是根据某效用函数，将多目标合成单一目标来进行优化。但针对某一特定优化问题，难以确定其合理的效用函数。基于此思路采用遗传算法进行优化时，先对 k 个目标分别计算 k 个适应度函数，进而对这 k 个适应度函数进行变换，得到一个单一的目标测度，来作为普通单目标遗传算法的适应度。这种方法的效果往往不理想。下面介绍直接针对多目标求解的方法。

定义 6.1 若 $\overline{x}_u \in U$（U 为多目标优化的可行域），不存在另一个可行点 $\overline{x} \in U$，使 $F(\overline{x}_u) \leqslant F(\overline{x})$ 成立（F 为目标函数向量），且其中至少有一个严格不等式成立，则称 $\overline{x}_u$ 是多目标优化的一个非支配解（non-dominated solution）。所有非支配解构成的集合叫作非支配解集（non-dominated set）。所有非支配解对应的目标函数构成了多目标优化问题的非支配最优目标域，也称为 Pareto 最优解集。

定义 6.2 对于最小化 MO 问题，n 个目标分量 $f_k(k=1,\cdots,n)$ 组成的向量 $\overline{f}(\overline{x}) = [f_1(\overline{x}), f_2(\overline{x}), \cdots, f_n(\overline{x})]$，其中 $\overline{x}_u \in U$ 为决策变量，若 $\overline{x}_u$ 为 Pareto 最优解则满足：不存在决策变量 $\overline{x}_v \in U$，使 $\boldsymbol{v} = f(\overline{x}_v) = [v_1, v_2, \cdots, v_n]$ 支配 $\boldsymbol{u} = f(\overline{x}_u) = [u_1, u_2, \cdots, u_n]$，即不存在 $\overline{x}_v \in U$ 使下式成立

$$\forall i \in \{i, 2, \cdots, n\}, v_i \leqslant u_i \text{ 且 } \exists i \in \{i, \cdots, n\}, v_i < u_i \qquad (6.14)$$

下面给出序值和前端的概念。有两个个体 p 和 q，若个体 p 支配 q，那么 p 的序值比 q 的低，如果 p 和 q 互不支配，那么 p 和 q 拥有相同的序值。序值为 1 的个体属于第一前端，序值为 2 的个体属于第二前端，依次类推。显然，在当前种群中，第一前端中的个体是完全不受支配的，第二前端受第一前端中个体的支配，这样，通过排序，可以将种群中所有个体

分到不同的前端。

在多目标优化算法中拥挤距离也是一个非常重要的概念。拥挤距离用以表征个体间的拥挤程度，通过计算某前端中的某个体与该前端中其他个体之间的距离来表征。显然，拥挤距离的值越大，个体就越不拥挤，种群的多样性就越好。无须计算不同前端之间的个体的拥挤距离。

多目标遗传算法是将遗传算法应用于多目标优化的一种算法。在每一代多目标遗传算法的输出是当前 Pareto 最优解集（即 Pareto 前端）。其中著名的多目标遗传算法有 Deb 提出的非支配排序遗传算法（non-dominated sorting genetic algorithm，NSGA）。但 NSGA 主要有以下不足：一是构造 Pareto 最优解集的时间复杂度太高；二是由于缺乏最优个体保留机制，算法的优化性能不足。为此，Deb 于 2002 年提出了 NSGA-II 算法用以解决以上问题，NSGA-II 算法中首先种群初始化，通过快速非支配排序、选择、交叉以及变异操作后得到初始种群，种群中个体数为 N；将父代种群和子代种群合并，再通过排序、拥挤度计算得出下一代种群个体；得出新一代种群后根据遗传操作继续产生下一代，如此反复，直到达到进化最大代数停止。

6.8 遗传算法的应用

针对不同工程应用领域，虽然算法的具体实施细节各不同，但遗传算法提供了一种求解复杂系统优化问题的通用框架，它不依赖于问题的具体领域。遗传算法主要应用于组合优化、函数优化、自动控制、机器人学等领域。

函数优化是遗传算法应用最多的领域。学者常常采用复杂的优化函数来测试遗传算法的性能，目前有很多人工构造的复杂形式的测试函数，包含连续函数和离散函数、多峰函数和单峰函数等。对于组合优化问题，如旅行商问题、作业调度问题、背包问题等，随着问题规模的扩大，此类问题的搜索空间急剧增大，可能导致无法找到精确最优解。对于这类复杂问题，遗传算法的求解效果会更好。对于非线性、多目标的函数优化问题，遗传算法容易给出求解问题的最优解，而其他算法通常较难求解。

自动控制领域也是遗传算法应用比较广泛的领域，其中有很多与优化相关的问题需要求解。对此类问题，遗传算法可以显示出良好的求解效果。例如基于遗传算法的模糊控制器的优化设计、基于遗传算法的模糊控制规则学习等，都显示出遗传算法在这些领域中应用的可能性。

机器人是一类复杂的、难以精确建模的人工系统，所以，机器人学理所当然地成为遗传算法的一个重要应用领域。例如，遗传算法已经在移动机器人路径规划、机器人逆运动学求解、关节机器人运动轨迹规划、细胞机器人的行为协调和结构优化等方面得到研究和应用。

本节给出一个遗传算法在旅行商问题（traveling salesman problem，TSP）上的应用来说明遗传算法的性能。TSP 问题十分复杂，它是一个典型的 NP 完全问题，即在最坏情况下算法的时间复杂度随问题规模的增加而呈现指数形式增长，并且目前为止未找到一种多项式时间的有效算法。其他许多的 NP 完全问题也可以归结为 TSP 问题，如邮路问题、装配线上螺母问题和产品的生产安排问题等。

下面给出 TSP 问题的具体描述。假设有 n 个城市，并且已知这些城市相互之间的两两距离。有某一旅行商从某个城市出发访问其他的每个城市，访问各个城市一次且仅一次，最后回到出发城市。那么如何安排访问路线才使其所走路线最短。换句话说，就是寻找条最短的遍历 n 个城市的路径。将 n 个城市编号为 $1,2,\cdots,n$，有自然子集 $X=\{1,2,\cdots,n\}$，搜索它的一个排列 $\pi(X)=\{Z_1,Z_2,\cdots,Z_n\}$ 来使下式取最小值

$$T_d = \sum_{i=1}^{n-1} d(Z_i, Z_{i+1}) + d(Z_n, Z_1) \qquad (6.15)$$

式中，$d(Z_i, Z_{i+1})$ 表示城市 Z_i 到城市 Z_{i+1} 的距离。

以 14 个城市为例来说明。假定这 14 个城市的坐标如表 6.1 所示。那么来寻找出最短的遍历这些城市的路线。

表 6.1　城市的 X 和 Y 位置坐标

城市编号	X	Y	城市编号	X	Y
1	16.47	96.10	8	17.20	96.29
2	16.47	94.44	9	16.30	97.38
3	20.09	92.44	10	14.05	98.12
4	22.39	93.37	11	16.53	97.38
5	25.23	97.24	12	21.52	95.59
6	22.00	96.05	13	19.41	97.13
7	20.47	97.02	14	20.09	92.55

（1）编码

对于 TSP 问题，它的编码比较特殊。可采用整数编码形式。将 n 个城市的编号依次排列来表示城市的遍历顺序，那么染色体就分为 n 段。如对 8 个城市 $\{1,2,3,4,5,6,7,8\}$ 进行编码，其中一个合法的编码个体就表示为 3｜2｜6｜5｜8｜1｜4｜7。

（2）初始化种群

对于以上的编码形式，需要初始随机产生若干个城市序号排列顺序，来作为种群中的个体。初始种群的规模一般根据城市的数量来确定，其取值设定为 50～200。

（3）适应度函数

将适应度函数设定为

$$Fit = \dfrac{1}{\displaystyle\sum_{i=1}^{n-1} d(Z_i, Z_{i+1}) + d(Z_n, Z_1)} \qquad (6.16)$$

可以看出，适应度函数为恰好遍历 n 个城市后再回到初始城市的距离的倒数。适应度函数的值越大，个体越优秀，因此优化的目标是选择适应度尽可能大的染色体。

（4）选择操作

在进行选择操作时从上一代种群中以一定概率选择个体到新群体中，个体被选中的概率随着适应度来变化，个体适应度越大，被选中的概率越大。

（5）交叉操作

首先确定交叉操作的父代，将父代样本两两分组，每组重复以下过程（假定城市数为 8）：

① 产生两个 $[1, 8]$ 区间内的随机整数 n_1 和 n_2，以此来确定两个位置，对两位置的中间数据进行交叉，如 $n_1 = 3$，$n_2 = 6$

3	5	2	8	4	7	6	1
8	2	4	6	1	3	7	5

交叉为

3	5	4	6	1	7	*	*
*	*	2	8	4	3	7	5

② 进行交叉操作后，同一个个体中有重复的城市编号，不重复的数字保留，有冲突的数字（＊位置）采用部分映射的方法消除冲突，即利用中间段的对应关系进行映射。结果为

3	5	4	6	1	7	8	4
6	1	2	8	4	3	7	5

（6）变异操作

变异策略随机选取两个点，将其对换位置。产生两个 $[1, 10]$ 范围内的随机整数 r_1 和 r_2，确定两个位置，将其对换位置，如 $r_1 = 2$，$r_2 = 5$

3	5	4	6	1	7	8	4

变异后为

3	1	4	6	5	7	8	4

执行完以上操作后，会生成新的个体种群，再将这些新的个体进行下一代的遗传操作，直至满足算法终止条件为止。最后给出算法的最优解。

7　群智能算法及其应用

案例引入

　　Waze 是 Google 旗下专注于群智感知的地图导航应用，利用大量普通用户的移动设备来收集道路状况，通过移动群体智能感知和互联网协作，实现道路拥堵状况的实时监测。具体来讲，普通用户安装 Waze 的 APP，授权 APP 读取移动设备的 GPS、蜂窝网络和 Wi-Fi 接口的数据，Waze 的云服务器收集并存储大量不同区域用户的感知数据，最后通过数据处理和分析得到有用的信息，为汽车驾驶员提供更好的行车路线。Waze 拥有庞大的社区群体，社区的用户帮助 Waze 编辑地图和添加一些细节信息，如特定加油站的汽油价格，或驾驶员在何处应留心超速监视区和避免发生交通事故。

学习意义

　　目前，社会上的移动终端有着很高的普及率，并且拥有着剩余的计算资源，如何将闲置的计算资源利用起来，和用户的时空属性结合，来完成特定的大区域感知任务成为了一个研究难题。群智能算法的框架可以帮助了解如何利用群体智慧高效地解决特定任务，通过学习群体任务分配思想提高感知数据收益成本比。

学习目标

- 熟悉群智感知框架中的信息流程；
- 熟悉经典群智感知算法模型和思想。

7.1　群智感知的研究内容

　　按照感知对象的类型和规模，以人为中心的感知应用可以分为两类：个体感知和社群感知，个体感知的目标对象是个人的运动模式和交通模式，而社群感知则是利用社会群体完成个体难实现的大规模感知任务。近年来，大多数学者将社群感知称为"群智感知"（crowd

122

sensing)。群智感知的物理基础是智能移动设备的普及和物联网的发展，市场上的智能手机、平板电脑、车载感知设备等终端集成了多种类型的传感器，利用这些便携式设备组成的感知网络，可以随时地对人类活动的区域进行感知，获取人群所处物理环境、个人行为、车辆状态等信息，从而满足物联网的需求。

如图 7.1 所示，一个典型的群智感知网络由应用层、网络层和感知层组合而成。群智感知中主要包含三种角色，即服务器平台、数据需求者和任务参与者。完整的群智感知任务流程一般是先由数据需求者向服务器平台提出服务请求，平台根据请求设计一个或多个感知任务并将任务分配给任务参与者，参与者接收到任务后，执行特定的动作感知数据并上传至平台，平台接收感知数据进行汇总处理，最后将分析结果返回给数据需求者。

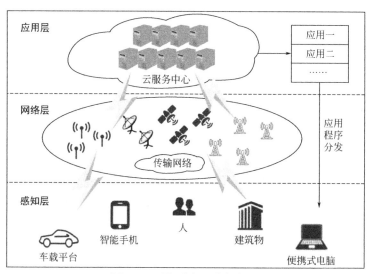

图 7.1 群智感知网络架构图

群智感知通常分为"参与感知"和"机会感知"两种方式，参与感知需要用户以主动的方式决定在什么时间、什么地点以及使用哪种传感器来感知什么内容，如使用手机进行拍照；而机会感知通常是用户在无意识状态进行感知，不需要用户的主动操作，如使用 GPS 自动提供连续的位置信息。

作为一种新的计算和感知模式，群智感知网络在基础理论、实现技术、实际应用等层面都面临着许多传统传感器网络不曾遇到的问题。目前，对群智感知网络的研究主要包括以下几个方面：

① 群智感知数据的前端处理；

② 群智感知网络服务质量；

③ 群智感知数据的机会传输；

④ 群智感知数据的智能处理；

⑤ 群智感知网络资源优化；

⑥ 群智感知网络激励机制；

⑦ 群智感知网络的安全与隐私保护；

⑧ 群智感知网络共性平台。

7.1.1 众包思想

群智感知是一种新的数据感知模式，其主要来源于众包（crowdsourcing）思想，众包是指"一种把过去由专职员工执行的工作任务通过公开的平台，以自愿的形式外包给非特定的解决方案提供者群体来完成的分布式问题求解模式"。近年来全国流行的各类实时专车类服务平台，例如滴滴出行、Uber 等，均采用众包方式提供服务。群智感知的核心思想和众包思想一致，将感知任务参与者的移动设备作为基本感知单元，通过移动互联网进行有意识或无意识的任务分发与感知数据收集，完成大规模的、复杂的社会感知任务。随着智能移动设备（如智能手机）计算能力的增强、电池容量的提高、附带传感器种类的丰富和数据传输速度的提升，群智感知应用从基于纯文本的应用转向基于声音、图像等的多模态应用，数据采集方式也发展为参与式感知。

7.1.2 社交活动感知

人的社会活动多种多样，包括独处、开会、工作中、打电话、看电视等，使用感知终端对这些社会活动进行感知可以有效地提高个人生活质量。Nath 设计了一个情境感知引擎，通过智能手机的加速度传感器、GPS、Wi-Fi、麦克风等来采集感知数据实现社会活动感知。具体做法可以是设置一个 10s 的窗口，对于这段时间内采集到的数据与事先根据已有知识建立的数据字典进行匹配，从而得出判断。该数据字典记录了不同的活动空间，以及与其相对应的加速度值、GPS 值、Wi-Fi 信号等信息。当判断一个用户是否在市内时，可以借助 GPS 和 Wi-Fi 信号，如果无法获得用户的 GPS 信号，但在数据字典中可以找到其 Wi-Fi 访问结点名，便可以判断这个人正处在室内。此外，可以通过周围环境的声音信号强度、频率和 Wi-Fi 等信息，来判断用户是否在开会。在采集到各类数据之后，可以将其以特定的形式进行表示，然后使用 Apriori 算法来挖掘各种属性之间的关联规则，以方便对用户之后的社会行动进行预测。

7.1.3 周围环境感知

典型的周围环境感知包括城市道路监测和环境质量监测等。Eriksson 等人设计了一个可以检测路面坑洼状况的系统"Pothole Patrol（P2）"。该系统在汽车上安装加速度传感器和 GPS 设备，以 380 次/秒的频率采集 3 个方向轴上的加速度数据，以 1 次/秒的频率采集 GPS 位置数据。然后，车载信号处理软件通过分析水平 X 轴和垂直 Z 轴的加速度以及车辆行驶速度，生成一个高概率的坑洼检测结果序列，并将该序列通过无线网络发送给后台服务器。而服务器维护一个由多个车辆检测结果构成的数据库，通过联合这些数据，采用机器学习的方法判断道路异常情况。该系统已经部署在美国波士顿的 7 辆出租车上，实际检测结果经过人工审查后，发现所检测到的道路坑洼状况超过 90% 都确实需要修补。Mohan 等人考虑了一个类似的道路和交通状况检测问题，所不同的是，他们主要关注欠发达地区，这些地区的交通状况更加复杂，可能由多种原因造成，既有坑洼的道路，也有大量刹车、鸣笛等导致的交通混乱，还有类型混杂的车辆。为此，Mohan 等人设计了一个称为"Nericell"的系统，利用用户开车时所携带的智能手机来采集感知数据，包括使用加速度传感器检测颠簸和刹车状态，使用麦克风检测汽车鸣笛声，并将数据通过无线网络传输给服务器，最终实现各种道路状况的检测和定位。Rana 等人则设计了一个称为"Ear-Phone"的噪声检测系统，通过智能手机的麦克风采集周围噪声数据，并分析其噪声级别，然后将其发送到服务器，服务器将各个地点的噪声等级与 GPS 数据结合，并且利用压缩感知的方法恢复采集数据区域的噪声等级，从而绘制出整个城市的噪声服务地图。

7.2　群智任务感知质量

随着智能终端的普及以及群智感知低成本、高便利性和快速执行的优点，群智感知在学术界中的地位日益突出，但是由于群体感知收集的数据质量参差不齐，并且难以评估质量标准，如何保障感知数据质量的可靠性成为了学者们关注的问题。

群智感知的感知质量主要体现在时空覆盖率和感知数据可靠性两方面，群智感知利用的是群体的智慧，正如"三个臭皮匠，赛过诸葛亮"所说，只有当群体覆盖范围达到一定程度时，群智感知得到的结果才具有科学性和普适性。群体中的每一个个体的感知能力大同小异，在不掌握现实世界真实数据的情况下，很难判断参与者所上传的感知数据是否可靠。由于群智感知是利用参与者的移动性来扩大群体感知范围的，因此感知任务的时空覆盖率与人类的移动模式关联度很大，而人类的移动模式往往具有随机性和一定的规律，在这种复杂的移动模式下，很难对时空覆盖率进行计算评估。同时因为人群的分布一般是不规律的，所以很大的概率会存在部分盲区是无法被感知到的。另外，参与者感知数据的可靠性受很多因素的影响，主要来自感知设备类型、采集数据环境与方式、用户主观认知能力与参与态度等。当前关于感知数据可靠性的研究较少，其中一个研究是对于二进制任务数据结果进行度量。即针对感知任务，参与者只有 0 和 1 两种数据可以上报，0 和 1 代表指定事件是否发生，一旦事件发生的用户数目大于某个特定阈值时，才能真正确定该事件的发生。然而很多群智感知应用要比二进制任务复杂得多，同时群智感知网络中还会出现恶意用户上传错误数据来攻击平台的情况，为了解决类似问题，目前的方案是建立信誉系统评估用户历史感知数据的可信性。

7.2.1　机会覆盖率

覆盖率与感知任务参与者的个数和分布密切相关，也是衡量群智感知网络服务质量的一个重要性能指标。在传统的固定部署的传感器网络中，通常需要使监测区域内的每个点总是被至少一个传感器覆盖，所以传统的传感网络中的覆盖率不会随着时间而改变。而群智感知中的覆盖率与人移动的机会性密切相关，定义群智感知网络中的覆盖为"机会覆盖"。

考虑到感知覆盖的时空变化性，使用"覆盖间隔时间"作为度量指标，即在时间维度上将时间段 T 划分为多个同等大小的采样周期 T_s，同时在空间维度上将目标感知区域划分为多个同等大小的网格单元，单元大小代表空间感知粒度。每当处于一个新的采样周期，网格单元内出现了参与者，则称网格单元被覆盖一次。"覆盖间隔时间"定义为每个网格单元被连续覆盖两次的间隔时间，即可以用来描述每个网格单元被覆盖的机会。覆盖间隔时间直接反映了覆盖质量，即覆盖时间越短，则网格单元中的覆盖质量越好。网格单元 g_i 在 n 个结点的条件下的覆盖间隔时间分布如下

$$F_i(\tau,n)=P\{T_1\leqslant\tau\,|\,g=g_i,N=n\} \tag{7.1}$$

式中，τ 为设定的时间间隔；T_1 表示覆盖间隔时间。直观上来说，当网格单元面积越大或结点的个数越多时，覆盖间隔时间就会越小。

为了描述整个目标感知区域的覆盖质量与结点个数之间的关系，使用"机会覆盖率"，即在时间间隔 τ 内被机会覆盖的网格单元占所有网格单元的比例的期望值，公式如下

$$f_I(\tau) = \frac{\sum_{i=1}^{m} F_i(\tau, n)}{m} \tag{7.2}$$

从上述公式可以看出，机会覆盖率与结点个数和时间间隔呈单调递增的关系。

7.2.2　数据质量可靠性

各种主观或客观的原因，都会造成感知数据质量的参差不齐。其主要原因包括：

① 参与者的感知设备型号不同，高端移动设备所配置的传感器一般要比低端移动设备的传感器精度高。

② 参与者采集数据时的场景和方式不同，当进行环境监测时，感知设备直接暴露在空气中的误差明显低于设备放置在类似口袋或背包的容器中时小很多。

③ 参与者的参与目的。当参与者严格按照规定收集数据时数据质量较高，而参与者散漫地完成感知任务则会降低准确度，甚至存在参与者恶意上传伪造的数据对平台造成攻击。

针对上述三种原因，目前有几种典型的感知数据的质量度量和保障方法。对二进制任务，结果只有两种，例如事件检测，它只判断某种事件是否发生。最简单的方法是投票，即当判定事件发生的用户数量超过特定阈值的时候，才最终确定事件发生。对多类别任务，结果多于两种。例如，用户对某个事物的评价可以打 1～5 的某个分值。投票法虽然也可以用来度量结果的不确定性，但还不够准确。最大期望法是一种常用的更准确的方法，它采用迭代的方式工作，即首先根据用户的感知数据来估计用户的可靠性，然后根据用户的可靠性来估计最终的任务结果，并不断重复上述过程。对区域环境现象的连续监测属于连续信号型任务，通过计算某个用户提交的历史数据与所有用户数据的平均值之间的累计误差作为该用户的感知数据质量指标。

当面对恶意用户的攻击时，一般有两类方法解决感知数据可靠性问题，即增添可信平台模块和信誉系统。可信平台模块是在用户的感知设备中设置专门的硬件模块，保证用户感知和上传到感知平台的数据都是真实的。信誉系统是评估和记录用户的历史感知数据的可靠性，并将其应用在未来的系统交互过程中，对于信誉度低的用户感知数据采用的可能性也比较低，同时也会采用相应的激励或惩罚措施。

7.3　群智感知网络数据传输

目前，移动群智感知应用大多采用基于基础设施的传输模式，即用户通过移动蜂窝网络或 Wi-Fi 接入点与互联网进行连接来上报感知数据。然而，这种传输模式不适用于网络覆盖差或缺少通信基础设施（如在台风、地震等灾难发生时通信基站遭到严重破坏）的场景，而且会消耗用户的数据流量，并对移动蜂窝网络造成压力。为了减少对通信基础设施的依赖和降低通信开销，移动用户之间可以采用一种"弱"连接的方式，依靠移动结点之间的相互接触，采用"存储-携带-转发"的机会传输模式在间歇性连通的网络环境中传输感知数据，这种传输方法在移动机会网络或延迟容忍网络中得到了广泛的关注和研究。然而，现有的移动机会网络中的大部分路由算法并不是专门针对移动群智感知网络中数据手机而设计的，因而

常常缺乏对特定应用的感知质量需求、感知数据的特点、网络构成方式等方面的考虑。

7.3.1　信息扩散模型

对移动机会网络的信息扩散过程进行建模，是对路由算法进行性能评价的理论基础，同时也是设计信息辅助型路由策略的重要参考准则。传染路由算法作为一种代表性的机会路由算法，由于其信息的扩散过程与现实生活中的传染病在人群中的传播过程非常类似，近年来引起了大量的关注。以传染路由算法为基础，研究信息在移动机会网络中的扩散规律，进而研究信息的传播延时、投递率与参与转发的结点个数之间的关系，具有重要的理论意义和实际应用价值。然而，传统的针对传染路由算法的建模方法，利用结点的接触率表示结点的传染能力，忽视了结点分布的时空相关性对结点传染能力的影响，不能准确刻画信息在网络中的动态扩散过程。相比之下，基于结点时空相关性的信息扩散模型通过对结点传染能力的合理抽象，给出了移动机会网络中信息扩散规律的更准确的表达方式。

下面使用常微分方程法介绍经典的基于传染病机理的信息扩散模型。假定网络中有 N 个结点按照某种随机移动模型进行移动，成对结点之间的接触速率用 β 表示。我们以单个数据包在网络中的扩散情况为例进行分析。在初始状态，假定只有源结点携带该数据包，当源结点遇到其他结点时，将该数据包的一个备份转发给相遇结点，相遇结点采用同样的方式进行扩散，直到网络中所有结点都携带该数据包。如果一个结点已经接收到一个数据备份，则称结点处于"传染"状态，将该结点称为"感染者"。如果一个结点还没接收到一个数据备份，但是有可能接收到其他结点的数据备份，则称结点处于"可传染"的状态，将该结点称为"易感者"。为了方便地表示数据包的扩散过程，分别使用 $I(t)$ 和 $S(t)$ 表示 t 时刻感染者和易感者的数目，其中 $S(t)=N-I(t)$。显然，$I(t)$ 表达的是感染者个数随时间的变化规律，也就表明了信息扩散的速度。为了推导 $I(t)$ 的表达式，首先定义"传染率"来刻画每个感染者的信息扩散能力。

对于任意的一个感染者 i，它的传染率 f_i 表示单位时间内结点 i 遇到的易感者的个数。在一个时间间隔 $[t，t+\Delta t]$ 内，任意一个感染者可以遇到 $\beta(N-1)\Delta t$ 个结点，其中易感者所占的比例为 $S(t)/(N-1)$。由传染率的定义可知，结点 i 的传染率为

$$f_i=\beta(N-1)\frac{S}{N-1}=\beta S \tag{7.3}$$

假定每个结点具有相同的传染率，则感染者的平均传染率 R 可以表示为

$$R=\frac{1}{I}\sum_{i=1}^{I}f_i=\beta S \tag{7.4}$$

在时间间隔 $[t，t+\Delta t]$ 内新增的感染者的个数可以表示为

$$I(t+\Delta t)-I(t)=\beta SI\Delta t \tag{7.5}$$

则 $I(t)$ 的变化率可以表示为

$$I'(t)=\beta SI \tag{7.6}$$

结合初始条 $I(0)=1$ 和 $S(t)=N-I(t)$，可以得到如下的信息扩散速度表达式

$$I(t)=\frac{N}{1+(N-1)\mathrm{e}^{-\beta Nt}} \tag{7.7}$$

根据现有文献结论，数据包的首个备份被目的结点收到时的延时分布函数可以表示为

$$P(t)=1-\frac{N}{(N-1)+\mathrm{e}^{\beta Nt}} \tag{7.8}$$

数据传输的平均延时 $E(t_{\mathrm{d}})$ 可以表示为

$$E(t_{\mathrm{d}}) = \int_0^\infty [1 - P(t)]\mathrm{d}t = \frac{\ln N}{\beta(N-1)} \tag{7.9}$$

7.3.2 机会数据收集

实际上，移动群智感知网络中的机会数据收集模式与延迟容忍移动传感网的数据收集模式最为相似。一方面，它们都采用"存储—携带—转发"的机会转发方法进行数据传输；另一方面，它们都是面向数据收集应用，都要考虑与之密切相关的一些要素，包括特定应用的感知质量需求、感知数据的特点、网络构成方式等，而传统的机会转发方法主要关注的是用户个体感兴趣数据的共享和分发，因而并不关注这些要素。

(1) 特定应用的感知质量需求

不同类型的数据收集应用通常有不同的感知质量需求，这里简要介绍几个典型的相关工作，它们为了满足特定的感知质量需求设计了各种数据收集方法。其中，我们主要关注环境检测类应用，分别提出了协作机会感知方法和协作机会传输方法以节省能量和通信成本的方式满足指定覆盖质量需求。Zhang 和 Xiong 等人考虑了类似的覆盖质量需求，分别提出了参与者选择方法和能量有效的数据传输方法；Wu 等人考虑的是在灾难恢复场景或战场环境下，移动通信基础设施遭到破坏，需要采用机会转发的模式收集现场环境的各种图像，关注的是所采集的图像信息对现场环境的空间覆盖情况。

(2) 感知数据的特点

各种感知应用收集到的数据往往是对某种环境现象或者某种场景的描述，数据之间具有很强的内在关联性。例如，感知区域内的某个地点在某个时间的空气质量可以代表其周围一片区域在某个时间段的空气质量，所以只需要对一片区域的某个点周期性地采集数据，而不要求该区域的每个点在任意时间都要采集数据，这就体现了环境感知数据的时空相关性特点。传统的机会转发方法都没有考虑感知数据的时空相关性特点及其对网络传输性能的影响。为此，学者提出了将机会转发与数据融合相结合的方法，一方面是利用感知数据的时空相关性，另一方面则是考虑用户可能仅对感知数据的聚合结果感兴趣的应用需求。通过数据融合，可以有效地减少数据冗余和网络负载。在无线传感网的研究中，已经提出了许多支持数据融合的路由协议。

(3) 网络构成方式

传统的机会网络中的结点一般仅起到数据转发的作用，而在面向数据收集的移动群智感知网络中，可能会存在静态汇聚结点、动态汇聚结点、一般感知和传输结点等多种类型的结点来协同进行数据收集，将对数据传输的性能产生重要影响。图 7.2 给出了一个移动群智感知网络的机会数据收集过程的示意图，包含机会感知和机会传输两部分。其中 $P_1 \sim P_4$ 表示感知区域内 4 个需要提供周期性检测服务的兴趣点；$U_1 \sim U_5$ 是 5 个普通的移动结点，既能采集兴趣点所在感知范围内的感知数据，也能将感知数据转发给传输范围内的其他移动结点或汇聚结点；MS 是一个具备足够电池电量和数据流量配额的特殊移动结点，所以可以作为一个汇聚结点将数据通过蜂窝移动网络直接上传到服务器；SS 是一个静态的 Wi-Fi 接入点，所以也可以作为一个汇聚结点将数据通过 Wi-Fi 连接直接上传到服务器。需要注意的是，为了保留电池电量和节省数据流量费用，普通移动结点不能直接将数据上传到服务器，但是可以通过"存储—携带—转发"的机会转发模式将数据间接投递到服务器。现有研究初步分析

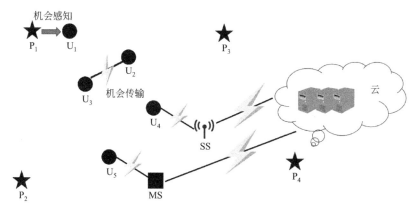

图 7.2　群智感知网络的机会数据收集过程

了感知延迟和传输延迟随着移动结点的个数、移动速度、感知半径和传输半径的变化规律，并且调查了汇聚结点的部署机制以及传输机制对传输延迟的影响，还提出了一个称为"数据收集延迟"的性能指标来联合考虑感知延迟和传输延迟，并分析了其在各种情况下的分布规律。

7.4　群智感知网络的激励机制

由于群智感知任务参与者的感知能力以及感知数据的质量水平参差不齐，很多群智感知应用都需要广泛的用户参与来确保感知任务的准确性和可靠性。然而，阻碍用户参与感知任务的主要原因是参与感知任务会消耗他们所携带的感知设备的电池、计算、存储、网络等各种资源，并且可能会带来隐私安全问题。受限于感知任务参与者数量不足和提供数据质量不高两大原因，群智感知的发展受到了严重的影响。针对这一问题，群智感知激励机制通过采用适当的激励方式，鼓励和刺激参与者参与到感知任务当中，并提供高质、可靠的感知数据。但是在不同的应用场景和不同的用户群体环境下，如何设计合理的激励机制对用户参与感知所付出的代价进行补偿变得复杂和困难。

群智感知激励机制的研究要权衡平台和参与者双方的利益问题。作为任务发布方的平台，其主要目的是在一定范围的支付代价下激励更多高质可靠的参与者，而对于完成任务的参与者，如何给予其合适的报酬以及保证其隐私信息是首要考虑的问题。激励机制的形式化表达如下

$$I:M \to \max\{U(S),U(P)\} \tag{7.10}$$

该模型表示群智感知激励机制（incentive），即通过某种激励方式（mechanism）使得服务器平台（server）和任务参与者（participants）的效用（utility）最大。

针对不同的情况，不同的激励方式具有不同的激励作用，一般来说，用户参与群智感知任务的动机有三种：

① 用户把参与移动群智感知任务本身当作一种娱乐活动，参与的过程是某种程度上的精神享受，与此同时能够顺便完成一些感知任务。

② 用户可以在当前感知任务平台上获取对应的自己需要的数据或知识，用户将收集到的感知数据上传至平台后，从平台获取等价的或者自身需求的部分数据，即用户通过为他人提供服务，也可以使自己获得相应的服务。

③ 用户通过参与移动群智感知任务可以直接获得类似货币形式的报酬。

相应地，移动群智感知网络中的激励机制可以分为如下三类：

① 娱乐激励。也称 Game 激励，这种激励机制通常将感知任务转化为基于位置的移动感知游戏，使用户在参与游戏的过程中自动地利用所携带的移动感知设备采集各种所需要的感知数据。设计这种机制的关键是要保证感知游戏有足够的趣味性。

② 服务激励。在这种激励中，参与者可以作为感知任务的贡献者，也可以是消费者，从另外一个角度来说，参与者提供服务并获得服务。例如，在道路上发送实时交通数据，将会获取当前路线上的交通信息。

③ 货币激励。这种激励机制直接给予参与感知任务的用户一定数额的货币或等同于货币的报酬（如礼品或者可以兑换礼品的积分）。

从回报方式上可以分为金钱式激励和非金钱式激励。金钱式激励主要是通过报酬支付来激励参与者参与，很明显，上述三种机制中货币激励属于金钱式激励，主要的金钱式激励方式是拍卖机制，即通过评估参与者对执行感知任务的报价，选择报价较低的参与者子集来完成感知任务。现有的研究指出，含有金钱激励方式的机制往往效果更好，同时也是最直接、目前主流的激励方式。Game 激励指将游戏策略引入到群智感知系统中，利用游戏的娱乐性和吸引性来激励用户完成感知任务。另外，这三种机制经常相互结合使用，例如很多感知游戏在给用户提供娱乐激励的同时，用户也可以通过游戏赚取积分，而积分也可以兑换礼品，这就同时给用户提供了货币激励。再比如在一些系统中将货币激励和服务激励相结合，用户通过参与感知任务为其他用户提供服务，同时从系统中获取自身需要的服务，但当用户不需要使用该系统时，则可以直接赚取积分用来兑换礼品或货。

考虑到服务激励机制在现实生活中应用场景较少，且不需要专业数学理论作为支撑，所以接下来主要介绍 Game 激励和货币激励。

7.4.1 Game 激励

Game 激励主要是利用游戏所带来的等级排名、任务积分以及其内在的趣味性等激励参与者完成任务，与货币激励相似，游戏激励同样会给参与者带来满足感，因而起到激励的作用。根据所收集的数据类型，可以将 Game 激励分为三类：地理位置数据收集游戏、网络基础设施数据收集游戏、地理知识数据收集游戏。不管采集哪种数据类型，数据过程通常是隐含的，用户只知道是在玩游戏，并不知道或不在意这背后隐藏的其他目的。

（1）地理位置数据收集游戏

地理位置数据通常是基于位置的移动游戏可以收集的基本数据，根据位置精度需求，可以使用 GPS、Wi-Fi、GSM 等不同的定位手段确定用户的位置信息。伴随着用户的移动轨迹，可以同时利用移动设备配置的传感器自动收集所需感知数据，例如收集某个区域的环境噪声构造噪声地图。

用于收集地理位置数据的游戏有复活节彩蛋游戏、CityPoker 游戏。设计这些游戏的一个基本原则是要激励用户尽可能频繁地移动，从而贡献大量的移动轨迹数据；另外要考虑的一个因素是要尽量平衡好游戏对玩家使用脑力推理和身体移动的需求，因为在参与过程中需要经常移动很长的距离，因此设计游戏时要减少用户之间不同速度的影响，否则在游戏中运动速度快的用户将在游戏中很快占据优势，使得游戏对速度慢的用户缺少吸引力。

(2) 网络基础设施收集游戏

收集各种无线网络基础设施的信号覆盖数据，构建 GSM、Wi-Fi 等无线信号覆盖地图对于无线网络运营商和使用这些无线网络的个体用户以及基于位置的服务企业都是非常有价值的。有了无线信号覆盖地图，无线网络运营商就可以有针对性地改善网络部署状况，普通用户就知道哪个地方上网比较方便。

文献为收集区域内的 Wi-Fi 覆盖数据设计了基于位置的宠物喂养游戏 Feeding Yoshi。游戏首先把要收集信息的区域虚拟化为相应的游戏区域，并把相应位置上开放的 Wi-Fi 热点虚拟化为水果，关闭的 Wi-Fi 热点虚拟化为宠物，在游戏中设置不同的宠物喜欢的 5 个水果。玩家通过游戏界面的提示信息移动到水果的位置才能采摘水果。当想要把水果喂给宠物时需要移动到宠物所在的位置，然后把宠物喜欢吃的水果喂给它，从而得到相应的游戏积分。如果玩家喂给宠物的水果不是宠物所需要的水果，则不能得到积分。整个游戏过程中，用户参与到游戏需要的位置移动中，系统在用户移动位置的过程中可以获取更多的这一区域的网络覆盖相关数据。

(3) 地理知识数据收集游戏

地理知识数据是指用户为了某个地理位置收集的相关服务信息集合，例如地图上的兴趣点类型、餐馆评分、博物馆开放时间等。

文献设计了一个用照片或文字为地理位置贴标签的游戏 EyeSpy。在该游戏中，用户有两种参与方式：一种是针对某个地理位置拍摄照片为其添加文字标注，然后分享给其他用户；另一种是用户根据其他用户分享的数据到达其拍照的位置，并确认照片的信息。确认照片的用户和共享照片的用户都能得到相应的积分。在整个游戏的过程中会产生地理位置相关的照片和地理位置的标注。用户在参与过程中为了能得到更多的积分需要拍摄更容易被其他用户识别确认的照片和更加符合照片的标注，以使自己照片拍摄的位置能更容易被用户识别和找到。整个游戏的过程类似于用照片共享和确认构建的社交网络，用户之间通过照片的共享和确认建立联系，鼓励用户的参与。EyeSpy 游戏产生的数据可以辅助用户定位和导航。

7.4.2 货币激励

相比 Game 激励和服务激励，货币激励更直接地考虑移动群智感知平台（以下简称"平台"）与参与用户的金钱利益关系。根据货币激励侧重点的不同，货币激励可以分为以服务器为中心的方式和以参与者为中心的方式，两种方式都是用支付的方式回报参与者的感知数据。以服务器为中心的方式需要提前得知所有参与者的信息，即参与者的报价甚至数据质量，然后平台从中选择性价比高的用户完成任务并支付相应的报酬。以参与者为中心的模式下，需要由平台提前标明感知任务的总报酬，然后参与者根据自身情况决定是否参加。为了得到最大化的利益，两种模式下都会采用博弈论的方法来支付回报。首先是最基本的拍卖模型，在拍卖模型中，每一个参与者都有一个真实估价 v_i 和平台报价 b_i，且满足 $b_i \geqslant v_i$。当平台已经知晓所有参与者的报价信息时，选择报价最低的一部分参与者来完成感知任务，这样可以减小支付代价。在竞价中，参与者为了能获得报酬便会将自身报价降低一定比例，这无疑减少了平台的开销。

目前货币激励大多数基于博弈论方法和拍卖机制，在不同的复杂的应用场景下，还会使用逆向拍卖、组合拍卖、多属性拍卖、双向拍卖、VCG 拍卖和斯塔柯尔伯格博弈的激励方式。

(1) 逆向拍卖

逆向拍卖也称为反向拍卖、出价或招标系统，有别于传统的正向拍卖的一卖方多买方形式，逆向拍卖指一种存在一位买方和许多潜在卖方的拍卖形式。在逆向拍卖中，卖方会提供商品以供出价，潜在卖方持续喊出更低的价格，直到不再有卖方喊出更低价为止。适用于易失性物品的拍卖，例如飞机票、球赛门票等有时效性又怕卖不出去者。对应到群智感知系统中，感知任务发布平台是买方，参与者是卖方，当参与者已经获得了感知数据，便可对希望获得的报酬进行报价，感知平台选出报价最低的一组参与者作为赢家并支付报酬。若 $B = \{b_1, b_2, \cdots, b_n\}$ 是参与者的报价集合，那么 $B_w = \{b_{w1}, b_{w2}, \cdots, b_{wm}\} \subseteq B$ 并且 $\max(B_w) \leqslant \min(B - B_w)$ 是中标者的报价集合。逆向拍卖激励方式是一个子集选择问题，即感知平台在最大化效益的同时选择支付代价最小的参与者子集。正向拍卖和逆向拍卖见图 7.3。

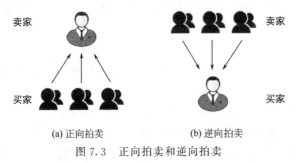

(a) 正向拍卖　　(b) 逆向拍卖

图 7.3　正向拍卖和逆向拍卖

逆向拍卖在货币激励中是常用的支付方式，采用逆向拍卖模型可以实现高质量数据反馈的激励机制。逆向拍卖主要适用于时效性商品的拍卖，因为过了当前时间阶段，商品将不再被买家所需要，所以可以获得比固定价格更多的期望利润。因此，在群智感知激励机制中，逆向拍卖所采用的买方动态竞标任务可以快速地解决感知任务价格问题。

(2) 组合拍卖

在群智感知任务中，平台往往不会发布单一任务，参与者可以按需自由选择多个任务进行组合参与，即在拍卖场景中，竞标者可以对多种商品组合进行竞价拍卖。与传统的拍卖方式相比，组合拍卖在分配多种商品时效率更高。组合拍卖是一种一对多的逆向拍卖模型，竞标者可以参与完成多个感知任务。

现有的研究中，存在群智感知应用基于组合拍卖模型设计群智感知激励机制，其中参与用户可以根据所在位置和感知范围来对多个感知任务进行竞标，感知平台最后根据汇总的参与用户竞标情况来进行任务分配和支付报酬。

(3) 多属性拍卖

多属性拍卖，也称多维拍卖，是指除了考虑拍卖双方的价格属性，还考虑诸如拍卖双方信用、拍卖品质量、付款期限、交货期限等其他属性，拍卖双方的非价格属性将会对拍卖结果产生重要的影响。对应在群智感知场景中，感知平台进行任务分配不仅需要考虑参与者报价的这个单一属性，还需要综合考虑数据质量、参与时间等其他因素。多属性拍卖相当于卖方和买房在多维属性上进行多重谈判的一种拍卖方式，多属性拍卖也是逆向拍卖的一种。

现有的多属性拍卖群智感知激励机制中会将参与率和感知数据质量纳入考虑范围，使用这种拍卖模式，感知平台可以通过拍卖过程提高数据质量，而参与者也可以通过拍卖结果来提高自身素质，从而提高竞标价格。多属性拍卖的效用函数表示如下

$$S(x) = \sum_{i=1}^{n} w_i S(x_i) \text{ 和 } \sum_{i=1}^{n} w_i = 1 \tag{7.11}$$

式中，w_i 是各属性权值；$S(x_i)$ 是各属性的效用函数。竞标成功者即多属性效应最大

的参与者的形式化表达如下

$$\max[S(x_j)] \qquad (1 \leqslant j \leqslant m) \qquad (7.12)$$

现实群智感知应用表明，组合拍卖机制相对于单一属性的逆向拍卖机制，能够获得更高的实际作用。

（4）双向拍卖

双向拍卖指只要一方中有人接受另一方的报价，两者便可以达成交易，每一次交易一个商品，然后再开始新一轮的报价，可以有多个交易期，往往最终的交易价格都介于初始出价和初始要价之间。在群智感知中，除了上述三种拍卖方法采用的买卖双方一对一、一对多的支付方式以外，还可能是多对多的方式。双向拍卖在群智感知中表现为感知平台持续地进行多轮拍卖，每轮拍卖将在参与用户之间选择 m 个购买其感知数据。

基于逆向拍卖的结合虚拟参与积分的动态价格机制（RADP-VPC），一方面选取出价较低的用户作为赢家支付报酬从而降低平台开销，另一方面引入虚拟参与积分的概念，避免在竞标中屡次失败的用户退出之后的竞标，从而维持一定的参与数量。在第 r 轮拍卖中，参与用户 i 的报价为 b_i^r，不低于他的真实成本 c_i，而他的效用函数可以表示为

$$u_i(b_i^r) = [h_i(b_i^r) - c_i]g_i(b_i^r) \qquad (7.13)$$

式中，$h_i(b_i^r)$ 和 $g_i(b_i^r)$ 分别表示如果用户 i 能够在竞标中获胜则可以获得的报酬和它可以获胜的概率。双向拍卖运行到一定轮数时，失败的用户逐渐退出，而获胜的用户逐渐提高报价，随之会带来激励成本激增问题。引入虚拟参与积分策略可以避免该问题，具体来说，如果用户 i 在第 r 轮中竞标失败，但仍然参加了第 $r+1$ 轮的竞标，他将获得一个虚拟积分 v_i^{r+1} 作为补偿，该虚拟积分会提高用户在下一轮竞标中获胜的概率，因为平台在下一轮中会计算出他的虚拟报价 $b_i^{r*} = b_i^r - v_i^r$ 来据此选择赢家。

（5）VCG 拍卖

VCG 拍卖模型是指对每个竞标者的报酬按照该竞标者的加入而对其他竞标者造成的损害值来确定。典型的 VCG 拍卖包括分配规则（即赢标者选择规则）和支付规则两部分。现有的使用 VCG 拍卖模型设计的群智感知激励机制引入了更新规则，分配规则在每个时间段内按最大化社会福利的目标来选择赢标者；支付规则按每个赢标者对其他参与者造成的损害值来确定支付报酬；更新规则根据用户的可信度来调整更新分配规则。

7.5 群智感知的应用场景

众人拾柴火焰高，对于当前互联网和物联网高速发展的社会来说，群智感知是群体智慧在信息时代的表现方式。无线网络和大量的便携式的移动感知设备是群智感知的基础，利用群体之间的相互协作，实现感知任务的分发与感知数据的收集，完成大规模的、复杂的感知任务。作为新兴的感知模式，群智感知受到了学术界和工业界的广泛关注，其相关应用不断地涌现出来，目前阶段的群智感知应用涉及位置服务、智能交通、环境监测、城市规划、公共安全和医疗保健等诸多领域。

7.5.1 环境监测和灾害防控

利用群智感知的分布性和移动性，可以有效地完成对城市范围内的实时环境监测。在城市空气质量监测方面，美国加州大学伯克利分校的 Wesley Willer、Paul Aoki 和 Neil Kumar 等人开发了一个称为 Common Sense 的系统，旨在服务市民，对空气质量进行监测。其使用可以进行网络通信的手持空气质量传感器或车载感知设备收集空气污染数据（如一氧化碳、氮氧化物），分析和可视化后通过 Web 发布。IBM 发布了能在 iPhone 上运行的 Creek Watch 应用，该应用通过激励参与者在路过河流的时候花费几秒钟的时间搜集水质数据，包括流量、流速和垃圾数量，参与者将水质数据上传至服务器汇总公布。不仅是气体或水体，噪声污染也是现代城市的环境问题之一，NoiseTube 是一个噪声收集平台，参与者将时空信息和噪声等级反馈给服务器平台，平台利用大量的数据可以轻松地绘制出城市噪声地图。

Tomnod 是多国政府发布的线上群智感知项目，Tomond 展示大量的卫星地图，参与者们可以在线标记卫星图上的点。在自然灾害管理和救灾场景中，Smart Eye 允许参与者通过感知平台传送自然灾害现场数据（例如一些图片、视频），其采用了删除冗余数据的方法，通过减少数据传输量以获得更快的救灾响应速度。

7.5.2　公共设施和安全

群智感知在公共设施方面的应用主要体现在道路状况的监测（如道路坑洼、噪声）、交通拥堵情况的监测、寻找停车位等方面。合理地在公共设施上使用群智感知，可以帮助城市管理者更直接地了解社区和城市基础设施情况，更好地对城市进行管理。

由美国罗杰斯大学开发的 ParkNet 系统使用 GPS 和安装在右侧车门的超声波传感器监测空停车位，并共享检测结果。配备传感器的车辆对道路一侧的停车位进行识别和探测，将传感器数据传输到服务器进行处理和聚合，ParkNet 服务器通过对多个车辆的感知数据结合，可以有效地统计区域内停车数量以及停车位使用分布。

vCity map 利用群智感知将城市环境信息在两个维度上进行可视化，第一是参与者收集不同位置的声音以对城市指定区域的噪声分布进行感知，第二是在车载平台上装备重力感应传感器，当参与者行驶在道路上时，如果产生了纵向的加速度，那么一定概率上可以认为路面凹凸不平，从而绘制道路情况地图，市政部门根据道路情况地图对有坑洼道路及时修复解决。

城市安全问题一直都是管理者高度关注的问题。iSafe 提供了一个基于地理位置信息的手机快照平台，参与者上传照片和对应的位置信息后，iSafe 后台将绘制城市安全地图。同时，iSafe 也研究了位置相关的社交网络活跃度与犯罪等级之间的关系。

7.5.3　移动设备视频众包

如今，用户经常会将一些视频片段上传到 YouTube、抖音等视频分享网站上。这些视频或是记录了拍摄者的某些个人生活（如第一人称视角记录的运动视频），或是记录了他们所希望分享的特殊时刻。这样的视频内容中含有很多对个人有价值的信息，因此能够激发用户自己花费时间和精力来进行编辑、选择和标记。这些分享的内容更多的价值还在于其可能为他人带来巨大的帮助。

Mahadev Satyanarayanan 等人提出了一个用来连续收集由类似于谷歌眼镜这样的设备所拍摄的视频众包系统。该系统对上传者所拍摄的第一人称视角的视频进行收集、分类和存取，对这些丰富的资料进行自动标记，并在这些数据的任意子集上进行基于内容的深度搜索。这样的一个可扩展视频可以应用在现实生活中的很多方面，例如：

①　众包视频可以暴露出危险的交叉路口以及事故可能发生地段，以提醒相关部门尽早安装交通灯或者及时采取行动以避免悲剧的发生。

②　使用众包视频来帮助寻找丢失的儿童。利用儿童丢失前曾出现的某个地区的相关众包视频，帮助搜索者迅速确定搜索范围。

③　以第一人称视角记录的众包视频可以为市场和广告领域难以回答的问题提供可观测的数据。例如，哪种广告牌会更吸引人的注意？店铺门面的展示吸引到顾客注意力的成功率有多高？

研究者将众包视频定义为拍摄者的"著作内容"，用户对所拍摄的内容拥有著作权。系统的服务提供方（类似图书出版商）将这些众包视频货币化，并与视频提供者分享收入，视频提供者可以由其拍摄和分享的视频为他人带来的价值而获得经济收入。

8　人工神经网络及其应用

 案例引入

　　手机的前置摄像头通过识别面部，来自动辨识面前的这个人是不是本人。这个过程是如何发生的呢？手机的前置摄像头通过一系列的面部动态视频，与预先存储在手机内部的面部信息进行比对。这个比对的过程就是通过一个深度神经网络，自动判断当前的人脸是否为预设的人脸的过程。这其中的神经网络是如何工作的呢？

 学习意义

　　人工神经网络是人工智能中一个十分重要的领域。因为人工神经网络代表了一种基本的人工智能研究途径——连接主义途径。目前对人工神经网络基础理论的研究还不够成熟，处于正在深入的阶段。现在在物理结构上能够实现的人工神经网络系统与真实的生物神经系统相比，还不够复杂，功能也不够完善。但是，人工神经网络已经在实践应用中显示出了强大的作用和威力，已经成为科学家以及工程师们探索现实世界与人脑神经网络的重要工具。

 学习目标

- 熟悉并理解人工神经网络的相关概念；
- 掌握各种神经网络的结构、特点与网络训练方法。

8.1　神经网络的发展简史

　　现代神经网络开始于麦克洛奇（W. S. McCulloch）和皮兹（W. Pitts）的工作。1943年，麦克洛奇和皮兹结合了神经生理学和数理逻辑的研究，提出了 MP 神经网络模型。他们的神经元模型假定遵循一种"有或无"（all or none）规则。如果神经元数目足够多，通过适当设置连接权值并且同步操作，麦克洛奇和皮兹证明这样构成的网络原则上可以计算任何可计算的函数。这是一个有重大意义的结果，它标志着神经网络的诞生。

1949 年，赫布（D. O. Hebb）出版的《行为组织学》第一次清楚地说明了突触修正的生理学习规则。特别是赫布提出了大脑的连接是随着生物学不同功能任务而连续变化的，神经组织就是由这种变化创建起来的。赫布继承了拉莫尼（Ramony）和卡贾尔（Cajal）早期的假设，并引入了自己的假说：两个神经元之间的可变突触被突触两端神经元的重复激活加强了。

1982 年，霍普菲尔德（J. Hopfield）用能量函数的思想形成了一种了解具有对称连接的递归网络所执行计算的新算法。这类具有反馈的特殊神经网络在 20 世纪 80 年代引起了大量的关注，产生了著名的 Hopfield 网络。尽管 Hopfield 网络并不是真正的神经生物系统模型，然而它们包含的原理，即在动态的稳定网络中存储信息的原理是极其深刻的。

20 世纪 80 年代末期提出的 BP 算法可以让人工神经网络模型从大量训练样本中学习统计规律，从而对未知事件做出预测。这种基于统计的机器学习方法相比过去基于人工规则的系统，在许多领域显示出了其优越性。

继 BP 算法提出之后，20 世纪 90 年代，支持向量机等各种各样的机器学习方法相继被提出。这些模型的结构可以看作带有一层隐层结点或没有隐层结点，所以又被称作浅层学习（shallow learning，SL）方法。由于神经网络理论分析的难度大，训练方法需要许多经验和技巧，在有限样本和有限计算单元情况下对复杂函数的表示能力有限，所以针对复杂分类问题的泛化能力受到了一定的限制。

2006 年，加拿大多伦多大学教授 Geoffrey Hinton 和他的学生 Ruslan Salakhutdinov 提出深度学习（deep learning，DL），掀起了深度学习的浪潮。深度学习通过无监督学习实现"逐层初始化"，有效克服了深度神经网络在训练上的难度。特别是传统的机器学习技术在处理未加工过的数据时，需要设计一个特征提取器，把原始数据（例如图像的像素值）转换成一个适当的内部特征表示或特征向量。深度学习是一种特征学习方法，能够把原始数据转变为更高层次、更加抽象的表达。深度学习的实质是通过构建具有很多隐层的机器学习模型和海量的训练数据来学习更有用的特征，从而提升分类或预测的准确性。

8.2　人工神经网络的研究内容与特点

8.2.1　人工神经网络的研究内容

人工神经网络的研究工作主要包括以下几点：

(1) 人工神经网络模型的研究

人工神经网络模型的研究包括：神经网络原型研究，即大脑神经网络的生理结构、思维机制；对神经元生物特性的人工模拟；神经网络计算模型与学习算法；利用物理学的方法进行单元间相互作用理论的研究（如联想记忆模型等）。

(2) 神经网络基本理论研究

神经网络基本理论研究包括：神经网络非线性特性理论的研究（如自组织性、自适应性等）；神经网络基本性能的定量分析方法（如稳定性、收敛性、容错性、鲁棒性、动力学复杂性等）；神经网络计算能力与信息存储容量理论的研究，以及结合认知科学的研究，探索包括感知、思考、记忆和语言等的脑信息处理模型。

(3) 神经网络智能信息处理系统的应用

在认知与人工智能方面，包括模式识别、计算机视觉与听觉、特征提取、语音识别、语言翻译、联想记忆、逻辑推理、知识工程、专家系统、故障诊断与智能机器人等。在优化与控制方面，包括优化求解、决策与管理、系统辨识、鲁棒性控制、自适应控制、并行控制、分布控制和智能控制等。在信号处理方面，包括自适应信号处理（自适应滤波、时间序列预测、谱估计、消噪、检测、阵列处理）和非线性信号处理（非线性滤波、非线性预测、非线性谱估计、非线性编码、中值处理）。在传感器信息处理方面，包括模式预处理变换、信息集成、多传感器数据融合。

人工神经网络擅长解决两类问题：一类是对大量数据进行分类；另一类是学习一个复杂的非线性映射。

（4）神经网络的软件模拟和硬件实现

在个人电脑、专用计算机或者并行计算机上进行软件模拟，或由专用数字信号处理芯片构成神经网络仿真器。由模拟集成电路、数字集成电路或者光器件在硬件上实现神经芯片。软件模拟的优点是网络的规模可以较大，适合于用来验证新的模型和复杂的网络特性。硬件实现的优点是处理速度快，但由于受器件物理因素的限制，网络规模无法做得太大。

（5）神经网络计算机的实现

神经网络计算机的实现包括计算机仿真系统、专用神经网络并行计算机系统，例如，数字、模拟、数-模混合和光电互连，人工神经网络的光学实现和生物实现等。

8.2.2　人工神经网络的特点

（1）人工神经网络具有大规模的并行协同处理能力

每一个神经元的功能和结构都很简单，但是由大量神经元构成的整体却具有很强的处理能力。

（2）人工神经网络具有较强的容错能力和联想能力

单个神经元或者连接对网络整体功能的影响都比较微小。在神经网络中，信息的存储与处理是合二为一的，信息的分布存放在几乎整个网络中。所以，当其中某一点或者某几个点被破坏时，信息仍然可以被存取。系统在受到局部损伤时还可以正常工作。当然这并不是说对于训练好的网络可以任意修改。不过由于信息的分布存放，对某些网络来说，当完成学习后，如果再让模型学习新的东西，就会破坏原来已经学会的东西。

（3）人工神经网络具有较强的学习能力

神经网络的学习可分为有监督学习和无监督学习两类。由于其运算的不精确性，故表现出"去噪声"的能力。利用这种不精确性，可比较自然地实现模型的自动分类。其具有很强的泛化能力与抽象能力。

（4）人工神经网络是一个大规模自组织、自适应的非线性动力系统

人工神经网络具有一般非线性动力系统的共性，即不可预测性、耗散性、高维性、不可逆性、广泛连接性和自适应性。

8.3　神经元和神经网络

8.3.1　生物神经元结构

人类的大脑中约有 10^{11} 个神经元，每个神经元与其他神经元之间约有 1000 个连接，因此，人类大脑中约有 10^{14} 个连接。如果将一个大脑中所有神经细胞的轴突和树突依次连接起来，组成一条直线，则可以从地球连接到月球，再从月球返回地球。人类的智能行为就是由如此高度复杂的神经网络所组成的。从生物控制与信息处理的角度看，生物神经元结构图如图 8.1 所示。

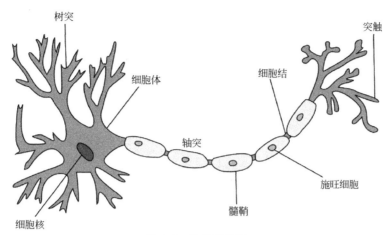

图 8.1　神经元构造

神经元的主体部分为细胞体。细胞体由细胞核、细胞质、细胞膜等组成。每个细胞体都有一个细胞核，藏于细胞体之中。神经元还包括树突和一条长的轴突，由细胞体向外伸出的最长的一条分支称为轴突即神经纤维。轴突末端部分有许多分支，叫作轴突末梢。典型的轴突长 1cm，是细胞体直径的 100 倍。一个神经元通过轴突末梢与 $10\sim10^5$ 个其他神经元相连接。轴突是用来传递和输出信息的，其端部的许多轴突末梢为信号输出端子，将神经冲动传给其他神经元。由细胞体向外伸出的其他许多较短的分支称为树突。树突相当于细胞的输入端，树突的全长各点都能接收其他神经元的冲动。神经冲动只能由前一级神经元的轴突末梢传向下一级的树突或细胞体，不能作反方向的传递。

神经元具有两种常规工作状态：兴奋与抑制，即"0-1"律。当传入的神经冲动使细胞膜电位升高超过阈值时，细胞进入兴奋状态，产生神经冲动并由轴突输出；当传入的冲动使膜电位下降低于阈值时，细胞进入抑制状态，没有神经冲动输出。

8.3.2　神经元的数学模型

1943 年，美国神经解剖学家麦克洛奇和数学家皮兹就提出了神经元的数学模型（M-P模型），从此开创了神经科学理论研究的时代。从 20 世纪 40 年代开始，根据神经元的结构和功能不同，先后提出的神经元模型有几百种之多。图 8.2 所示为神经元的数学模型。其中，$x=(x_1,x_2,\cdots,x_m)^T$ 为输入向量；y 为输出；w_i 为权系数。输入与输出具有如下关系

$$y=f\left(\sum_{i=1}^{m}w_ix_i-\theta\right) \qquad (8.1)$$

式中，θ 是阈值；$f(x)$ 是激活函数；$f(x)$可以是线性函数，也可以是非线性函数。

举例来说，如果记

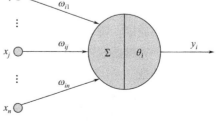

图 8.2　神经元的数学模型

$$z = \sum_{i=1}^{m} w_i x_i - \theta \tag{8.2}$$

取激活函数为符号函数

$$\text{sgn}(x) = \begin{cases} 1, & x > 0 \\ 0, & x \leqslant 0 \end{cases} \tag{8.3}$$

则

$$y = f(z) = \begin{cases} 1, & \sum_{i=1}^{m} w_i x_i > \theta \\ 0, & \sum_{i=1}^{m} w_i x_i \leqslant \theta \end{cases} \tag{8.4}$$

S 型激活函数为

$$f(x) = \frac{1}{1 + e^{-x}}, \quad 0 \leqslant f(x) \leqslant 1 \tag{8.5}$$

或

$$f(x) = \frac{e^x - e^{-x}}{e^x + e^{-x}}, \quad -1 \leqslant f(x) \leqslant 1 \tag{8.6}$$

若将阈值看作一个权系数，-1 是一个固定的输入，另有 $m-1$ 个正常的输入，则式 (8.1) 可以表示为

$$y = f\left(\sum_{i=1}^{m} w_i x_i\right) \tag{8.7}$$

假设函数形式已知，则可以从已有的输入输出数据确定出权系数及阈值。

8.3.3 神经网络的结构

神经网络是由众多简单的神经元连接而成的一个网络。尽管每个神经元结构、功能都不复杂，但神经网络的行为并不是各单元行为的简单相加，网络的整体动态行为是极为复杂的，可以组成高度非线性动力学系统，从而可以描述很多复杂的物理系统，表现出一般复杂非线性系统的特性（如不可预测性、不可逆性、多吸引子、可能出现混沌现象等）和作为神经网络系统的各种性质。神经网络具有大规模并行处理能力和自适应性、自组织、自学习能力以及分布式存储等特点，在许多领域得到了成功的应用，展现了非常广阔的应用前景。

众多的神经元的轴突和其他神经元或自身的树突相连接，构成复杂的神经网络。根据神经网络中神经元的连接方式可以划分为不同类型的结构。目前人工神经网络主要有前馈型和反馈型两大类。

(1) 前馈型

前馈型神经网络中，各神经元接受上一层的输入，并输出给下一层，没有反馈。前馈网络可分为不同的层，第 i 层只与第 $i-1$ 层输出相连，输入与输出的神经元与外界相连。BP 网络就是一种典型的前馈型神经网络。

(2) 反馈型

在反馈型神经网络中，存在一些神经元的输出经过若干个神经元后，再反馈到这些神经元的输入端。最典型的反馈型神经网络是 Hopfield 神经网络。它是一种全互联神经网络，即每个神经元都和其他神经元相连。

8.3.4 神经网络的工作方式

当满足兴奋条件时，神经网络中的神经元就会改变为兴奋状态；当不满足兴奋条件时，它就会改变为抑制状态。如果神经网络中各个神经元同时改变状态，则称为同步工作方式；如果神经网络中神经元是一个个的改变状态，即当某个神经元改变状态时，其他神经元保持状态不变，称为异步工作方式。神经网络在不同的工作方式下的性能有差异。

8.3.5 神经网络的学习

神经网络方法是一种知识表示方法和推理方法。神经网络知识表示方法与谓词、产生式、框架、语义网络等完全不同。谓词、产生式、框架、语义网络等方法是知识的显式表示。神经网络知识表示是一种隐式的表示方法，将某一问题的若干知识通过学习表示在同一网络中。

神经网络的学习是指调整神经网络的连接权值或者结构，使输入输出具有需要的特性。1944 年赫布提出了改变神经元连接强度的 Hebb 学习规则。由于 Hebb 学习规则的基本思想很容易被接受，得到了较为广泛的应用，至今仍在各种神经网络模型的研究中起着重要的作用。但近年来神经科学的许多发现都表明，Hebb 学习规则并没有准确反映神经元在学习过程中突触变化的基本规律。

Hebb 学习规则：当某一突触两端的神经元同时处于兴奋状态，那么该连接的权值应该增强。其数学方式描述调整权值 w_{ij} 的方法为

$$w_{ij}(k+1) = w_{ij}(k) + \alpha y_i(k) y_j(k) \quad (\alpha > 0) \tag{8.8}$$

式中，$w_{ij}(k+1)$ 为权值的下一步值；$w_{ij}(k)$ 为当前的权重值。

8.4 前馈神经网络模型

常见的前馈神经网络包括一个输入层和一个输出层以及隐层单元。隐层单元可以是单层或者多层结构，如果隐层单元为多层结构，则称之为多层前馈神经网络。神经网络的输入、输出单元的激活函数通常为线性函数，而隐层单元的激活函数通常为非线性函数。

前馈神经网络是一个无圈的有向图 $N=(V,E,W)$，其中 $V=\{0,1,\cdots,n\}$ 是神经元集合，$E \in V \times V$ 是连接权值集合，$W: E \rightarrow R$ 是每一连接 $(i,j) \in E$ 赋予的权重 w_{ij}。对神经元 $i \in V$ 来说，它的投射域为 $P_i = \{j \mid j \in V, (i,j) \in E\}$，表示神经单元 i 的输出经过加权后直接作为输入的一部分。特别地，对多层前馈神经网络来说，每个神经元的接受域和投射域分别是所在层的前一层和后一层。神经元集合可以分成无接受域的输入结点集合、无投射域的输入结点集合和隐藏结点集合。

感知机网络、BP 神经网络、RBF 径向基网络是三种典型的前馈型神经网络。本书中，我们着重介绍这三种神经网络模型的算法以及应用。

8.4.1 感知机网络

感知机网络通常由输入层和输出层组成，假设输出层仅有一个神经元结构，无隐层感知机网络的拓扑结构如图 8.3 所示。

感知机的输入信号 x 与权重相乘后输入感知机单元中，若不小于偏置，则输出为 1，否

则输出为-1。感知机的算法介绍如下。

算法 8.1 感知机学习算法。

① 初始化。随机对权值向量与偏置进行赋值，令 $t=0$。

② 连接权值的修正。对每个输入进行如下计算：

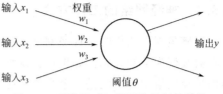

图 8.3 无隐层感知机网络的拓扑结构

a. 计算网络输出

$$y = f\Big[\sum_{i=1}^{n} w_i(t)x_i - \theta\Big] \tag{8.9}$$

式中，f 为双极值阶跃函数

$$f(x) = \begin{cases} 1, & x \geqslant 0 \\ -1, & x < 0 \end{cases} \tag{8.10}$$

b. 计算输出层单元期望输出与实际输出间的误差 e^k。

c. 若 e^k 为零，则说明当前样本输出正确，不必更新权值，否则更新权值和阈值

$$w(t+1) = w(t) + \alpha xy \tag{8.11}$$
$$\theta(t+1) = \theta(t) + \alpha y \tag{8.12}$$
$$t = t+1$$

式中，α 为学习率。

③ 对所有的输入重复步骤②，指导所有样本输出正确为止。

由此可见，权值的变化与三个量有关：输入值、输出误差以及学习率。当且仅当输出单元有输出误差且相连输入状态为 1 时，修正权值，或增加一个量或减少一个量。学习率控制每次的误差修正量，学习率一般不能太大，也不能太小，过大的学习率会影响学习的收敛性；过小的学习率会使权值的收敛速度过慢，训练时间过长。但是，多层前馈网络的权值如何确定，网络如何进行学习，在感知机上并未得到解决。

8.4.2 BP 神经网络

(1) BP 神经网络基本结构

反向传播（back propagation，BP）算法，也被称为误差反向传播算法，即常说的 BP 算法。使用 BP 算法构建的网络一般称之为 BP 神经网络。BP 算法是由 Rumelhart 等人于 1986 年提出的，解决了前馈神经网络的学习问题，即自动调整网络全部权值的问题。BP 算法不但解决了多层感知机网络的困扰，而且还增强了多层感知机的分类能力。多层前馈神经网络可以用任意精度逼近任意非线性函数。BP 神经网络的提出打开了人工神经网络研究的新局面，使人工神经网络焕发了第二春。

BP 神经网络的结构图如图 8.4 所示，从结构上看，BP 神经网络是典型的多层网络，分为输入层、隐含层和输出层，层与层之间采用全互连方式。同一层单元之间没有相互的连接，BP 神经网络的基本处理单元为非线性输入输出关系，通常选择 S 型函数，且单元的输入输出值可以连续变化。

当给 BP 神经网络一个输入时，它由输入层单元传到隐含层单元，经隐含层单元逐层处理后再进入输出层单元，由输出层单元处理后产生一个输出模式，因此被称为前向传播。若输出响应与期望输出有误差且误差较大，那么就转入误差后向传播，将误差沿着连接通路从

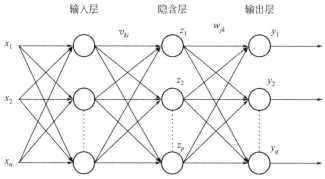

图 8.4   BP 神经网络结构图

后层逐层向前一层传播，并修正各层连接权值。

设 BP 神经网络具有 m 层，第一层为输入层，最后一层为输出层，其他层为隐含层。输入信息由输入层向输出层逐层传递。各神经元的输入输出关系函数是 f，由 $k-1$ 层的第 j 个神经元到 k 层的第 i 个神经元的连接权值为 w_{ij}，输入输出样本为 $\{x_{si}, y_i\}$ $(i=1,2,\cdots,n)$。并设第 k 层第 i 个神经元输入的总和为 u_i^k，输出为 y_i^k，则各变量之间的关系为

$$y_i^k = f(u_i^k)$$

$$u_i^k = \sum_j w_{ij} y_j^{k-1} \qquad (k=1,2,\cdots,m) \tag{8.13}$$

BP 算法通过反向传播过程使误差最小，因此目标函数为

$$J = \frac{1}{2} \sum_{j=1}^n (d_j - y_j)^2 \tag{8.14}$$

即选择权值使得期望输出 d_j 与实际输出 y_j 的差的平方和最小。式(8.13) 为其约束条件，利用梯度下降，使权值沿着误差函数的负梯度方向改变，因此，权值的修正量为

$$\Delta w_{ij} = -\varepsilon \frac{\partial J}{\partial w_{ij}} \qquad (\varepsilon > 0) \tag{8.15}$$

式中，ε 为学习步长。

对 BP 算法进行推导：

① 求 $\dfrac{\partial J}{\partial w_{ij}}$，即有

$$\frac{\partial J}{\partial w_{ij}} = \frac{\partial J}{\partial u_i^k} \times \frac{\partial u_i^k}{\partial w_{ij}} = \frac{\partial J}{\partial u_i^k} \times \frac{\partial}{\partial w_{ij}} \left(\sum_j w_{ij} y_j^{k-1} \right) = \frac{\partial J}{\partial u_i^k} y_j^{k-1} \tag{8.16}$$

令

$$d_i^k = \frac{\partial J}{\partial u_i^k} = \frac{\partial J}{\partial y_i^k} \times \frac{\partial y_i^k}{\partial u_i^k} \tag{8.17}$$

则由式（8.15）得

$$\Delta w_{ij} = -\varepsilon d_i^k y_j^{k-1} \tag{8.18}$$

下面对 d_i^k 进行推导 $d_i^k = \dfrac{\partial J}{\partial u_i^k} = \dfrac{\partial J}{\partial y_i^k} \times \dfrac{\partial y_i^k}{\partial u_i^k} = \dfrac{\partial J}{\partial y_i^k} \times \dfrac{\mathrm{d} f(u_i^k)}{\mathrm{d} u_i^k} \tag{8.19}$

取 $f(\,\cdot\,)$ 为 S 型函数，即

$$y_i^k = f(u_i^k) = \frac{1}{1 + e^{-u_i^k}} \tag{8.20}$$

$$\frac{\partial y_i^k}{\partial u_i^k} = \frac{\mathrm{d}f(u_i^k)}{\mathrm{d}u_i^k} = \frac{e^{-u_i^k}}{(1+e^{-u_i^k})^2} = y_i^k(1-y_i^k) \tag{8.21}$$

$$d_i^k = y_i^k(1-y_i^k)\frac{\partial J}{\partial y_i^k} \tag{8.22}$$

② 求 $\dfrac{\partial J}{\partial y_i^k}$，步骤如下：

a. 若 i 为输出层的神经元，即 $k=m$，$y_i^k=y_i^m$。由误差定义得

$$\frac{\partial J}{\partial y_i^k} = \frac{\partial J}{\partial y_i^m} = y_i^m - d_i \tag{8.23}$$

则

$$d_i^m = y_i^m(1-y_i^m)(y_i^m - d_i) \tag{8.24}$$

b. 若 i 为隐含层的神经元，则有

$$\frac{\partial J}{\partial y_i^k} = \sum_l \frac{\partial J}{\partial u_l^{k+1}} \times \frac{\partial u_l^{k+1}}{\partial y_i^k} = \sum_l w_{li} d_l^{k+1} \tag{8.25}$$

则

$$d_i^k = y_i^k(1-y_i^k)\sum_l w_{li} d_l^{k+1} \tag{8.26}$$

综上所述，BP 学习算法可以归纳为

$$\begin{cases} \Delta w_{ij} = -e d_i^k y_i^{k-1} \\ d_i^m = y_i^m(1-y_i^m)(y_i^m - d_i) \\ d_i^k = y_i^k(1-y_i^k)\sum_l w_{li} d_l^{k+1} \end{cases} \tag{8.27}$$

由以上公式可以看出，求第 k 层的误差信号 d_i^k，需要上一层的误差信号 d_i^{k+1}，因此，误差函数的求取是一个从输出层开始的反向传播的递归过程，因此称为反向传播学习算法，通过多个样本的学习，修改权值，不断减少偏差，最后达到满意的结果。

(2) BP 神经网络存在的问题

BP 算法在逼近函数方面取得了巨大的成功，但同时也存在以下的问题：

① 收敛速度问题。BP 算法由于使用了梯度下降，其收敛速度很慢。在训练中需要多次迭代才能使误差下降到足够小。

② 局部极小值问题。BP 算法含有大量的连接权值。每一个权值都对应着一个维度，则整个网络就对应着一个非常高维空间中的误差曲面。这个误差曲面不仅有全局最小点，还有许多局部极小点。在梯度下降的过程中，算法很可能会陷入到某个误差的局部极小点，而没有达到全局最小点。这样就会使网络的学习结果大打折扣。逃离局部极小点的通常做法是：在权值搜索过程中加入随机扰动因子，使其能够跳出误差局部极小点从而达到全局最小点。这就是随机神经网络的概念。

③ 学习步长问题。学习率，即学习步长对 BP 算法的收敛速度具有很大的影响。BP 网络的收敛是基于无穷小的权值修改。如果学习率太小，则收敛过程就十分缓慢。但是如果学习率太大，则可能会导致网络瘫痪以及不稳定。

为解决此问题，有的学者提出了自适应步长，使得权值修改量能随着网络的训练而不断变化。基本原则是在学习开始的时候步长较大，在极小点附近时步长逐渐变小。

8.4.3　RBF 径向基网络

径向基函数网络（radial basis function network）简称为 RBF 网络或者径向基网络。径向基函数最早在多变量插值问题中有广泛的应用。径向基函数的定义如下：

假设 x，$c \in R^n$，如果函数 $\varphi(\|x-c\|)$ 是 $\|x-c\|$ 的单调递增或者单调递减函数，则函数 $\varphi(\|x-c\|)$ 称为径向函数。$\|\cdot\|$ 表示范数。c 为径向函数的中心点。在 c 变化时产生的一系列径向函数称为径向基函数。

径向基函数实现了 $R^n \rightarrow R$ 的连续非线性映射。其范数一般都采用欧几里得距离度量公式。从几何意义上看，径向函数的输出值随着输入向量与中心点的距离而单调下降或者单调增长。令 $z = \|x-c\|$，则常见的径向函数公式为：

高斯函数
$$\varphi(z) = \exp\left[-\left(\frac{z}{\sigma}\right)^2\right] \qquad (\sigma > 0) \qquad (8.28)$$

多二次曲面函数
$$\varphi(z) = \frac{\sqrt{\sigma^2 + z^2}}{\sigma} = \sqrt{1 + \left(\frac{z}{\sigma}\right)^2} \qquad (\sigma > 0) \qquad (8.29)$$

反多二次曲面函数
$$\varphi(z) = \frac{1}{\sqrt{1 + \left(\frac{z}{\sigma}\right)^2}} \qquad (\sigma > 0) \qquad (8.30)$$

反二次曲面函数
$$\varphi(z) = \frac{1}{1 + \left(\frac{z}{\sigma}\right)^2} \qquad (\sigma > 0) \qquad (8.31)$$

典型的径向基网络是两层前馈网络。第一层神经元的输出函数采用径向基函数，第二层神经元一般采用线性输出函数。

第一层中的神经元的数目就是基的数目。该层神经元中径向函数的中心各不相同。各个基中心点的具体位置以及形状参数可任意指定或者使用聚类方法自动获取。需要注意的是，径向基的数目、基中心点的位置和形状参数都会对径向基网络的性能产生影响。

第一层神经元的权值为 1，即直接对输入向量用径向基函数进行非线性变换。隐含层和输出层之间的权值可通过 δ 学习规则得到，输出层神经元把所有径向函数的输出合成在一起产生最终结果。

径向基网络的学习过程主要分为两个部分。学习径向基函数参数和学习输出层连接权值，学习输出层连接权值较为简单，使用 δ 学习规则得到。因此径向基网络的学习难点主要在学习径向基函数参数上。也就是说，针对基函数个数，基函数各个中心点以及径向基函数形状参数的学习问题。

常用的径向基网络学习方法有以下三种。

（1）聚类法

聚类是一种无监督学习方法，通过对所有输入样本进行聚类，就可求得各隐含层结点的基函数参数。一般常用 K 平均聚类方法来学习这些参数。这个方法可以较好地确定基函数个数以及每个基对应的中心点。但是必须预先设定聚类个数，并且需要在所有输入样本上进行聚类。所以计算量比较大，要经过较长时间的训练、学习才能达到较好的效果。而且还需要额外学习输出层权值。

（2）梯度法

梯度法是一种固定网络结构的训练算法。这种方法把基函数的各个中心点以及形状参数和输出层权值都当作网络参数。在训练时先确定隐含层神经元数目；然后随机初始化网络参数，初步建立起网络结构；最后依据某种性能指标，用梯度法来校正网络参数。这种方法其实与 BP 算法的思想类似。不过，基于梯度法确定一个较优的 RBF 网络，需要进行大量实验才能奏效。

（3）正交最小二乘法

正交最小二乘法（orthogonal least square，OLS）可以直接学习到隐含层基函数的个数、基函数中心点和输出层权值。但是需要自行指定基函数形状参数。OLS 算法认为，径向基网络的学习过程就是：选择合适的基函数参数，然后确定输出层权值，使得样本训练误差最小。如果把每一个训练样本都作为一个基函数的中心，那么经验误差就可以降为 0。但是，训练样本数目一般都很大，因此这种做法并不现实，而且会导致网络结构过于复杂，使得系统泛化能力很低。于是，OLS 算法就从所有训练样本中选择了一个子集作为基函数的中心，并且使得经验误差控制在允许的范围之内。被 OLS 算法选作基函数中心的训练样本子集是所有样本中对网络能量贡献最大的前 M 个样本。

OLS 算法使用如下矩阵表示径向基函数网络

$$d = PW + e \tag{8.32}$$

式中，$d = [d(1), d(2), \cdots, d(N)]^{\mathrm{T}}$ 表示对应 N 个输入向量的 N 个期望输出值；W 表示输出层连接权值；e 表示残差；$P = [p_1, p_2, \cdots, p_L]$ 并且 $p_i = [p_i(1), p_i(2), \cdots, p_i(N)]^{\mathrm{T}}$ 表示 $L(L \leqslant N)$ 个径向基函数对 N 个输入向量的非线性变换。矩阵 P 由基函数和输入向量构成，称为回归矩阵；矩阵的每一列 p_i 称为回归子（regressor）或者回归向量。对 P 进行正交三角分解可以得到

$$P = UA \tag{8.33}$$

其中，A 是一个 $L \times L$ 上三角方阵，并且对角元素为 1。U 是 $N \times L$ 矩阵，并且各列正交，即

$$U^{\mathrm{T}} U = H \tag{8.34}$$

其中，H 是一个对角元素为 h_i，其他元素为 0 的对角阵，由此，径向基网络可以表示为

$$d = UAW + e = Ug + e \tag{8.35}$$

上式对 g（$g = AW$）的正交最小二乘解为

$$\hat{g} = H^{-1} U^{\mathrm{T}} - d \tag{8.36}$$

或

$$\hat{g}_i = \frac{u_i^{\mathrm{T}} d}{u_i^{\mathrm{T}} u_i} \qquad (1 \leqslant i \leqslant L) \tag{8.37}$$

上述矩阵 P 进行正交化的过程可用 Schmidt 正交化法，或者使用 House-Holder 变换实现。求得 U 和 g 之后，就可以进一步求出每个正交向量 u_i 对减少输出误差的贡献率 ε_i

$$\varepsilon_i = \frac{g_i^2 u_i^{\mathrm{T}} u_i}{d_i^{\mathrm{T}} d_i} \qquad (1 \leqslant i \leqslant L) \tag{8.38}$$

减少输出误差的贡献越大，则自然输出误差就越小。所以贡献率最大的那个正交向量 u_i 所对应的回归子 p_i 就确定了最应该选择的基函数中心点。然后在此基础上重复上述过程，进行迭代，就可以找到其他的基函数中心点，一直到

$$1 - \sum_{j=1}^{M} \varepsilon_j < \rho \qquad (0 < \rho < 1) \tag{8.39}$$

其中，ρ 表示允许误差上限。这样在容许误差范围内，就找到了 $M(M \ll L \leqslant N)$ 个输入向量作为基函数中心点。并且与其他输入向量相比，这 M 个中心点所产生的误差是最小的。

确定了所有基函数中心点之后，由 $g = AW$ 就可以求出权矩阵 W，获得输出层权值。

OLS 算法选择基函数中心点的思路是这样的：由 L 个回归子构成 L 维空间 P；把输出数据向量 d 投影到空间 P 上；如果 P 上的某一维 p_k 具有最大投影（对 d 有最大能量贡献或者能最大限度地减小误差），则把 p_k 对应的输入向量选为第一个基函数中心点，并由 p_k 构成一维空间 S_1；对剩下的 $L-1$ 个回归子做正交化，使其正交于 S_1，并得到 $L-1$ 个正交分量。在此 $L-1$ 个正交分量中再找出与 d 有最大投影的分量，由其确定第二个基函数中心。重复以上步骤直到找出 M 个基函数中心，使其容许误差之和达到给定精度为止。

OLS 算法是一种十分直观的算法，可以清楚表示隐含层各基函数中心点对网络影响的大小，并且同时确定隐含层与输出层的连接权值。它一般经过少量的学习迭代就能达到良好的效果。但是，由于 OLS 算法的基函数中心点选择的计算较为复杂，所以当输入样本数据量非常多时，则会严重影响其收敛速度。

理论上已经证明了 3 层径向基网络可以以任意精度逼近一个给定的非线性函数，并且该网络具有全局最优和最佳逼近性能。其最佳逼近性能是传统 BP 网络所不具备的，所以，径向基函数网络在函数逼近、时序预测、非线性系统控制、图像识别和模式识别等方面有广泛的应用。

与 BP 网络相比，径向基网络的结构更为简单，非线性逼近能力更强。更重要的是，径向基网络只有一层网络权值需要进行调整。所以，径向基函数网络没有局部极小值问题，能够达到全局最优，实现最佳逼近，其收敛速度远远快于 BP 网络。

8.5 反馈神经网络

上述的前馈型神经网络是单向连接没有反馈的静态网络，从控制系统的观点来看，它缺乏系统动态处理能力。美国物理学家 Hopfield 对神经网络的动态性能进行了深入研究，在 1982 年和 1984 年先后提出离散型 Hopfield 网络和连续型 Hopfield 网络，引入"计算能量函数"的概念，给出了网络稳定性的判据，尤其是给出了 Hopfield 网络的电子电路实现，为神经计算机的研究奠定了基础，同时开拓了神经网络用于联想记忆和优化计算的新途径，从而有力地推动了神经网络的研究。

8.5.1 离散型 Hopfield 网络

Hopfield 神经网络是全互连反馈型神经网络，它的每一个神经元都和其他神经元相连接。其结构图如图 8.5 所示。

n 阶离散 Hopfield 神经网络 N，可由一个 $n \times n$ 阶矩阵 $\boldsymbol{W} = [w_{ij}]$ 和一个 n 维向量 $\theta = [\theta_1, \theta_2, \cdots, \theta_n]$ 所唯一确定，记为 $\boldsymbol{N} = (W, \theta)$，其中，$w_{ij}$ 表示神经元 i 与 j 的连接强度；θ_i 表示神经元 i 的阈值。若用 $x_i(t)$ 表示 t 时刻神经元所处的状态，即 $x_i(t) = \pm 1$，那么神经元 i 的状态随时间变化的规律为

$$x_i(t+1) = \operatorname{sgn}[H_i(t)] = \begin{cases} 1, & H_i(t) \geqslant 0 \\ -1, & H_i(t) < 0 \end{cases} \tag{8.40}$$

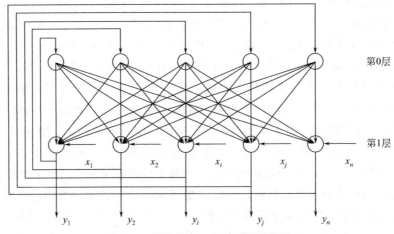

图 8.5　离散型 Hopfield 网络结构图

其中
$$H_i(t) = \sum_{j=1}^{n} w_{ij} x_j(t) - \theta_i \qquad (i=1,2,\cdots,n) \tag{8.41}$$

Hopfield 神经网络是一个多输入多输出带阈值的二态非线性动力学系统，因此存在一种能量函数，在满足一定参数条件下，该能量函数的值在网络运行过程中不断降低，最后趋于稳定的平稳状态。Hopfield 引入这种能量函数作为网络计算求解的工具，因此常常称它为计算能量函数。

离散 Hopfield 神经网络的计算能量函数定义为
$$E = -\frac{1}{2} \sum_{i=1}^{N} \sum_{\substack{j=1 \\ j \neq i}}^{N} w_{ij} x_i x_j + \sum_{i=1}^{N} \theta_i x_i \tag{8.42}$$

式中，x_i、x_j 是各个神经元的输出。

下面对第 m 个神经元的输出变化前后能量函数 E 值的变化进行考察，设 $x_m = 0$ 的能量函数值为 E_1，则
$$E_1 = -\frac{1}{2} \sum_{\substack{i=1 \\ j \neq i}}^{N} \sum_{j=1}^{N} w_{ij} x_i x_j + \sum_{i=1}^{N} \theta_i x_i \tag{8.43}$$

当 $x_m = 1$ 时的能量函数为 E_2，则有
$$E_2 = -\frac{1}{2} \sum_{\substack{i=1 \\ i \neq m}}^{N} \sum_{\substack{j=1 \\ j \neq i}}^{N} w_{ij} x_i x_j + \sum_{\substack{i=1 \\ i \neq m}}^{N} \theta_i x_i - \frac{1}{2} \sum_{\substack{j=1 \\ j \neq m}}^{N} w_{mj} x_j + \theta_m \tag{8.44}$$

当神经元状态由 "0" 变成 "1" 时，能量函数 E 值的变化量 ΔE 为
$$\Delta E = E_2 - E_1 = -\left(\frac{1}{2} \sum_{\substack{j=1 \\ j \neq m}}^{N} w_{mj} x_j - \theta_m \right) \tag{8.45}$$

此时由于神经元的输出是由 0 变为 1，因此满足神经元兴奋条件
$$\frac{1}{2} \sum_{\substack{j=1 \\ j \neq m}}^{N} w_{mj} x_j - \theta_m > 0 \tag{8.46}$$

由式（8.45）可得　　　　　　　　　　$\Delta E < 0$

当神经元状态由 1 变为 0 的时候，能量函数 E 值的变化量 ΔE 为

$$\Delta E = E_1 - E_2 = \frac{1}{2}\sum_{\substack{j=1 \\ j \neq m}}^{N} w_m x_j - \theta_m \tag{8.47}$$

由于此时神经元的输出是由 1 变为 0，因此

$$\frac{1}{2}\sum_{\substack{j=1 \\ j \neq m}}^{N} w_{mj}x_j - \theta_m < 0 \tag{8.48}$$

因此也有 $\qquad\qquad\qquad\qquad \Delta E < 0$

综上所述，总有 $\Delta E < 0$，这表明神经网络在运行过程中能量将不断降低，最后趋于稳定的平衡状态。

8.5.2 连续型 Hopfield 网络

连续型 Hopfield 网络的结构与离散型类似，但是连续型 Hopfield 网络中的神经元的激活函数为 S 型函数。Hopfield 网络使用模拟神经元输入和输出之间的非线性关系，其输入电压与输出电压之间的转移特性呈现为 S 型函数，即

$$V_i = f_i(u_i) = \frac{1}{2\left[1 + \tanh\left(\dfrac{u_i}{u_0}\right)\right]} \tag{8.49}$$

其中，u_0 为归一化基准值，当 $u_0 \to 0$ 时，V_i 变为硬限幅函数。电容 C_i 和电阻 R_i 使放大器的输出和输入信号之间产生延迟，用以模拟神经元的时间常数，构成人工神经网络的动态特性。

$T_{ij} = 1/R_{ij}$，表示突触电导。I_i 为外加偏置电流，根据克希霍夫定律

$$C_i \frac{\mathrm{d}u_i}{\mathrm{d}t} + \frac{u_i}{R_i} = \sum_j T_{ij}(V_j - u_i) + I_i \tag{8.50}$$

整理后可得 $\qquad\qquad C_i \dfrac{\mathrm{d}u_i}{\mathrm{d}t} = -\dfrac{u_i}{R'_i} + \sum_j T_{ij}V_j + I_i \tag{8.51}$

其中 $\qquad\qquad\qquad \dfrac{1}{R'_i} = \dfrac{1}{R_i} + \sum_j T_{ij} = \dfrac{1}{R_i} + \sum_j \dfrac{1}{R_{ij}} \tag{8.52}$

假设各个神经元的参数相同，并且取 $R = R'_t$，$C = C_i = 1$，$RC = \tau$，则每个神经元的状态方程为

$$\begin{cases} \dfrac{\mathrm{d}u_i}{\mathrm{d}t} = -\dfrac{u_i}{\tau} + \sum_j T_{ij}V_j + I_i \\ V_j = f(u_j) \end{cases} \tag{8.53}$$

该网络的能量函数为

$$E = -\frac{1}{2}\sum_i\sum_j T_{ij}V_iV_j - \sum_i V_iI_i + \sum_i \frac{1}{R}\int_0^{V_i} f^{-1}(V)\mathrm{d}V \tag{8.54}$$

对连续型 Hopfield 网络的稳定条件进行证明：若 $T_{ij} = T_{ji}$，并且神经元输入输出关系是单调上升函数，则网络最终可达到稳定点

$$\frac{\mathrm{d}E}{\mathrm{d}t} = \sum_i \frac{\partial E}{\partial V_i}\frac{\partial V_i}{\partial t} = \sum_i \frac{\mathrm{d}V_i}{\mathrm{d}t}\left(-\sum_j T_{ij}V_j - I_i + \frac{f^{-1}(V_i)}{R_i}\right) = -\sum_i \frac{\mathrm{d}V_i}{\mathrm{d}t}C_i\frac{\mathrm{d}u_i}{\mathrm{d}t}$$

$$= - \sum_i C_i \frac{\mathrm{d}u_i}{\mathrm{d}V_i} \frac{\mathrm{d}V_i}{\mathrm{d}t} \frac{\mathrm{d}V_i}{\mathrm{d}t} = - \sum_i C_i f^{-1}(V_i) \left(\frac{\mathrm{d}V_i}{\mathrm{d}t}\right)^2$$

因为 $f^{-1}(V_i)$ 是单调递增函数，$C_i > 0$，所以 $\mathrm{d}E/\mathrm{d}t \leqslant 0$。而且当 $\mathrm{d}V_i/\mathrm{d}t = 0$ 时，有 $\mathrm{d}E/\mathrm{d}t = 0$。

以上结果表明，随着时间的演变，在状态空间中网络总是朝着能量函数减小的方向运动，当网络达到稳定状态时，能量函数取得极小值。如果神经元的输出函数 f 为硬限幅函数（阶跃函数），即用理想放大器作为神经元，那么能量函数为

$$E = -\frac{1}{2} \sum_i \sum_j T_{ij} V_i V_j - \sum_i V_i I_i \tag{8.55}$$

用矩阵形式表示则为

$$E = -\frac{1}{2} V^T W V - V I \tag{8.56}$$

8.5.3 Hopfield 网络存在的问题

(1) 能量局部极小值问题

Hopfield 网络是一个非线性动力学系统，其能量状态有不止一个极小值。Hopfield 网络很可能会稳定在其中一个能量极小状态上，而不是必然稳定在全局能量最小点上。对于求解优化问题而言，这一点是不利的。但是对于联想记忆，这一点却是有用的。因为局部能量极小点可以作为吸引子，而不同吸引子则对应着记忆在网络中的不同样本。

可以采用加入随机扰动的方法，使得网络有机会脱离局部极小状态，最终达到全局最小点。例如，模拟退火算法和玻尔兹曼机等方法就采用了这种思路。采用这种思路的系统，能量在下降过程中并不是一路通顺的，而是按照一定概率具有扰动，从而可能跳出极小点，最后，在概率上系统将收敛于全局最小点。

(2) 容量问题

联想记忆功能是 Hopfield 网络的一个重要应用。要实现联想记忆神经网络必须具备两个基本条件：

① 能够收敛于稳定状态，利用稳态记忆样本信息。

② 具有回忆能力，能够从某一局部输入信息回忆起与其相关的其他记忆，或者由某一残缺的信息回忆起比较完整的记忆。

离散 Hopfield 网络用于联想记忆有两个特点：记忆是分布式的，联想是动态的。这与人脑的联想记忆实现机理相类似。离散 Hopfield 网络利用网络能量极小状态来存储记忆样本，按照反馈动力学活动规律唤起记忆。但是它存在以下问题：

① 记忆容量的限制。

② 假能量极小状态的存在，导致回忆总会出现莫名其妙的东西。

③ 当记忆样本较为接近时，网络不能始终回忆出正确的记忆。

离散 Hopfield 网络的有效记忆容量十分有限。Hopfield 通过计算机仿真实验发现，对于一个 N 结点的离散 Hopfield 网络，所能存储的总记忆样本数为 $0.15N$ 个。如果存储的记忆模式多于此值，则错误率大大上升。另外，如果记忆样本是正交向量，那么网络就能存储更多的有效记忆。

神经网络的容量问题是一个相当复杂、困难的问题。容量的确定与网络的结构、算法和

样本矢量等因素有关。

8.6　随机神经网络

随机神经网络与物理热力学有着密切的联系。在神经网络中引入随机性的最大好处就是增强了网络的全局稳定性，减小了网络收敛于局部极小点的可能性。这对于解决优化问题具有非常重要的意义。下面主要对模拟退火算法和玻尔兹曼机进行介绍。

8.6.1　模拟退火算法

1953 年，N. Metropolis 等人提出了模拟退火算法（simulated annealing algorithm）。其基本思想是：把某类优化问题的求解过程与统计热力学中的热平衡问题进行对比，试图通过模拟高温物体退火过程的方法，来找到优化问题的全局最优或者近似全局最优解。

一个物体的退火过程大致为：首先对该物体进行加热，那么物体内的原子就可以高速自由运行，处于较高的能量状态。但是在实际的物理系统中，原子总是趋向于运行在最低的能态。当物体温度较高时，高温使系统具有较高内能；而随着温度的下降，原子越来越趋向于低能态，最后整个物体形成最低能量的基态。

在物体降温退火的过程中，其能量转移服从玻尔兹曼分布规律

$$P(E) \propto e^{-\frac{E}{kT}} \tag{8.57}$$

式中，$P(E)$ 是系统处于能量 E 的概率；k 为玻尔兹曼常数；T 为系统温度。为了便于分析，将 k 算入 T 中。

当温度很高时，概率分布对一定范围内的能量并没有显著差异，即物体处于高能状态或者低能状态的可能性相差不大。但是，随着温度的降低，物体处于高能状态的可能性就逐渐减少。最后当温度下降到充分低时，物体以概率 1 稳定在低能状态。对于优化问题，可调节参量以使目标函数下降。同时对应一种假象温度，确定物体处于某一能量状态的概率，表征系统的活动状况。开始允许随着参数的调整，目标函数偶尔向增加的方向发展，以利于逃出局部极小区域。随着假象温度的下降，系统活动性降低，最终以概率 1 稳定在全局最小区域。

下面结合一个抽象化的组合优化问题来说明模拟退火算法。设 $V = \{V_1, V_2, \cdots, V_p\}$ 为所有可能组合状态构成的集合。试在其中找出对某一目标函数 $C, C(V_i) \geqslant 0 (i \in \{1, 2, \cdots, p\})$ 具有最小代价的解，即找出 $V^* \in V$，使 $C(V^*) = \min C(V_i)$ $(i \in \{1, 2, \cdots, p\})$。为了解决最优化问题，可引入人工温度 T，求解本问题的模拟退火算法的过程如下：

① 设定初始温度 $T(0) = T_0$，迭代次数 $t = 0$，任选一初始状态 $V(0) \in V$ 作为当前解。

② 温度 $T = T(t)$，状态 $\overline{V}(0) = V(t)$，置抽样次数 $k = 0$。

③ 按某一规则由当前状态产生当前状态的下一个候选状态 $\overline{V}' = f_1 \overline{V}(k)$，其中，$f_1$ 是某一随机函数。

④ 计算目标代价的变化量 $\Delta C = C(\overline{V}') - C[\overline{V}(k)]$。

⑤ 置 $k = k + 1$，按某种收敛标准判断抽样过程是否应该结束。若不满足结束条件，则转至步骤②。

在上述模拟退火实现过程中有 3 个基本因素应该注意：

① 怎样按照某种概率过程产生新的搜索状态，而向该状态的转移应该不受能量曲面的限制。

② 根据当前温度及新状态与原状态在能量曲面的相应位置，怎样确立新状态的接受标准。

③ 怎样选择初始温度及怎样更新温度，确立温度的下降过程。

以上三点都会影响模拟退火算法的收敛速度，且会影响退火结束以后状态稳定在全局最小点的概率。关于这几点目前没有统一结论，可结合具体问题具体分析。由上面的算法可以看出，在状态变化过程中，如果目标能量变化 $\Delta C > 0$，则目标代价函数就会向上升方向移动。不过出现这种情况的概率很小。但正是这一点为求解过程逃离局部极小区域提供了可能性，即状态逃离了一个局部极小区域，到达另外一个局部极小区域，而且难以返回。在大多数情况下，后一种状态的能力更低一些，但是并不能保证一定单调下降。所以有可能造成模拟退火的最终结果并非是全局最小点。

从理论上来讲，若初始温度充分高，温度下降过程充分慢，每种温度下的抽样数量充分大，那么当温度趋近于 0 时，最后得到的当前解将以概率 1 趋近于最优解。但是实际上，上述假设在模拟中很难实现，这样就很难保证退火算法能百分之百地找到最优解。

8.6.2　玻尔兹曼机

玻尔兹曼机（Boltzmann machine）是 Hinton 等人在 1984 年提出来的。玻尔兹曼机神经元的输出是按照某概率分布进行的，不是确定的。玻尔兹曼机的拓扑结构与一般的二层前馈网络一样。但是，玻尔兹曼机每一层的连接权值都是对称的，并且神经元的输入、输出都是二进制。每个神经元的总输入仍为各输入之和

$$\text{net}_j = \sum_{i \neq j}^{n} w_{ij} x_i - \theta_j \tag{8.58}$$

式中，θ_j 表示神经元的阈值。神经元 j 的输出 $y_j = 1$ 的概率为

$$P(y_j = 1) = \frac{1}{1 + e^{\frac{-\text{net}_j}{T}}} \tag{8.59}$$

式中，T 表示网络温度。神经元 j 的输出 $y_j = 0$ 的概率为

$$P(y_j = 0) = \frac{1}{1 + e^{\frac{\text{net}_j}{T}}} \tag{8.60}$$

玻尔兹曼机与模拟退火算法类似，也是从能量的角度诠释网络状态变化。当玻尔兹曼机的网络温度趋近于 0 时，玻尔兹曼机退化为离散型 Hopfield 网络。玻尔兹曼机也有同步和异步两种运行方式。对于异步串行的玻尔兹曼机，由于其运行过程等价于相应状态能量函数的模拟退火过程，所以如果温度下降足够慢，网络最后将收敛到能量函数的最小值。也就是说，玻尔兹曼机可以用于解决组合优化问题。对于全并行的玻尔兹曼机，已经证明即便网络温度趋近于 0，它仍可能不收敛。但是如果并行程度不太高，且网络温度趋近于 0，则网络在大多数情况下会收敛。玻尔兹曼机也是一种异联想匹配器，能够存储任意二进制模式。

玻尔兹曼机结点状态的转移是按照某种概率进行的。若定义结点 v_i 的状态由 $v_i = 0$ 变到 $v_i = 1$ 时的全局能量变化量为

$$\Delta E_i = E(v_i=1) - E(v_i=0) \tag{8.61}$$

则 v_i 的下一状态是 0 的概率为

$$P_i(0) = \frac{1}{1+\mathrm{e}^{\frac{-\Delta E_i}{r}}} \tag{8.62}$$

由此可见，当 $\Delta E_i > 0$ 时，网络停留于 0 的状态可能性比较大。但当温度较高时，网络较为活跃，状态趋于 0 及 1 的可能性差别不大。随着温度的下降，v_i 停留在 0 的状态的可能性逐步增加。当温度趋近于 0 时，状态转移函数趋向于阶跃函数。

玻尔兹曼机训练算法的基本思想是：把反映网络隐层和输出层之间状态差异的熵侧度降至最小。假设训练样本集合为 $\{(X_1,Y_1),(X_2,Y_2),\cdots,(X_p,Y_p)\}$，则玻尔兹曼机的训练过程如下：

① 初始化隐层权值 W^1 及输出层权值 W^2 为 $[-1,+1]$ 之间的任意值。

② 置时间计数 $t=1$，对训练样本 (X_k,Y_k)，$k \in \{1,2,\cdots,p\}$ 进行以下各步处理。

a. 令输入为 X_k，输出为 Y_k。

b. 随机选择未考察过的隐层结点 i，翻转其状态 $v_i = 1-v_i$。

c. 计算由此引起的网络总能量变化

$$\Delta E_i = \sum_{h=1}^{n} W_{hi}^1 v_i + \sum_{j=1}^{m} W_{ji}^2 v_i \tag{8.63}$$

d. 对 ΔE_i 进行检测，若 $\Delta E_i < 0$，则确认这次状态改变，否则计算概率 P_i

$$P_i = \mathrm{e}^{\frac{-\Delta E_i}{T(t)}} \tag{8.64}$$

式中，$T(t) > 0$，为当前温度。设 λ 为随机正数，$0 < \lambda < 1$。若 $P_i > \lambda$，则接受本次状态的改变；否则不接受本次状态的改变。

e. 如果隐层结点没有全部考察完，则转至步骤 b。

f. 置时间计数 $t = t+1$，并更新温度

$$T(t) = \frac{T_0}{1+\ln t} \tag{8.65}$$

式中，T_0 为输出温度，上式也称之为冷却方程。

g. 转至步骤 b，直至对于任意隐层结点都有 $\Delta E_i = 0$ 为止。此时认为网络已达到平衡状态，且全局能量最低。

h. 对于输入 X_k，用向量 d^k 记录此时隐层结点的状态。

③ 统计对称性。对于每次的输入 X_k 以及输出 Y_k，隐层结点的稳态为 d^k。统计第 h 个输入结点与第 i 个隐层结点状态相同的概率 Q_{hi}，以及第 i 个隐层结点与第 j 个输出层结点状态相同的概率 R_{ij}

$$Q_{hi} = \frac{1}{p} \sum_{k=1}^{p} \Phi(\alpha_h^k, d_i^k) \tag{8.66}$$

$$R_{ij} = \frac{1}{p} \sum_{k=1}^{p} \Phi(d_i^k, c_i^k) \tag{8.67}$$

式中，$\Phi(x, y)$ 表示关联函数

$$\Phi(x, y) = \begin{cases} 1, & x=y \\ 0, & x \neq y \end{cases} \tag{8.68}$$

④ 重新置 $t=1$，令网络输入为 X_k，输出不设值，重复步骤②和步骤③的过程，注意，此时由某个状态翻转而引起的全局能量变化为

$$\Delta E_i = \sum_{h=1}^{n} W_h^1 b_i \tag{8.69}$$

并计算相应的概率分布 Q'_{hi} 和 R'_{ij}。

⑤ 调整网络权结构

$$\Delta W_{hi}^1 = \alpha(Q_{hi} - Q'_{ki})$$
$$\Delta W_{ij}^2 = \alpha(R_{ij} - R'_{ij}) \tag{8.70}$$

⑥ 重复步骤②～步骤⑤，直至所有隐层结点和输出层结点的权值调整量都充分小为止。

玻尔兹曼机的整个学习时间相当长。其训练过程体现了模拟退火的基本思想。玻尔兹曼机的学习过程可以分为两个阶段，即正向学习阶段和反向学习阶段。在正向学习阶段，网络环境结点值分别固定为 X_k 和 Y_k，而隐层结点值自由变化。当退火完毕后，记录向量的环境结点与隐层结点同时为状态 1 的概率 Q'_{hi} 和 R'_{ij}，且让环境结点与隐层结点之间的连接权值随此概率以一定的比例增长，即

$$\Delta W_{hi}^1 = -\alpha Q'_{hi}$$
$$\Delta W_{ij}^2 = -\alpha R'_{ij} \tag{8.71}$$

最后组合正反向学习过程就得到完整的权值调整量。其实，在实际退火过程中正向学习一直是交叉进行的。也就是说，最好使修改正向学习与反向学习达到足够的平衡，则认为网络已经基本上适应了环境。

8.7 神经网络的应用

8.7.1 神经网络在模式识别中的应用

人工神经网络具有强大的分类能力、学习能力和抗噪声能力，是非常重要的一种模式识别手段。模式识别也是人工神经网络的重要应用方向。人工神经网络模式分类与其他分类问题一样，都是将 n 维样本分类为 C 类模式中的某一类；都是对训练样本集根据某种原则进行参数估计或训练，最后选出匹配度最大的类别。

神经网络分类器一般对不完备的模式信息或者缺损的特征不太敏感。与其他模式识别方法比较起来，神经网络分类器在背景噪声统计特性未知的情况下，其分类性能更好，而且神经网络一般具有更好的泛化能力。

在神经网络当中，BP 网络、RBF 径向基网络、Hopfield 网络以及模拟退火算法等都可以用来解决分类识别问题。

以 BP 算法的语音识别为例，一般过程是：选取若干人的标准发音作为样本训练集。每一个样本抽取基频作为输入信号 $X = \{x_1, x_2, \cdots, x_n\}$，其相应的期望输出值为 $Y = \{y_1, y_2, \cdots, y_n\}$。将输入网络进行训练后的输出值与期望输出值进行比较，再反向传播对各层连接权值进行修改，直到误差达到要求值以下。把每一个标准样本都这样反复训练，使设计的神经网络对所有的样本训练集都稳定。此后，把待识别语音的基频信号输入训练好的神经网络，经过网格计算输出相应值 $Z = \{z_1, z_2, \cdots, z_n\}$。最后通过 Z 就可以判定出

待识别模式的类别。

再例如，自联想模式的离散 Hopfield 网络可用于识别数字或字符图像。在识别阿拉伯数字时，可以根据具体要求选取标准样本，理论上可以有 10 个样本，即 0,1,2,3,…,9。每个数字的样本是由若干个黑白像素构成。用 10 个标准样本依次训练 Hopfield 网络，使其稳定。然后输入待识别的数字，网络可以判定其所属类型。一般待识别的数字都是残缺的。所以可以将标准样本数字用某一概率进行污染，以检验该神经网络的识别能力。如果数字被污染严重，识别结果出错的概率很大，网络将会给出错误的类型。字符识别原理与数字识别基本相同。由于每个字符都是一类，所以字符的类型更多一些，而且字符的特征往往更为复杂。

图 8.6 数字分类测试数据

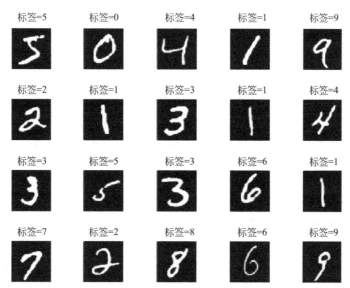

图 8.7 数字分类测试结果

如图 8.6 和图 8.7，使用 BP 神经网络对数字进行分类，图 8.6 是数字分类的测试集，图 8.7 是数字分类的测试结果。从测试结果来看，使用 BP 神经网络可以有效地对各种各样的数字进行识别，并且具有很好的识别精度。

8.7.2 神经网络在软测量中的应用

在工业过程中,为了保证产品的质量和生产的连续平稳,需要对与品质密切相关的过程变量进行实时监控,然而工业流程通常复杂多变,有一些重要的变量无法直接通过传感器进行检测。例如,在水泥生产过程中,游离氧化钙的含量直接影响着所生产水泥质量的好坏,然而游离氧化钙产生于水泥回转窑当中,温度通常高达 750℃,无法直接通过传感器进行在线测量。此时,这类变量可以采用软测量方法进行间接测量。

软测量技术即为利用一些其他可测变量去估计那些难以测量的变量的技术。软测量技术是基于 20 世纪 70 年代 Brosillow 提出的推断控制。近年来,软测量技术在理论研究和工业应用方面都取得了较大的进展。理论研究已经历了从线性到非线性、从静态到动态、从无矫正到有矫正的过程,能够连续计算那些不可测或难以检测的参数,在一定程度上可以代替在线分析仪表。

软测量的基本流程是:依据生产过程中有关的变量间的关联,选择与被估计变量(那些难以或无法直接测量得到的变量)相关的一组可测变量,构造以可测变量为输入、被估计变量为输出的数学模型,用计算机软件实现被估计变量的最佳估计。在软测量系统中,被估计的变量称为主导变量,与被估计变量相关的一组可测变量称为辅助变量。

这类数学模型以及相应的计算机软件被称为软测量器或软仪表。软测量的输出可作为控制系统的被控变量或反应过程特征的工艺参数,为优化控制与决策提供基础。

软测量系统的设计主要有辅助变量的选择,数据采集与处理,软测量模型的建立等。

① 辅助变量的选择。辅助变量的选择对主导变量的估计有重要的影响。辅助变量的选择包括变量类型、变量数量和检测点位置的选择。这三个方面是互相关联、互相影响的,不但由过程特性决定,还受到设备价格和可靠性、安装和维护的难易程度等外部因素制约。辅助变量数目的下限是被估计的变量数,而最佳数目则与过程的自由度、测量噪声以及模型的不确定性有关。辅助变量的选择确定了软测量的输入信息矩阵,因而直接决定了软测量模型的结构和输出。

② 数据采集与处理。测量数据通过安装在现场的传感器、变送器等仪表获得,受到仪表精度、测量原理和测量方法、生产环境的影响,测量数据都不可避免地有误差,甚至有严重的误差。如果将这些数据直接用于软测量,则很难得到正确的主导变量估计值。因此,必须对原始数据进行预处理(数据校正和数据变换)以得到精确可靠的数据。这是软测量成败的关键,具有十分重要的意义。

③ 软测量模型的建立。软测量模型是软测量技术的核心。它不同于一般意义的数学模型,其主要是通过辅助变量来获得对主导变量的最佳估计。目前已经提出了许多建模方法。例如,基于过程机理分析的机理建模方法、基于实验数据的系统辨识方法等。事实上,实际过程的输入和输出的关系可能是复杂的,很难用一个简单的函数表示,特别是很难弄清楚数据中心输入和输出的关系。BP 神经网络能够逼近任意复杂函数,具有学习功能,十分适合于作为软测量模型。

8.7.3 Hopfield 神经网络在优化上的应用

如果将网络的稳态作为一个优化问题的目标函数的极小点,那么初态朝稳态的收敛过程便是优化计算的过程。该优化计算是在网络演化过程中自动完成的。

　　1985 年 Hopfield 和 Tank 应用神经网络方法求解旅行商问题这一著名的组合优化难题获得成功，引起了世界各国学者的广泛关注。他们的工作不仅对研究神经网络理论具有重要意义，也为组合优化问题求解开辟了新的途径。

　　其基本思想是，无论是离散型 Hopfield 神经网络还是连续型 Hopfield 神经网络模型，能量函数都表征了网络的动力学演化过程，并揭示了该演化过程与网络稳定状态之间的内在联系。因此，Hopfield 能量函数极小化过程表示了神经网络从初始状态到稳定状态的演化过程。通常情况下，约束优化问题的求解过程实际上就是目标函数极小化的过程，选择合适的能量函数使其最小值对应于问题的最优解。因此，目标函数达到局部极小或者全局极小，相应的解为约束优化问题的局部最优解或者全局最优解。如果将目标函数与能量函数相联系，并通过能量函数将约束优化问题的解映射到神经网络的一个稳定状态上去，那么，就可以利用神经网络的演化过程来实现优化计算。这就是应用神经网络解决优化问题的基本思想。

　　用神经网络方法求解优化问题的关键是如何把待求解的优化问题映射为一个神经网络。一般可以将求解的组合优化问题的每一个可行解用换位矩阵（permutation matri）表示。

　　另一个关键问题是构造能量函数，使其最小值对应于问题的最优解。它决定了一个特定问题是否能够用神经网络方法求解。目前还没有直接将约束优化问题映射为神经网络的方法，通常采用优化理论中的拉格朗日（Lagrange）函数和乘子法，即利用优化问题的目标函数和约束条件构造相应的能量函数。一般在计算能量函数 E 中添加一些违反约束条件的惩罚项的简单方法，用罚函数法写出求解优化问题的能量函数，即

$$E = \sum_{i=1}^{m} C_i E_i + C_0 E_0 \tag{8.72}$$

　　式中，E 是违背约束条件的惩罚函数；E_0 是优化的目标函数；C_i 和 C_0 为平衡 E_i 和 E 在总能量函数中的作用的比例常数。如果最小化 E_0，则 $C_0 > 0$；如果最大化 E_0，则 $C_0 < 0$。显然，神经网络和能量函数的形式不是唯一的，如何设计出更好的映射方法及其能量函数构造方法是一个重要的课题。

　　基于上述基本思想，用神经网络方法求解优化问题的一般步骤为：

　　① 将求解的优化问题的每一个可行解用换位矩阵表示。

　　② 将换位矩阵与由 n 个神经元构成的神经网络相对应：每一个可行解所对应的换位矩阵的各元素与相应的神经元稳态输出相对应。

　　③ 构造能量函数，使其最小值对应于优化问题的最优解，并满足约束条件。

　　④ 用罚函数法构造目标函数，与 Hopfield 神经网络的计算能量函数表达式相等，确定各连接权重 w_{ij} 和偏置参数 I_i 等。

　　⑤ 给定网络初始状态和网络参数 A、B、C、D 等，使网络（可以是计算机模拟）按动态方程运行，直到达到稳定状态，并将它解释为优化问题的解。

　　Hopfield 神经网络模型与初始状态有关，例如在 TSP 问题中，原则上可选 $v_{xi}^0 = 1/n$ 为每个神经元的初始值，因为它满足 $\sum_x \sum_i v_{xi}^0 = n$，但由于相同长度的等价路径有 $2n$ 条，系统无法从中抉择，所以要加一定的噪声值来打破这种平衡。

　　当在计算机上实现上述演化时，需要离散化。此时，Δt 的选择很重要，Δt 太大可能导致离散后的算法与原连续算法有很大差异，甚至不收敛；Δt 太小则迭代次数太多，计算时

间长。可以证明，只要 Δt 选取得合理，上述算法一定收敛。如果不加其他条件，收敛到的解不一定对应有效的访问路径，可能是不可行解。有些人在理论上对此进行了分析，提出了一些改进方法。这些方法的缺点是使权系数的表达式复杂化，降低了收敛速度。鉴于神经网络动力学性质的复杂性，神经网络优化计算方面仍有许多问题需要进一步深入研究。

9 机器学习

 案例引入

生活中，人们可以通过观察西瓜的根蒂、色泽，敲击听声等预判西瓜是否是熟了的好瓜。这是因为人们通过长期的挑瓜实践掌握了一定的经验，可以用这些经验，反过来指导生活实践。那人们可否收集一批关于西瓜的数据，让机器通过这批数据学习到经验，从而来帮助人们更快更好地判断瓜的好坏呢？

 学习意义

机器学习（machine learning）是人工智能领域中最能够体现智能的一个分支，因为具有学习能力是人类智能的最根本特征。人类通过不断的学习，将在一些情况下成功的经验转移到相似的情形中，逐步形成、发展和完善人的认知能力和智慧才能。因此智能的系统应该具有学习的能力。机器学习也是人工智能领域中近期发展最快的一个分支。近年来人工智能在语音识别、图像处理和人机对弈等诸多领域取得突出成绩，在很大程度上都得益于机器学习理论和技术的进步。

 学习目标

- 了解机器学习的一些基本概念和发展历史；
- 掌握机器学习的一些具体的学习方法和算法。

9.1 机器学习概述

学习系统，是一个具有某种特定目的，在不断积累经验的同时，发现规律、获取知识的过程，在此过程中不断改善性能、适应外部环境、实现自我完善。一个简单的学习系统如图9.1所示。

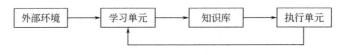

图 9.1　简单的学习系统

如图 9.1，学习系统需要从外部环境中获取大量的各种素材和经验信息。外部环境所提供信息的抽象化水平和信息表述的质量，对学习系统获取知识的能力有很大的影响。抽象化水平高的信息，表述正确、选择适当、组织合理的信息更有益于系统进行归纳进而获取知识。

在学习单元中，学习系统利用各种学习算法，处理外部环境提供的信息，并且将这些信息与执行单元的反馈信息进行比较、分析、综合、类比等思维过程，从而获取相关的知识并存入知识库中。

在执行单元中，学习系统应用知识库中的知识处理现实问题，并对执行的效果进行评价，同时将评价结果作为反馈信息传递至学习单元中，以便于不断地学习完善系统性能。

机器学习是研究机器模拟人类的学习行为，自动通过学习获取知识和技能，从而不断改善机器性能，实现机器系统自我完善的学科。美国工程院院士、机器学习的奠基人 Mitchell 在其撰写的经典教材 *Machine Learning* 中定义机器学习为"利用经验来改善计算机系统自身的性能"。可见，机器学习的根本任务，就是数据的智能分析和建模，从数据中挖掘出有价值的信息，用于对新数据的处理（如分类和预测等）。

从人工智能研究发展的过程看，机器学习是人工智能发展到一定阶段的必然产物。20世纪 50 年代到 70 年代初期，处于"推理期"的人工智能研究试图通过赋予机器推理能力来使机器具有智能，并取得了一些令人振奋的结果。例如，A. Newel 和 H. Simon 的"逻辑理论家"（logic theorist）程序证明了《数学原理》中的所有定理，而且部分定理的证明方法比《数学原理》中更加巧妙，A. Newel 和 H. Simon 也因为这方面的工作获得了 1975 年的图灵奖。但到了 20 世纪 70 年代中期，人们开始认识到，仅具有推理能力的机器实现不了真正的人工智能，机器还需要拥有知识，人工智能发展进入了"知识期"，大量出现的专家系统在很多领域取得了成果，被称为"知识工程"之父的 E. A. Feigenbaum 获得了 1994 年的图灵奖。然而如何把人类总结的大量不同类型的知识教给计算机却是相当困难的，这成为专家系统发展的一大瓶颈。为了解决这一问题，有学者提出，机器是否可以自己学习知识？即所谓的机器学习。

在 20 世纪 90 年代中期之前，机器学习的两大主流技术分别是符号主义学习和基于神经网络的连接主义学习。符号主义学习的代表——决策树，以信息论为基础，以信息熵的最小化为目标，模拟了人类对概念进行判定的树形流程。由于决策树学习技术简单易用，至今仍然是最常用的机器学习技术之一，但其也存在问题规模稍大就难以进行有效学习的缺陷。基于神经网络的连接主义学习早在 20 世纪 50 年代中后期就已经出现，但直到 J. J. Hopfield 在 1983 年利用神经网络求解"流动推销员问题"中取得重大进展，才使得连接主义学习受到人们的关注并发展成为机器学习的一大主流技术。虽然相比符号主义学习，连接主义学习产生的是"黑箱"模型，BP 算法使得它可以有效地解决很多现实问题，但神经网络的学习过程涉及大量参数，而且这些参数的设置主要靠人工调节，缺乏理论指导，这也是连接主义学习的最大局限性所在。

20 世纪 90 年代中期，以支持向量机（support vector machine）为代表的"统计学习"

在文本分类等分类任务中显示出其优越的性能，再加上其严格的理论基础，引起了学界的广泛关注，很快发展成为机器学习的主流。

21 世纪初，随着计算能力的提高和"大数据时代"的到来，又掀起了"深度学习"的热潮。深度学习，就是"很多层"的神经网络。相比其他模型，深度学习技术涉及的模型复杂度非常高，以至于只要下工夫"调参"，把参数调节好，性能往往就好。因此，深度学习虽缺乏严格的理论基础，但它显著降低了机器学习应用者的门槛，为机器学习技术走向工程实践带来了便利。

9.2　决策树学习

决策树（decision tree）学习是一种以实例为基础的归纳学习，从众多已知的正反实例中，归纳抽取出一般的判定规则和模式，从而形成合理的能解释已知实例和判定新实例的一般性结论。

顾名思义，决策树是一种由若干结点和分支组成的树形结构。在每一个内部结点上都有一个属性被测试，根据测试结果将样本集划分到子结点中，每一个分支代表一个测试输出，每个叶结点代表一种类别。

常见的决策树学习算法有 Quinlan 在 1986 年提出的 ID3 算法和 1993 年提出的 C4.5 算法，以及 Breiman 等人在 1984 年提出的 CART 算法。ID3 算法是一种贪心算法，起源于 1966 年 Hunt 提出的概念学习系统（CLS）。ID3 算法的基本思想是，希望决策树的分支结点所包含的样本尽可能属于同一类别，即结点的"纯度"越来越高。因此，ID3 算法在每一个结点上测试属性是根据寻求最大的信息熵增益来选择的，寻找信息熵值下降最快的树。

信息熵是度量样本集合"纯度"的一种指标，信息熵越小，"纯度"越高。给定样例集合 $D=\{(x_1,y_1),(x_2,y_2),\cdots,(x_m,y_m)\}$，属性集 $A=\{a_1,a_2,\cdots,a_d\}$，其中 y_i 是样本 x_i 的标签，样本 $x_i=(x_{i1},x_{i2},\cdots,x_{id})$，$x_{ij}$ 是样本 x_i 在属性 a_j 上的属性值。若样例集合 D 中的 m 个样本按照样本标签 y_i 可以分为 n 个类别，记第 k 类样本所占的比例为 p_k（$k=1,2,\cdots,n$），则样本集合 D 的信息熵定义为

$$\text{Ent}(D)=-\sum_{k=1}^{n}p_k\log_2 p_k \tag{9.1}$$

假定按照某个属性 a_j 的可能取值，可以将样例集合 D 划分成 V_j 个样本子集 D^v（$v=1,2,\cdots,V_j$）。我们可根据式（9.1）计算出每一个样本子集 D^v 的信息熵 $\text{Ent}(D^v)$，再考虑到 D^v 中的样本数的不同，给 $\text{Ent}(D^v)$ 赋予权重 $|D^v|/|D|$，于是可计算出用属性 a_j 对样本集 D 进行划分所获得的"信息熵增益"

$$\text{Gain}(D,a_j)=\text{Ent}(D)-\sum_{v=1}^{V_j}\frac{|D^v|}{|D|}\text{Ent}(D^v) \tag{9.2}$$

信息熵增益越大，则意味着使用属性 a_j 来进行划分所获得的"纯度提升"越大。

ID3 算法是一种自顶向下增长树的贪婪算法，在每一个结点处都选择可以最好地分类样例的属性，即信息熵增益最大的属性，直至训练样例得到完美的分类或所有属性都已经被使用。基本的 ID3 算法如下：

① 创建树的根结点，样例集 D，属性集 A；

② 若根结点包含的样例集是同一类别，则将该结点标记为该类，并返回；

③ 若根结点包含属性集为空或根结点包含样例集在属性集取值都相同，则将该结点标记为样本数最多的类别，并返回；

④ 从属性集中选择最好的分类样例的属性 a，根据属性 a 的可能取值将样例集划分为若干个样例子集；

⑤ 对于每一个样例子集，在根结点下面增加一个新的分支结点，转至步骤②，以该新的分支结点为根结点，建立子树；

⑥ 结束并返回。

下面以表 9.1 中的西瓜训练数据集为例实践 ID3 算法。表 9.1 中的训练数据集 D 中包含 $m=10$ 个训练样例，每个样例包含 6 个属性，分别是色泽、根蒂、敲声、纹理、脐部、触感，按照标签 "好瓜" 可将样本分为 $n=2$ 类。

表 9.1　西瓜训练数据集

编号	色泽	根蒂	敲声	纹理	脐部	触感	好瓜
1	青绿	蜷缩	浊响	清晰	凹陷	硬滑	是
2	乌黑	蜷缩	沉闷	清晰	凹陷	硬滑	是
3	乌黑	蜷缩	浊响	清晰	凹陷	硬滑	是
4	青绿	稍蜷	浊响	清晰	稍凹	软黏	是
5	乌黑	稍蜷	浊响	稍糊	稍凹	软黏	是
6	青绿	硬挺	清脆	清晰	平坦	软黏	否
7	浅白	稍蜷	沉闷	稍糊	凹陷	硬滑	否
8	乌黑	稍蜷	浊响	清晰	稍凹	软黏	否
9	浅白	蜷缩	浊响	模糊	平坦	硬滑	否
10	青绿	蜷缩	沉闷	稍糊	稍凹	硬滑	否

在决策树学习算法 ID3 开始时，根结点包含 D 中的所有 10 个训练样例，其中正例 "好瓜=是" 5 个，占 $p_1=0.5$；反例 "好瓜=否" 也是 5 个占 $p_2=0.5$，于是，根据式（9.1）可计算出根结点的信息熵为

$$\text{Ent}(D) = -\sum_{k=1}^{2} p_k \log_2 p_k = -(0.5\log_2 0.5 + 0.5\log_2 0.5) = 1$$

对根结点的划分属性的选择依赖于对当前属性集合 {色泽，根蒂，敲声，纹理，脐部，触感} 中每个属性的信息熵增益的计算。以属性 "色泽" 为例，它有 3 个可能的取值：浅白，青绿，乌黑。若使用属性 "色泽" 对 D 进行划分，则可得到 3 个子集，分别记为：D^1（色泽=浅白），D^2（色泽=青绿），D^3（色泽=乌黑）。其中子集 D^1 包含编号为 {7,9} 的 2 个样例，2 个样例都是反例，即 D^1 中的样例都属于同一个类别。由式(9.1)可计算出子集 D^1 的信息熵为

$$\text{Ent}(D^1) = -\log_2 1 = 0$$

子集 D^2 包含编号为 {1,4,6,10} 的 4 个样例，有 2 个正例 2 个反例，即正例所占比例 $p_1=0.5$，反例所占比例 $p_2=0.5$。由式(9.1) 可计算出子集 D^2 的信息熵为

$$\text{Ent}(D^2) = -(0.5\log_2 0.5 + 0.5\log_2 0.5) = 1$$

另外可得 D^3 的信息熵为

$$\mathrm{Ent}(D^3) = -(0.75\log_2 0.75 + 0.25\log_2 0.25) = 0.811278$$

于是，由式(9.2) 可计算出属性"色泽"的信息熵增益为

$$\mathrm{Gain}(D,色泽) = \mathrm{Ent}(D) - \sum_{v=1}^{3} \frac{|D^v|}{|D|}\mathrm{Ent}(D^v)$$

$$= 1 - \left(\frac{2}{10}\times 0 + \frac{4}{10}\times 1 + \frac{4}{10}\times 0.811278\right) = 0.275489$$

类似地，可算出其他属性的信息熵增益：

$\mathrm{Gain}(D,根蒂) = 0.114525$，$\mathrm{Gain}(D,敲声) = 0.173534$，

$\mathrm{Gain}(D,纹理) = 0.173534$，$\mathrm{Gain}(D,脐部) = 0.275489$

$\mathrm{Gain}(D,触感) = 0$

可见，属性"色泽""脐部"均取得最大信息熵增益，因此可以任选其一作为根结点的划分属性。基于"色泽"对根结点进行的划分如图9.2所示，各分支结点所包含的样例子集显示在结点中。注意到第一个分支结点 {色泽＝浅白} 包含的样例 $D^1 = \{7, 9\}$ 都是坏瓜，故第一个分支结点为叶结点，不需要进一步划分。

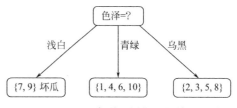

图9.2 基于"色泽"属性对根结点划分

然后，决策树学习算法将对图9.2中的第二分支结点和第三分支结点做进一步划分。以图9.2中第二个分支结点 {色泽＝青绿} 为例，该结点包含的样例集合 $D^2 = \{1,4,6,10\}$ 的4个样例，可用属性集合为 {根蒂，敲声，纹理，脐部，触感}。基于 D^2 计算出各属性的信息熵增益

$\mathrm{Gain}(D^2,根蒂) = 0.5$，$\mathrm{Gain}(D^2,敲声) = 1$

$\mathrm{Gain}(D^2,纹理) = 0.311278$，$\mathrm{Gain}(D^2,脐部) = 0.5$

$\mathrm{Gain}(D^2,触感) = 0$

属性"敲声"取得了最大的信息增益，取其作为划分属性，得到的决策树如图9.3所示，新增的三个分支结点中的样例都属于同一类，故是叶结点不需要继续划分。

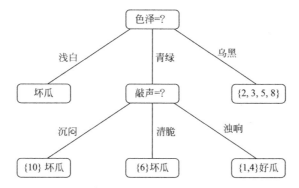

图9.3 基于"敲声"属性对分支结点 {色泽＝青绿} 划分

如此下去，对其他分支结点进行上述操作，最终得到的决策树如图9.4所示。

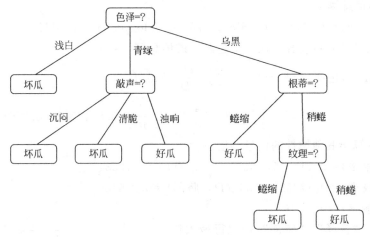

图 9.4　最终决策树

决策树学习算法 ID3 的分类和测试速度快，适用于大数据的分类问题，但决策树的知识表示不易于理解，且判断两个决策树是否等价是一个 NP 完全问题。

9.3　逻辑回归

分类问题与回归问题的不同主要在于分类问题的输出标签 y 仅能取离散值。在二分类问题中，标签 y 取值 0 和 1。例如在垃圾邮件分类问题中，输入样本 x_i 可能表示邮件的某些特征指标，若邮件为垃圾邮件时，标签 $y=1$；否则 $y=0$。

逻辑（logistic）回归是一种经典的二分类算法，常用于数据挖掘、疾病自动诊断、经济预测等领域。逻辑回归模型为

$$h_\theta(x) = g(\theta^T x) = \frac{1}{1 + e^{-\theta^T x}}$$

其中 sigmoid 函数为

$$g(z) = \frac{1}{1 + e^{-z}}$$

图像如图 9.5 所示。

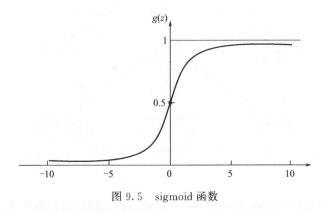

图 9.5　sigmoid 函数

逻辑回归的本质是将线性回归模型 $z = \theta^T x$ 通过变换 $g(z)$ 得到一个"广义线性模型"。

逻辑回归模型 $h_\theta(x)$ 在 $[0, 1]$ 区间取值,且当 $h_\theta(x) \geqslant 0.5$ 时,取预测值 $y = 1$;当 $h_\theta(x) < 0.5$ 时,取预测值 $y = 0$。

逻辑回归将 $h_\theta(x)$ 视为类条件概率 $p(y = 1 \mid x, \theta)$,则 $p(y = 0 \mid x, \theta) = 1 - h_\theta(x)$。更一般可以表示为

$$p(y \mid x, \theta) = [h_\theta(x)]^y [1 - h_\theta(x)]^{1-y}$$

给定样例数据集 $D = \{(x_1, y_1), (x_2, y_2), \cdots, (x_m, y_m)\}$,其中样本 $x_i = (x_{i1}, x_{i2}, \cdots, x_{id})$,可以采用最大似然法(maximum likelihood method)估计参数 θ 的值。似然函数为

$$L(\theta) = \prod_{i=1}^{m} [h_\theta(x_i)]^{y_i} [1 - h_\theta(x_i)]^{1-y_i} \tag{9.3}$$

为了计算方便,往往采用最大化似然函数[式(9.3)]的对数函数

$$\max_\theta [l(\theta)] = \ln L(\theta) = \sum_{i=1}^{m} [y_i \ln(h_\theta(x_i)) + (1 - y_i) \ln(1 - h_\theta(x_i))]$$

$l(\theta)$ 是关于 θ 的高阶连续可导凸函数,根据凸优化理论可知,利用经典的优化算法梯度下降法可以求得其最优解 θ^*。梯度下降法的迭代优化规则为

$$\theta = \theta + \alpha \nabla_\theta l(\theta)$$

其中

$$
\begin{aligned}
\nabla_{\theta_j} l(\theta) &= \sum_{i=1}^{m} \nabla_{\theta_j} \{y_i \ln[h_\theta(x_i)] + (1 - y_i) \ln[1 - h_\theta(x_i)]\} \\
&= \sum_{i=1}^{m} \left\{ \frac{y_i}{h_\theta(x_i)} \nabla_{\theta_j} h_\theta(x_i) + \frac{1 - y_i}{1 - h_\theta(x_i)} [-\nabla_{\theta_j} h_\theta(x_i)] \right\} \\
&= \sum_{i=1}^{m} [y_i - h_\theta(x_i)] x_{ij}
\end{aligned}
$$

逻辑回归是解决大规模分类问题最流行的算法。它特别适合需要得到一个分类概率的场景,且计算代价不高,容易理解和实现,对数据中小噪声的鲁棒性很好。它的缺点是容易欠拟合,分类精度有时不高,且不能用于解决非线性问题。

9.4 支持向量机

支持向量机也是一种经典的二分类方法。它是建立在统计学习理论的 VC 维理论和结构风险最小原则基础上的。与逻辑回归不同的是,支持向量机从几何的角度对数据进行解析,主要关注支持向量,在解决小样本、非线性及高维模式识别问题中具有优势。

给定样本数据集 $D = \{(x_1, y_1), (x_2, y_2), \cdots, (x_m, y_m)\}$,$y_i \in \{-1, +1\}$,支持向量机的目标是找到一个"最大间隔"的划分超平面作为决策边界,将不同类别的样本分开。

样本空间中的超平面可描述为

$$\boldsymbol{w}^{\mathrm{T}} \boldsymbol{x} + b = 0 \tag{9.4}$$

式中,$\boldsymbol{w} = (w_1, w_2, \cdots, w_d)^{\mathrm{T}}$ 为列向量;b 为位移项。

任意点 x 到超平面的距离为

$$r = \frac{|\boldsymbol{w}^{\mathrm{T}}\boldsymbol{x} + b|}{\|\boldsymbol{w}\|} \tag{9.5}$$

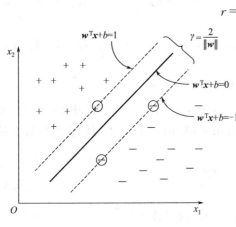

图 9.6 支持向量与间隔

对任意 $(\boldsymbol{x}_i, y_i) \in D$，若 $y_i = +1$，有 $\boldsymbol{w}^{\mathrm{T}}\boldsymbol{x}_i + b \geqslant 1$；若 $y_i = -1$，有 $\boldsymbol{w}^{\mathrm{T}}\boldsymbol{x}_i + b \leqslant -1$，则称该超平面能正确分类训练样本，即满足 $y_i(\boldsymbol{w}^{\mathrm{T}}\boldsymbol{x}_i + b) \geqslant 1$。

如图 9.6 所示，称满足 $|\boldsymbol{w}^{\mathrm{T}}\boldsymbol{x}_i + b| = 1$ 的训练样本点为"支持向量"，将两个异类支持向量到超平面的距离之和 $\gamma = \frac{2}{\|\boldsymbol{w}\|}$ 称为"间隔"。寻找"最大间隔"的划分超平面，等价于求解下面的规划问题

$$\max_{\boldsymbol{w}, b}\left(\frac{2}{\|\boldsymbol{w}\|}\right)$$
$$\text{s. t. } y_i(\boldsymbol{w}^{\mathrm{T}}\boldsymbol{x}_i + b) \geqslant 1 \qquad (i = 1, 2, \cdots, m) \tag{9.6}$$

显然，最大化 $\gamma = \frac{2}{\|\boldsymbol{w}\|}$ 等价于最小化 $\|\boldsymbol{w}\|^2$，故式(9.6) 可重写为

$$\min_{\boldsymbol{w}, b}\left(\frac{1}{2}\|\boldsymbol{w}\|^2\right)$$
$$\text{s. t. } y_i(\boldsymbol{w}^{\mathrm{T}}\boldsymbol{x}_i + b) \geqslant 1 \qquad (i = 1, 2, \cdots, m) \tag{9.7}$$

得到支持向量机的基本型 [式(9.7)]。

设对应于第 i 个样本 $(\boldsymbol{x}_i, y_i)$ 的约束 $y_i(\boldsymbol{w}^{\mathrm{T}}\boldsymbol{x}_i + b) \geqslant 1$ 的拉格朗日乘子为 $\alpha_i \geqslant 0$，则该问题的拉格朗日函数可写为

$$L(\boldsymbol{w}, b, \boldsymbol{\alpha}) = \frac{1}{2}\|\boldsymbol{w}\|^2 + \sum_{i=1}^{m}\alpha_i[1 - y_i(\boldsymbol{w}^{\mathrm{T}}\boldsymbol{x}_i + b)] \tag{9.8}$$

其中，$\boldsymbol{\alpha} = (a_1, a_2, \cdots, a_m)$。令 $L(\boldsymbol{w}, b, \boldsymbol{\alpha})$ 对 $\boldsymbol{w}$ 和 b 的偏导为零可得

$$\boldsymbol{w} = \sum_{i=1}^{m}\alpha_i y_i \boldsymbol{x}_i \tag{9.9}$$

$$\sum_{i=1}^{m}\alpha_i y_i = 0 \tag{9.10}$$

将式(9.9) 和式(9.10) 代入式(9.8) 中，即可消去 $L(\boldsymbol{w}, b, \boldsymbol{\alpha})$ 中的 $\boldsymbol{w}$ 和 b，得到式(9.7) 的对偶问题

$$\max_{\alpha}\left(\sum_{i=1}^{m}\alpha_i - \frac{1}{2}\sum_{i=1}^{m}\sum_{j=1}^{m}\alpha_i\alpha_j y_i y_j x_i^{\mathrm{T}} x_j\right) \tag{9.11}$$

$$\text{s. t. } \sum_{i=1}^{m}\alpha_i y_i = 0$$
$$\alpha_i \geqslant 0 \qquad (i = 1, 2, \cdots, m)$$

若解出对偶问题 [式(9.11)]，即得到 α 的值后，就可以求出 $\boldsymbol{w}$ 与 b，则可得到划分超平面

$$f(x) = \boldsymbol{w}^{\mathrm{T}}\boldsymbol{x} + b = \sum_{i=1}^{m}\alpha_i y_i \boldsymbol{x}_i^{\mathrm{T}}\boldsymbol{x} + b \tag{9.12}$$

此外，上述过程需满足 KKT 条件，即要求

$$\begin{cases} \alpha_i \geqslant 0 \\ y_i f(x_i) - 1 \geqslant 0 \\ \alpha_i y_i f(x_i) - 1 = 0 \end{cases} \tag{9.13}$$

可见，$\alpha_i = 0$ 或 $y_i f(x_i) = 1$。若 $\alpha_i = 0$，由式(9.12) 可知样本点 (x_i, y_i) 不会对 $f(x)$ 有影响；若 $\alpha_i > 0$，则必有 $y_i f(x_i) = 1$，样本点 (x_i, y_i) 是位于最大间隔边界上的支持向量，因此最终支持向量机模型仅与支持向量有关。

求解式(9.11) 的一种高效算法是 SMO（sequential minimal optimization）。SMO 是一个迭代算法，每次选择对应样本之间的间隔最大的两个变量 α_i 和 α_j，并固定其他参数，求解式(9.11) 获得更新后的 α_i 和 α_j，如此迭代直至收敛。

上面的讨论中，假设存在一个正确分类训练样本的划分超平面，即训练样本是线性可分的。然而在实际问题中，原始样本空间中可能不存在一个正确分类训练样本的划分超平面。此时，可以引入核函数，将上面的方法推广到非线性分类问题中。将样本从原始样本空间中映射到一个更高维的特征空间，使得样本在新的特征空间中是线性可分的。

设 X 是样本空间，H 是特征空间，若存在一个从样本空间到特征空间的映射

$$\phi : X \to H, x \mapsto \phi(x)$$

特征空间中的超平面可以表示为

$$f(x) = w^T \phi(x) + b = 0$$

与式(9.6) 相对应的是问题

$$\min_{w,b} \left(\frac{1}{2} \| w \|^2 \right) \tag{9.14}$$

$$\text{s. t. } y_i \left[w^T \phi(x_i) + b \right] \geqslant 1 \quad (i = 1, 2, \cdots, m)$$

其对偶问题

$$\max_{\alpha} \left[\sum_{i=1}^{m} \alpha_i - \frac{1}{2} \sum_{i=1}^{m} \sum_{j=1}^{m} \alpha_i \alpha_j y_i y_j \phi(x_i)^T \phi(x_j) \right] \tag{9.15}$$

$$\text{s. t. } \sum_{i=1}^{m} \alpha_i y_i = 0$$

$$\alpha_i \geqslant 0 \quad (i = 1, 2, \cdots, m)$$

由于特征空间的维数可能很高，计算 $\phi(x_i)^T \phi(x_j)$ 通常是困难的，因此若存在核函数 $K(x_i, x_j)$ 满足

$$\forall x_i, x_j \in X, K(x_i, x_j) = \phi(x_i)^T \phi(x_j)$$

则式(9.15) 可改写为式(9.16)

$$\max_{\alpha} \left[\sum_{i=1}^{m} \alpha_i - \frac{1}{2} \sum_{i=1}^{m} \sum_{j=1}^{m} \alpha_i \alpha_j y_i y_j K(x_i, x_j) \right] \tag{9.16}$$

$$\text{s. t. } \sum_{i=1}^{m} \alpha_i y_i = 0$$

$$\alpha_i \geqslant 0 \quad (i = 1, 2, \cdots, m)$$

求解后即可得到特征空间的划分超平面

$$f(x) = w^T \phi(x) + b = \sum_{i=1}^{m} \alpha_i y_i K(x, x_i) + b \tag{9.17}$$

它是模型最优解通过训练样本的核函数的"支持向量展式"。

常用的核函数有：

① 多项式核函数

$$K(\boldsymbol{x},\boldsymbol{x}_i)=(\boldsymbol{x}^{\mathrm{T}}\boldsymbol{x}_i)^q$$

其中，$q\geqslant 1$，为多项式的次数。

② 径向基函数

$$K(\boldsymbol{x},\boldsymbol{x}_i)=\exp\left(-\frac{\|\boldsymbol{x}-\boldsymbol{x}_i\|^2}{\sigma^2}\right)$$

其中，$\sigma>0$，为宽度。

③ Sigmoid 核函数

$$K(\boldsymbol{x},\boldsymbol{x}_i)=\tanh(\beta\boldsymbol{x}^{\mathrm{T}}\boldsymbol{x}_i+\theta)$$

其中，tanh 为双曲正切函数，$\beta>0$，$\theta<0$。

9.5 聚类分析

聚类分析是一种典型的"无监督学习"（unsupervised learning），通过对无标记未知类别训练样本的学习，将它们划分成若干个"簇"（cluster），使得属于同一簇的样本尽可能相似，属于不同簇的样本尽可能不相似，即簇内相似度尽可能高，而簇间相似度尽可能低，从而揭示样本之间内在的性质和规律。聚类分析在众多领域都有着广泛的应用，例如在销售领域，可以利用聚类对客户历史数据进行分析，将客户划分成不同的类别，刻画不同客户类别的特征，从而深入挖掘发现客户的潜在需求，改善服务质量。本节将介绍几种常见的聚类算法。

9.5.1 K 均值算法

K 均值算法是一种基于划分的聚类算法，由 Steinhaus 于 1955 年提出，在数据压缩、数据分类、密度估计等许多学科领域中都得到了大量的研究和应用。由于 K 均值算法思想简洁易懂，对于很多聚类问题都可以得到不错的结果且计算代价小，因此 K 均值算法是最常用的聚类算法之一，被公认为十大数据挖掘算法之一。

给定一个包含 m 个样本的数据集 $D=\{x_1,x_2,\cdots,x_m\}$，基于划分的聚类算法将 m 个样本按照某种度量划分为 k 个不相交的簇，每个簇至少包含一个样本并且每个样本点仅属于一个簇。K 均值算法中的样本间的相似度由它们之间的距离来决定，距离越近，相似度越高，因此 K 均值算法是通过比较样本点与各个簇质心的距离，将样本点划分至最近簇质心所在的簇。

记样本集 $D=\{x_1,x_2,\cdots,x_m\}$，簇划分 $C=\{C_1,C_2,\cdots,C_k\}$，簇的质心记为 $\mu=\{\mu_1,\mu_2,\cdots,\mu_k\}$，$K$ 均值算法的目标是使簇内的平方误差最小化，即

$$\min E=\sum_{i=1}^{k}\sum_{x\in C_i}\|x-\mu_i\|^2 \tag{9.18}$$

其中，$\mu_i=\frac{1}{|C_i|}\sum_{x\in C_i}x$。显然，$E$ 值越小簇内相似度越高。但由于最小化式（9.18）需要考察所有可能的簇划分，是一个 NP 难问题，因此 K 均值算法的求解通常采用贪心策略，通

过迭代优化近似求解。K 均值算法步骤总结如下：

① 给定聚类簇数 k，令 $n=0$，从样本集 D 中选择 k 个样本作为 k 个簇的初始质心 $\{\mu_1^0, \mu_2^0, \cdots, \mu_k^0\}$，通常是随机选取。

② 计算所有样本与各个质心的距离

$$d_{ij}^n = \|x_j - \mu_i^n\| \qquad (i=1,2,\cdots,k; j=1,2,\cdots,m)$$

根据距离最近原则，将样本归到距离最小的质心所在的簇，更新样本的簇划分

$$C_i^n = \{x_j \mid d_{ij}^n = \min\{d_{1j}^n, d_{2j}^n, \cdots, d_{kj}^n\}\} \qquad (i=1,2,\cdots,k)$$

③ 更新簇的质心

$$\mu_i^{n+1} = \frac{1}{|C_i^n|} \sum_{x \in C_i^n} x \ 。$$

④ 若均值向量均未更新，则终止迭代；否则令 $n=n+1$，转至第②步。

在实际应用中，若数据集过大有可能导致算法收敛速度过慢的情况，此时可以指定最大迭代次数或指定簇质心的变化阈值，当算法迭代次数达到最大次数或者簇质心变化小于阈值时终止算法运行。

K 均值算法与其他聚类算法相比，具有原理简单、运行效率高、容易解释、可用于高维数据等优点。但由于采用贪心策略，也具有容易局部收敛，大规模数据集上求解速度慢，对离群数据点和噪声非常敏感等缺点。特别是簇的初始质心的选择对算法的影响很大，一般来说，不同的初始质心会导致不同的聚类结果。对此，有人提出 K 均值＋＋算法，选取相互距离尽量远的初始质心。算法步骤如下：

① 从样本集 D 随机选择一个样本点作为第一个簇的质心 C_1。

② 计算其他样本点 x 到最近聚类中心的距离 $d(x)$。

③ 以 $d(x)^2 / \sum d(x)^2$ 为概率随机选取一个新的样本点作为新簇的质心，距离值越大的样本点被选中的可能越大。

④ 重复步骤②和步骤③，直至选定 k 个簇的质心作为初始质心。

⑤ 基于初始质心进行 K 均值算法。

此外，由于 K 均值算法采用距离来划分簇，因此只适用于球形簇，对于如图 9.7 所示的非凸面形状（非球形）的数据集，K 均值算法的聚类结果效果不好。

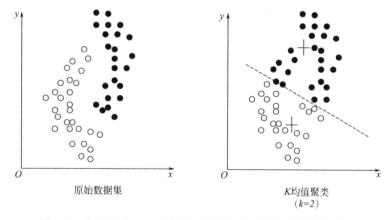

图 9.7 非凸面形状（非球形）的数据集及其 K 均值聚类结果

9.5.2　DBSCAN

DBSCAN（density-based spatial clustering of applications with noise）算法是最著名的基于密度的聚类算法。基于密度的聚类利用密度的思想，将样本点分布稠密的区域划分为簇，由于不是根据距离而是根据密度来计算样本相似度，所以基于密度的聚类算法可以用于挖掘任意形状的簇，并且可以起到过滤噪声样本的作用。

DBSCAN算法采用"邻域"参数（ϵ，$MinPts$）来刻画样本的密度，其中ϵ表示样本的邻域半径阈值，$MinPts$表示某一个样本点的ϵ-邻域中样本个数的阈值。下面首先给出DBSCAN中的几个基本概念。

① ϵ-邻域。样本点$x_j \in D$的ϵ-邻域$N_\epsilon(x_j)$，由样本集D中与x_j的距离不超过ϵ的样本点构成，即$N_\epsilon(x_j) = \{x \in D \mid dist(x_i, x_j) \leqslant \epsilon\}$。

② 核心对象（core object）。称样本点x_j为核心对象，若x_j的ϵ-邻域$N_\epsilon(x_j)$至少包含$MinPts$个样本点，即$|N_\epsilon(x_j)| \geqslant MinPts$。

③ 密度直达（directly density-reachable）。称x_j被x_i密度直达，若x_i是核心对象，且$x_j \in N_\epsilon(x_i)$。

④ 密度可达（density-reachable）。称x_j由x_i密度可达，若存在样本序列$x_i = p_1$，p_2，…，$p_n = x_j$，且p_{i+1}由p_i密度直达。

⑤ 密度相连（density-connected）。称x_i与x_j密度相连，若存在x_k使得x_i可由x_k密度可达，且x_j也可由x_k密度可达。

易知，密度直达和密度可达均不满足对称性，但密度相连满足对称性。同时，根据上面的定义，可以将数据集中的样本点分为核心对象、边界对象和噪声对象三类。核心对象的ϵ-邻域内包含至少$MinPts$个样本点，边界对象不是核心对象但落在某个核心对象的ϵ-邻域内，噪声对象既非核心对象也非边界对象。

DBSCAN算法通过寻找最大密度相连样本集合作为簇，即给定邻域参数（ϵ，$MinPts$），最大密度相连样本集合（簇）C中的任意两个样本点是密度相连的，且由C中的任意样本点可达的样本点一定在C中。实际上，从任意核心对象x出发，由x密度可达的所有样本组成的集合即为包含x的簇。因此DBSCAN算法步骤可总结如下：

① 基于给定参数（ϵ，$MinPts$）找出所有核心对象Ω，初始化未访问数据集$Q = D$，令$i = 1$。

② 任取一个还未访问的核心对象$x \in \Omega \cap Q$，找出所有由x密度可达的样本作为聚类簇C_i。

③ 更新未访问集$Q = Q/C$。

④ 若$\Omega \cap Q \neq \varnothing$，则$i = i + 1$且转至步骤②，否则算法结束。

DBSCAN算法中需要人工设置"邻域"参数（ϵ，$MinPts$）。一般采用观察所有样本点的第k个最近邻距离（k距离）的方法来确定这两个参数。对于簇中的点，如果k不大于簇内样本点个数，则k距离将很小；对于噪声点，k距离会较大。因此，计算所有样本的k距离并排序，k距离的急剧转折点对应于合适的ϵ值，此时的k值即为$MinPts$。

DBSCAN算法的主要优点是能够处理任意形状和大小的簇，可以发现数据集中的噪声点，运行结果相对稳定。但是它比较难以确定合适的参数，当簇的密度不均匀时很难发现所有的簇。DBSCAN算法和K均值算法的对比如表9.2所示。

表 9.2 DBSCAN 算法与 K 均值算法对比

项目	DBSCAN 算法	K 均值算法
思想	基于密度	基于划分
参数	$\epsilon, MinPts$	k
对噪声是否敏感	不敏感	敏感
算法稳定性	稳定性好	不稳定,受初始化质心影响
时间复杂度	$O(n^2)$	$O(n)$

9.5.3 模糊 C 均值

模糊 C 均值（FCM）是 K 均值算法的扩展。在 K 均值算法中，每个样本点至多只能属于一个簇，这种聚类方法被称为硬聚类。硬聚类在处理一些复杂数据集合（如包含重叠结果）时会出现不合理的聚类结果。因此，有人提出了结合模糊划分概念的软聚类——模糊 C 均值聚类方法，它生成的是软团簇，每一个样本可能以不同的隶属度属于不同的簇，为指派样本到团簇提供了一定的灵活性。模糊 C 均值算法的目标是最小化目标函数

$$J_m = \sum_{i=1}^{K} \sum_{j=1}^{m} u_{ij}^{\mu} \| x_j - c_i \|^2 \tag{9.19}$$

式中，μ 为模糊参数；c_i 是团簇 C_i 的中心点，由所有样本的加权平均决定

$$c_i = \frac{\sum_{j=1}^{m} u_{ij}^{\mu} x_j}{\sum_{j=1}^{m} u_{ij}^{\mu}} \tag{9.20}$$

u_{ij} 表示样本点 x_j 属于团簇 C_i 的隶属度

$$u_{ij} = \frac{1}{\sum_{k=1}^{K} \left(\frac{\| x_j - c_i \|}{\| x_j - c_k \|} \right)^{\frac{2}{\mu-1}}} \tag{9.21}$$

与 K 均值算法的求解类似，模糊 C 均值算法也是通过迭代更新 u_{ij} 和 c_i 来达成最小化目标函数 J_m 的目的。模糊 C 均值算法步骤总结如下：

① 给定聚类数 K，初始化隶属度矩阵 $U = (u_{ij})$。

② 使用式（9.20）计算簇中心点 c_i。

③ 使用式（9.21）更新隶属度矩阵 $U = (u_{ij})$。

④ 若满足收敛条件则终止，否则返回第②步。

模糊 C 均值算法的收敛条件一般设置为目标函数 J_m 迭代更新的差值 $|J_m^t - J_m^{t-1}|$ 是否小于阈值 ϵ。若 $|J_m^t - J_m^{t-1}| < \epsilon$，则说明算法已经迭代至设定的精度要求，可以终止迭代；否则，继续迭代。

需要注意的是，模糊 C 均值算法对离群点、初始值隶属和模糊参数的取定都很敏感。

9.6 强化学习

强化学习（reinforcement learning，RL），又称再励学习或增强学习，用于解决智能体

(agent) 在与环境（environment）的交互过程中通过学习策略寻求奖赏最大化的问题。智能体以"试错"的方式进行强化学习，通过与环境交互获得的奖赏指导行为，以达到获得最大的奖赏的目标。不同于连接主义学习中的监督学习，强化学习中由环境提供的强化信号是对智能体行为的一种评价，而不是告诉强化学习系统（reinforcement learning system，RLS）如何去产生正确的行为，RLS 必须通过自身的"试错"经历进行学习。通过这种方式，RLS 在行动-评价的环境中获得知识，改进行动方案以适应环境。

强化学习的模型常用马尔可夫决策过程（Markov decision process，MDP）来描述。处于环境 E 中的智能体，可以感知其在环境中所处的状态 $s \in S$，并根据某种策略 π 执行动作 $a \in A$，环境根据智能体所处状态和所采取的动作给予智能体奖赏 $r \in R$。其中，S 是所有可能状态构成的状态空间；A 是所有动作构成的动作空间；R 是所有奖赏构成的奖赏空间。设 t 时刻处于状态 s_t 的智能体执行动作 a_t 后，智能体转移到状态 s_{t+1} 的概率为 $P_s(s_{t+1} \mid s_t, a_t)$，此时环境给予的奖赏 r_{t+1} 的概率记为 $P_r(r_{t+1} \mid s_t, a_t)$。

策略（policy）π 是从状态空间到动作空间的映射

$$\pi: S \to A, s \mapsto a = \pi(s)$$

其中，$a = \pi(s)$ 是在状态 s 下策略 π 定义的可以执行的动作。记 $V^\pi(s_t)$ 为策略 π 的价值，表示时刻 t 智能体从状态 s_t 出发，按照策略 π 执行动作所获得的累计奖赏的期望值。最优策略（optimal policy）π^* 即是使得策略价值最大化的策略，即

$$V^{\pi^*}(s_t) = \max_\pi V^\pi(s_t)$$

定义 $Q^*(s_t, a_t)$ 为处于状态 s_t 时执行动作 a_t 并在其后遵循最优策略的累计奖赏的期望，则

$$V^{\pi^*}(s_t) = \max_{a_t} Q^*(s_t, a_t)$$

在有限时界模型中，智能体考虑后 T 个时刻的累计奖赏

$$V^\pi(s_t) = E\left(\sum_{i=1}^{T} r_{t+i}\right)$$

故

$$V^{\pi^*}(s_t) = \max_{a_t}\left[E(r_{t+1} \mid s_t, a_t) + \sum_{s_{t+1}} P_s(s_{t+1} \mid s_t, a_t) V^{\pi^*}(s_{t+1})\right] \tag{9.22}$$

$$Q^*(s_t, a_t) = E(r_{t+1} \mid s_t, a_t) + \sum_{s_{t+1}} P_s(s_{t+1} \mid s_t, a_t) V^{\pi^*}(s_{t+1})$$

在无限时界模型中，没有序列长度的限制，但需要考虑未来奖赏的折现率 $\gamma \in [0, 1)$。此时有

$$V^\pi(s_t) = E\left(\sum_{i=1}^{\infty} \gamma^{i-1} r_{t+i}\right)$$

故

$$V^{\pi^*}(s_t) = \max_{a_t}\left[E(r_{t+1} \mid s_t, a_t) + \gamma \sum_{s_{t+1}} P_s(s_{t+1} \mid s_t, a_t) V^{\pi^*}(s_{t+1})\right] \tag{9.23}$$

$$Q^*(s_t, a_t) = E(r_{t+1} \mid s_t, a_t) + \gamma \sum_{s_{t+1}} P_s(s_{t+1} \mid s_t, a_t) V^{\pi^*}(s_{t+1})$$

称式（9.22）和式（9.23）为 Bellman 公式。

在基于模型的强化学习中，即完全已知概率 $P_s(s_{t+1}|s_t, a_t)$ 和概率 $P_r(r_{t+1}|s_t, a_t)$ 时，

可以直接利用 Bellman 公式使用动态规划求出最优价值函数 $V^{\pi^*}(s_t)$，进而得到最优策略即为选择最大化下一状态价值的动作

$$\pi^*(s_t) = \underset{a_t}{\arg\max}\left[E(r_{t+1} \mid s_t,a_t) + \sum_{s_{t+1}} P_s(s_{t+1} \mid s_t,a_t) V^{\pi^*}(s_{t+1})\right]$$

或 $$\pi^*(s_t) = \underset{a_t}{\arg\max}\left[E(r_{t+1} \mid s_t,a_t) + \gamma \sum_{s_{t+1}} P_s(s_{t+1} \mid s_t,a_t) V^{\pi^*}(s_{t+1})\right]$$

在无模型时，即概率 $P_s(s_{t+1} \mid s_t,a_t)$ 和概率 $P_r(r_{t+1} \mid s_t,a_t)$ 未知的情况下，需要对环境进行探索，利用探索所得到的信息对当前状态的价值进行更新估计。常用的探索方法是 ϵ 贪心搜索，即以概率 ϵ 在所有可能的动作中均匀随机地选择一个动作进行探索，以概率 $1-\epsilon$ 选择已知的最佳动作。利用探索所得到的信息可以对 $Q(s_t,a_t)$ 进行学习

$$\hat{Q}(s_t,a_t) \leftarrow \hat{Q}(s_t,a_t) + \eta\left[r_{t+1} + \gamma \underset{a_{t+1}}{\max}\hat{Q}(s_{t+1},a_{t+1}) - \hat{Q}(s_t,a_t)\right]$$

其中，$\hat{Q}(s_t,a_t)$ 是对 $Q(s_t,a_t)$ 的估计值，得到收敛的 $\hat{Q}(s_t,a_t)$ 后，最优策略为

$$\pi^*(s_t) = \underset{a_t}{\arg\max}\hat{Q}(s_t,a_t)$$

10　专家系统

 案例引入

　　阿肖克·戈埃尔是佐治亚理工学院的一名计算机科学教授。他的在线课堂约有四百多个学生，每个学期学生的问题多达 10000 个，远远超出了他与他的教研团队所能处理的范围。不过戈埃尔是一位人工智能的专家，他创造了 AI 助教——吉尔·华生，佐治亚理工学院的线上资讯平台。戈埃尔利用四个学期共四万多个问题与答案以及其他 Piazza 闲谈构建知识库，对吉尔·华生进行训练。吉尔能够同时帮助现实课堂里的数十位学生及数目更多的线上学生。

 学习意义

　　人工智能在实际应用中最引人注目的成果就是各种专家系统的出现，它是人工智能研究最活跃或最富有成效的领域。专家系统是一种基于知识的系统，它的诞生使人工智能的研究从面向基础技术和基本方法的理论研究走向解决实际问题的具体研究，从探索广泛的普遍规律转向知识的工程应用。自 1968 年费根鲍姆等人成功研制第一个专家系统 DENDRAL 以来，专家系统技术已经获得了迅速发展，广泛地应用于数学、物理、化学、医学、地质、气象、农业、法律、教育、交通运输、机械、艺术以及计算机科学本身，甚至渗透到政治、经济、军事等重大决策部门，产生了巨大的社会效益和经济效益，成为人工智能的重要分支。

学习目标

- 了解专家系统的历史；
- 掌握专家系统的概念和结构；
- 熟悉专家系统的建立和知识获取方法；
- 了解专家系统的开发工具。

10.1　专家系统的由来和发展

10.1.1　专家系统的提出

费根鲍姆进入卡内基理工学院（卡内基梅隆的前身）攻读电气工程（简称 EE）本科时才 16 岁，大三时一门"社会科学的数学模型"的课设定了他的人生轨迹。1962 年麦卡锡从东岸的麻省理工学院搬到旧金山湾区，组建了斯坦福大学计算机系。1964 年费根鲍姆响应麦卡锡的召唤，离开伯克利，到不远处的斯坦福大学协助麦卡锡。李德伯格在哥伦比亚大学读本科时就受到"莱布尼茨之梦"的影响，企图寻找人类知识的普遍规则。1962 年夏，李德伯格还在斯坦福计算中心听编程的课，他上手的第一门语言是 BALGOL。他很快就结识了刚从麻省理工学院加入斯坦福大学的麦卡锡。

1964 年，费根鲍姆在斯坦福大学高等行为科学研究中心的一次会上见到了李德伯格，对科学哲学的共同爱好促成了他们的合作。那时李德伯格的研究方向是太空生命探测，更具体地说就是用质谱仪分析火星上采集来的数据，看火星上有无可能存在生命。费根鲍姆的兴趣则是机器归纳法，用现在的话说就是机器学习。他们俩，一个有数据，一个搞工具，一拍即合。费根鲍姆的计算机团队的任务就是把李德伯格的思路算法化。

费根鲍姆和李德伯格对化学并不精通，于是他们找到同校的化学家、口服避孕药发明人卡尔·杰拉西帮忙。三人合作的成果就是第一个专家系统 DENDRAL。DENDRAL 输入的是质谱仪的数据，输出是给定物质的化学结构。费根鲍姆团队"捕捉"卡尔·杰拉西团队的化学分析知识，把知识提炼成规则。这个专家系统有时做得比卡尔·杰拉西的团队还准。

10.1.2　专家系统的发展

在 DENDRAL 之后，各种不同功能、不同类型的专家系统相继地建立了起来。纵观整个发展史，按照发展阶段的不同，可以将专家系统分为如下 5 个阶段：基于规则的、基于框架的、基于案例的、基于模型的、基于网络（Web）的，如图 10.1 所示。20 世纪 60 年代末麻

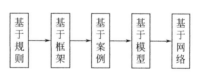

图 10.1　专家系统的发展

省理工学院（MIT）开始研制专家系统 MACSYMA，这是一个专为帮助数学家、工程师们解决复杂微积分运算和数学推导而开发的大型专家系统，经过 10 多年的工作，研制出了具有 30 多万 LISP 语句行的软件系统。同期，卡内基梅隆大学开发了一个用于语音识别的专家系统 HEARSAY，之后又相继推出了 HEARSAY-Ⅱ、HEARSAY-Ⅲ等。20 世纪 70 年代初，匹兹堡大学的鲍波尔（H. E. Pople）和内科医生合作研制了内科病诊断咨询系统 IN-TERNIST，该系统用 Inter LISP 语言写成，于 1974 年演示成功，此后进一步发展完善，成为后来的 CADUCEUS 专家系统。

20 世纪 70 年代中期，专家系统进入了成熟期，其观点逐渐被人们接受，并先后出现了一批卓有成效的专家系统，其中较具代表性的有 MYCIN、PROSPECTOR、CASNE 等。关于 MYCIN，之所以对它如此重视，不仅是由于它能对细菌感染性疾病做出专家水平的诊断和治疗，是一个成功的专家系统，而且还由于它第一个使用了目前专家系统中常用的知识库的概念，并对不确定性的表示与处理提出了可信度方法。PROSPECTOR 是一个探矿

专家系统，它是由斯坦福国际咨询研究所（SRI）的一个研究小组研制开发的，它首次实地分析华盛顿州某山区一带的地质资料，发现了一个钼矿床，成为第一个取得明显经济效益的专家系统。CASNET 是一个几乎与 MYCIN 同时开发的专家系统，用于青光眼病的诊断与治疗。除这些之外，在这一时期另外两个影响较大的专家系统是斯坦福大学研制的 AM 系统及 PUFF 系统。AM 是一个用于机器模拟人类归纳推理、抽象概念的专家系统，而 PUFF 是一个肺功能测试专家系统，经对多个实例进行验证，成功率达 93%。

20 世纪 80 年代以来，专家系统的研制开发明显地趋于商品化，直接服务于生产企业，产生了明显的经济效益。例如 DEC 公司与卡内基梅隆大学合作开发了专家系统 XCON（R1），用于为 VAX 计算机系统制订硬件配置方案，节约资金近 1 亿美元；IBM 公司为 3380 磁盘驱动器建立了相应的专家系统，创利 1200 万美元；著名的 American Express 信用卡通过使用信用卡认可专家系统，避免损失达 2700 万美元。

我国在专家系统的研制开发方面虽然起步较晚，但也取得了很好的成绩。例如，中国科学院合肥智能机械研究所开发的施肥专家系统、南京大学开发的新构造找水专家系统、吉林大学开发的勘探专家系统及油气资源评价专家系统、浙江大学开发的服装裁剪专家系统及花布图案设计专家系统、北京中医医院开发的关幼波肝病诊断专家系统等都取得了明显的经济效益及社会效益，对推动专家系统与人工智能理论及技术的研究起到了重要作用。

10.2 专家系统概述

10.2.1 专家系统的定义

专家系统可视为一类具有专门知识和经验的计算机智能程序系统，其能力来自于它所拥有的专家知识，它一般采用人工智能中的知识表示和知识推理技术来模拟通常由专家才能解决的复杂问题，达到具有与专家同等解决问题能力的水平。这种基于知识的系统设计方法是以知识库和推理机为中心而展开的。这就是说

专家系统＝知识库＋推理机

专家系统把知识和系统中其他部分分离开来，强调知识而不是方法。主要原因是很多有意义但比较困难的问题没有易于实现的、基于算法的解决方案；目前的专家系统知识相对比较缺乏，并且只有当人类专家拥有丰富的知识时，才可以解决大量的问题。所以知识在专家系统中具有非常重要的地位。因此专家系统也可以称为基于知识的系统。一般来说，一个专家系统应该具备以下四个要素。

① 应用于某专门领域；
② 拥有专家级知识；
③ 能模拟专家的思维；
④ 能达到专家级水平。

10.2.2 专家系统的分类

为了明确各类专家系统的特点及其所需的技术和系统组织方式，以便在构造一个新的专家系统时有一个明确的方向，有必要对它们进行分类。按专家系统的特性及处理问题的类型分类，海叶斯-罗斯（F. Heyes-Roth）等人将专家系统分为十类。

(1) 解释型

根据所得到的有关数据，经过分析、推理，从而给出相应解释的一类专家系统。例如 DENDRAL 系统、语音识别系统 HEARSAY 以及根据声呐信号识别舰船的 HASP/SIAP 系统等，都属于这一类。这类系统必须能处理不完全、甚至受到干扰的信息，并能对所得到的数据给出一致且正确的解释。

(2) 诊断型

根据输入信息推出相应对象存在故障、找出产生故障的原因并给出排除故障方案的一类专家系统。这是目前开发、应用最多的一类专家系统，凡是用于医疗诊断、机械故障诊断、产品质量鉴定等的专家系统都属这一类。例如病菌感染诊断治疗系统 MYCIN、血液凝结病诊断系统 CLOT、计算机硬件故障诊断系统 DART 等。这类系统一般要求掌握处理对象内部各部件的功能及相互关系。由于现象与故障之间不一定存在严格的对应关系，因此在建造这类系统时，需要掌握有关对象较全面的知识，并能处理多种故障同时并存以及间歇性故障等情况。

(3) 预测型

根据相关对象的过去及当前状况来推测未来情况的一类专家系统。凡是用于天气预报、地震预报、市场预测、人口预测、农作物收成预测等的专家系统都属于这一类。例如大豆病虫害预测系统 PLANT/ds、军事冲突预测系统 I&W、台风路径预测系统 TYT 等。这类系统通常需要有相应模型的支持，如天气预报需要构造各地区、各季节和各天气条件下的模型。另外，这类系统通常需要处理随时间变化的数据及按时间顺序发生的事件，因而时间推理是这类系统中常用的技术。

(4) 设计型

按给定要求进行相应设计的一类专家系统。凡是用于工程设计、电路设计、建筑及装修设计、服装设计、机械设计及图案设计的专家系统都属于这一类。例如，计算机硬件配置设计系统 XCON、自动程序设计系统 PSI、超大规模集成电路辅助设计系统 KBVLSI 等。对这类系统，一般要求在给定的限制条件下能给出最佳或较佳设计方案。为此它必须能够协调各项设计要求，以形成某种全局标准，同时它还要能进行空间、结构或形状等方面的推理，以形成精确、完整的设计方案。

(5) 规划型

按给定目标拟定总体规划、行动计划、运筹优化等的一类专家系统。主要适用于机器人动作控制、工程计划，以及通信、航行、实验、军事行动等的规划。例如，安排宇航员在空间站中活动的 KNEECAP 系统、制订最佳行车路线的 CARPG 系统、可辅助分子遗传学家规划其实验并分析实验结果的 MOLGEN 系统等。对这类系统的一般要求是：在一定的约束条件下能以较小的代价达到给定的目标。为此它必须能预测并检验某些操作的效果，并能根据当时的实际情况随时调整操作的序列，当整个规划由多个执行者完成时，它应能保证它们并行地工作并协调它们的活动。

(6) 控制型

用于对各种大型设备及系统实现控制的一类专家系统，例如维持钻机最佳钻探流特征的 MUD 系统。控制型一般兼有数字和非数字两种模式。为了实现对被控对象的实时控制，该类系统必须具有能直接接收来自被控对象的信息，并能迅速地进行处理、及时地作出判断和采取相应行动的能力。

（7）监测型

用于完成实时监测任务的一类专家系统，例如高危病人监护系统 VM、航空母舰空中交通管理系统 REACTOR 等。为了实现规定的监测，这类系统必须能随时收集任何有意义的信息，并能快速地对得到的信息进行鉴别、分析、处理，一旦发现异常，能尽快地作出反应，如发出警报信号等。

（8）维修型

用于制订排除某类故障的规划并实施排除的一类专家系统，例如电话电缆维护系统 ACE、排除内燃机故障的 DELTA 系统等。对这类系统的要求是能根据故障的特点制订纠错方案，并能实施这个方案排除故障，当制订的方案失效或部分失效时，能及时采取相应的补救措施。

（9）教育型

用于辅助教学的一类专家系统，可以制订教学计划、设计习题、水平测试等，并能根据学生学习中所产生的问题进行分析、评价，找出错误原因，有针对性地确定教学内容或采取其他有效的教学手段。可进行逻辑学、集合论教学的 EXCHECK 就是这样的一个专家系统。在这类系统中，其关键技术是要有以深层知识为基础的解释功能，并且需要建立各种相应的模型。

（10）调试型

用于对系统实施调试的一类专家系统，例如计算机系统的辅助调试系统 TIMM/TUN-ER。对这类系统的要求是能根据相应的标准检测被调试对象存在的错误，并能从多种纠错方案中选出适用于当前情况的最佳方案，排除错误。

此外，近些年还研制开发了决策型及管理型的专家系统。决策型的专家系统是对各种可能的决策方案进行综合评判和选优的一类系统，它集解释、诊断、预测、规划等功能于一身，能对相应领域中的问题做出辅助决策，并给出所做决策的依据。目前比较成功的系统有 Expertax、Capital Expert System 等。管理型专家系统是在管理信息系统及办公自动化系统的基础上发展起来的，它把人工智能技术用于信息管理，以达到优质、高效的管理目标，提高管理水平，在人力、物资、时间、费用等方面获取更大的效益。

10.2.3 专家系统的特点

（1）具有专家水平的专业知识

具有专家的专业水平是专家系统的最大特点。专家系统中的知识按其在问题求解中的作用可分为三个层次，即数据级、知识库级和控制级。数据级知识是指具体问题所提供的初始事实及在问题求解过程中所产生的中间结论、最终结论。数据级知识通常存放于数据库中。知识库级知识是指专家的知识。这一类知识是构成专家系统的基础。控制级知识也称为元知识，是关于如何运用前两种知识的知识，如在问题求解中的搜索策略、推理方法等。专家系统具有的知识越丰富，质量越高，解决问题的能力就越强。

（2）能进行有效的推理

专家系统的核心是知识库和推理机。专家系统要利用专家知识来求解领域内的具体问题，必须有一个推理机，能根据用户提供的已知事实，通过运用知识库中的知识，进行有效的推理，以实现问题的求解。专家系统不仅能根据确定性知识进行推理，而且能根据不确定的知识进行推理。领域专家解决问题的方法大多是经验性的，表示出来往往是不精确的，仅以一定的可能性存在。要解决的问题本身所提供的信息往往也是不确定的。专家系统的特点之一就是能综合利用这些不确定的信息和知识进行推理，得出结论。

（3）具有启发性

专家系统除能利用大量专业知识以外，还必须利用经验的判断知识来对求解的问题作出多个假设。依据某些条件选定一个假设，使推理继续进行。

（4）具有灵活性

专家系统的知识库与推理机既相互联系又相互独立。相互联系保证了推理机利用知识库中的知识进行推理以实现对问题的求解；相互独立保证了当知识库作适当修改和更新时，只要推理方式不变，推理机部分就可以不变，使系统易于扩充，具有较大的灵活性。

（5）具有透明性

在使用专家系统求解问题时，不仅希望得到正确的答案，而且还希望知道得到该答案的依据。专家系统一般都有解释机构，向用户解释推理过程，回答用户"为什么（why）""结论是如何得出的（how）"等问题。

（6）具有交互性

专家系统一般都是交互式系统，具有较好的人机界面。一方面它需要与领域专家和知识工程师进行对话以获取知识；另一方面它也需要不断地从用户那里获得所需的已知事实，并回答用户的询问。

10.3 专家系统的结构

10.3.1 专家系统的概念结构

实际专家系统的功能和结构可能彼此有些差异，但完整的专家系统一般应包括人机接口、推理机、知识库、数据库、知识获取机构和解释机构六部分。各部分的关系如图 10.2 所示。

专家系统的核心是知识库和推理机，其工作过程是根据知识库中的知识和用户提供的事实进行推理，不断地由已知的事实推出未知的结论（即中间结果），并将中间结果放到数据库中，作为已知的新事实进行推理，从而把求解的问题由未知状态转换为已知状

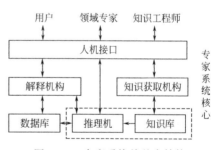

图 10.2　专家系统的基本结构

态。在专家系统的运行过程中，会不断地通过人机接口与用户进行交互，向用户提问，并向用户做出解释。

（1）知识库

知识库是领域知识的存储器。它存储专家经验、专门知识与常识性知识，是专家系统的核心部分。

（2）数据库

数据库用于存储领域内的初始数据和推理过程中得到的各种信息。数据库中存放的内容是该系统当前要处理的对象的一些事实。

（3）推理机

推理机是用来控制、协调整个系统的。它根据当前输入的数据即数据库中的信息，利用知识库中的知识，按一定的推理策略，去解决当前的问题，并把结果送到用户接口。因为专家系统是模拟人类专家进行工作，所以推理机的推理过程应与专家的推理过程尽可能一致。

（4）人机接口

人机接口是专家系统与用户通信的部分。它既可接受来自用户的信息，将其翻译成系统可接受的内部形式，又能把推理机从知识库中推出的有用知识送给用户。

（5）解释机构

解释机构能对推理给出必要的解释。这给用户了解推理过程、向系统学习和维护系统提供了方便。

（6）知识获取机构

知识获取机构为修改、扩充知识库中的知识提供手段。这里指的是机器自动实现的知识获取。它对于专家系统的不断完善、提高起着重要的作用。

综上所述可知，一个专家系统不仅能提供专家水平的建议与意见，而且当用户需要时，能对系统本身行为作出解释，同时还有知识获取功能。专家系统的工作特点是运用知识进行推理，因此知识获取（包括人工方式的知识获取和机器学习）、知识表示和知识运用是建造专家系统的三个核心部分。

专家系统强调符号处理，并希望有一个理想的人机接口，做到专家或用户能以一种接近自然语言的语言甚至口语形式同系统进行信息的交流。这些都是传统程序所不具备的特点，如表 10.1 所示。

表 10.1　专家系统和传统程序的比较

特性	专家系统	传统程序
处理类型	符号	数字
主要算符	比较、选择、分类、匹配和逻辑集、上下文关系与分区模式、检索和识别	算数和逻辑
程序流程	不确定	确定（过程流程和终止可预测）
执行	动态（数据结构的产生使得资源分配很难）	静态
信息管理	知识的表示和获取复杂	一般用构造合理的数据对算法作出明确定义
系统改进	允许继续进行改进机制	几乎没有在线改进机制

10.3.2　专家系统的实际结构

上面介绍的是专家系统的概念模型，或者说是只强调知识和推理这一主要特征的专家系统结构。但专家系统终究仍是一种计算机应用系统。所以，它与其他应用系统一样，是解决实际问题的。而实际问题往往是错综复杂的，比如，可能需要多次推理或多路推理或多层次推理才能解决，而知识库也可能是多块或多层的。

另外，实际问题中往往不仅需要推理，而且还需要作一些其他处理。如在推理前也可能还需要作一些预处理（如计算），推理后也可能要作一些再处理（如绘图），或者处理和推理要反复交替多次，或经多路进行等。这样一来，就使得专家系统的实际结构可能变得多式多样。例如，可以有图 10.3 所示的实例结构。可以看出，在这种实例结构中，专家系统只作为整个系统的一个模块（称为专家模块）嵌套在一个实际的应用系统中，而整个应用系统可能包含一个或者多个专家模块。

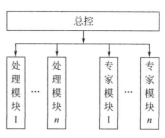

图 10.3 专家系统的实例结构

当然，这种系统仍可称为专家系统，但对于含有多于一个专家模块的系统，实际上已是多专家系统（可能是多层的、多路的、多重的等）。另外，从图 10.3 中可以看出，给各种应用系统添上专家模块，这个系统也就是专家系统了。这就是说，专家系统与计算机应用系统应该是融为一体的。

下面按照专家系统不同的发展阶段介绍其结构特征。

（1）基于规则的专家系统

基于规则的专家系统是目前最常用的方式，主要归功于大量成功的实例以及简单灵活的开发工具。它直接模仿人类的心理过程，利用一系列规则来表示专家知识。

（2）基于框架的专家系统

基于框架的专家系统可看作是基于规则的专家系统的一种自然推广，是一种完全不同的编程风格。1975 年 Minsky 提出用"框架"来描述数据结构。框架包含某个概念的名称、知识、槽。当遇到这个概念的特定实例时，就向框架中输入这个实例的相关特定值。

编程语言中引入框架的概念后，就形成了面向对象的编程技术。可以认为，基于框架的专家系统等于面向对象的编程技术，对应的术语见表 10.2。

表 10.2 等价概念

基于框架的专家系统	框架	实例	陈述知识	过程知识	槽
面向对象的编程技术	类	对象	属性	事件	属性类型、约束范围等

（3）基于案例的专家系统

基于案例的专家系统，是采用以前的案例求解当前问题的技术，求解过程如图 10.4 所示。首先获取当前问题信息，接着寻找最相似的以往案例。如果找到了合理的匹配，就建议使用和过去所用相同的解；如果搜索相似案例失败，则将这个案例作为新案例。因此，基于案例的专家系统能够不断学习新的经验，以增加系统求解问题的能力。

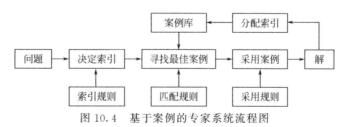

图 10.4 基于案例的专家系统流程图

（4）基于模型的专家系统

传统专家系统的一个主要缺点在于"缺乏知识的重用性和共享性"，而采用本体论（模型）来设计专家系统，可以解决该缺点。另外，它既能增加系统功能，提高性能指标；又可独立深入研究各种模型及其相关，将结果用于系统设计。

基于本体论的专家系统从元模型清晰定义、设计原理概念化和知识库标准化 3 个方面来获得系统的重用性和共享性。通过将某事物的模型、原理、知识库采用本体论的方法严格定义后，就能保证该事物与该模型严格对应，在今后的设计中，可方便地重新调用该模型以加速系统设计。

图 10.5 是由 6 个模型搭建起来的一个小型控制系统，实现了利用神经网络逼近车间生产过程，继而预测产量。由于模型组件、接口、通信、限制等全部标准化，因此利用 Simulink 软件，通过简单的鼠标连线，可在 1min 内开发出这个系统。

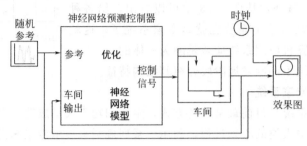

图 10.5　基于本体论的专家系统示例

（5）基于 Web 的专家系统

随着 Internet 的发展，Web 已成为用户的交互接口，软件也逐步走向网络化。而专家系统的发展也顺应该趋势，将人机交互定位在 Internet 层次：专家、工程师与用户通过浏览器访问专家系统服务器，将问题传递给服务器；服务器则通过后台的推理机，调用当地或远程的数据库、知识库来推导结论，并将这些结论反馈给用户。

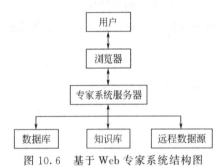

图 10.6　基于 Web 专家系统结构图

图 10.6 给出了基于 Web 的专家系统的结构，一般将其分为 3 个层次：浏览器层、应用逻辑层、数据库层，这种划分方式符合 3 层网络结构。

10.4　知识获取

拥有知识是专家系统有别于其他计算机软件系统的重要标志，而知识的质量和数量又是决定专家系统性能的关键因素。知识获取就是要解决如何使专家系统获得高质量的知识。

10.4.1　知识获取的过程与模式

知识获取的基本任务是为专家系统获取知识，建立起健全、完善、有效的知识库，以满足求解领域问题的需要。按知识获取的自动化程度划分，知识获取可分为非自动知识获取和自动知识获取两种方式。

（1）知识获取的任务

知识获取需要做以下几项工作：

① 抽取知识。抽取知识是指把蕴含于知识源（领域专家、书本、相关论文及系统的运行实践等）中的知识经过识别、理解、筛选、归纳等抽取出来，以用于建立知识库。

② 知识转换。知识转换是指把知识由一种表示形式转换为另一种表示形式。人类专家或科技文献中的知识通常是用自然语言、图形、表格等形式表示的，而知识库中的知识是用计算机能够识别、运用的形式表示的，两者之间有较大的差别。为了把从专家及有关文献中

抽取出来的知识送入知识库供求解问题使用，需要进行知识表示形式的转换。

③ 知识输入。知识输入是指把用适当的知识表示模式表示的知识经过编辑、编译送入知识库的过程。目前，知识的输入一般是通过两种途径实现：一种是利用计算机系统提供的编辑软件；另一种是用专门编制的知识编辑系统，称之为知识编辑器。

④ 知识检测。知识库的建立是通过对知识进行抽取、转换、输入等环节实现的，任何环节上的失误都会造成知识错误，直接影响到专家系统的性能。因此，必须对知识库中的知识进行检测，以便尽早发现并纠正错误。另外，经过抽取转换后的知识可能存在知识的不一致和不完整等问题，也需要通过知识检测来发现是否有知识的不一致和不完整，并采取相应的修正措施，使专家系统的知识具有一致性和完整性。

（2）知识获取方式

① 非自动知识获取。在非自动知识获取方式中，知识获取分两步进行，首先由知识工程师从领域专家和有关技术文献获取知识，然后由知识工程师用某种知识编辑软件输入到知识库中。非自动方式是使用较普遍的一种知识获取方式。专家系统 MYCIN 就是其中最具代表性的，它对非自动知识获取方法的研究和发展起到了重要作用。

② 自动知识获取。自动知识获取是指系统自身具有获取知识的能力，它不仅可以直接与领域专家对话，从专家提供的原始信息中"学习"到专家系统所需的知识，而且还能从系统自身的运行实践中总结、归纳出新的知识，发现知识中可能存在的错误，不断自我完善，建立起性能优良、知识完善的知识库。自动知识获取是一种理想的知识获取方式，它的实现涉及人工智能的多个研究领域，例如模式识别、自然语言理解、机器学习等，对硬件也有更高的要求。

10.4.2　知识的检测与求精

知识库中知识的一致性、完整性是影响专家系统性能的重要因素。

（1）知识的一致性与完整性

知识库的建立过程是知识经过一系列变换后存入计算机系统的过程，在这个过程中存在各种因素会导致知识不健全。例如：

① 领域专家提供的知识中存在某些不一致、不完整，甚至错误的知识。由于专家系统是以专家知识为基础的，因而专家知识中的任何不一致、不完整必然影响知识库的知识一致性与完整性。

② 知识工程师未能准确、全面地理解领域专家的意图，使得所抽取的知识条款隐含着种种错误，影响到知识的一致性和完整性。

③ 对知识库中的知识进行增、删、改时没有充分考虑到可能产生的影响，以致在对知识库进行了这些知识更新操作后使知识库出现了知识不一致或不完整的情况。由于知识之间存在着复杂的联系，因此，对知识的更新操作可能产生意想不到的后果。

由于这些原因，知识库中可能出现各种问题，主要表现为知识冗余、矛盾、从属、环路、不完整等方面。

（2）知识的检测方法

为了保证知识库的正确性，需要做好知识的检测。知识检测分为静态检测和动态检测。静态检测是指在知识输入之前由领域专家及知识工程师所做的检查工作。动态检测是指在知识输入过程中以及对知识库进行增、删、改时由系统所进行的检查。在系统运行过程中出现错误时也需要对知识库进行动态检测。这里，我们讨论动态检测方法。

① 冗余的检测。以逻辑表达式等价性检测方法为基础，就可以进行冗余的检测。

a.等价规则的检测。产生式规则的条件部分和结论部分都是合取式，只要对两条规则的条件部分及结论部分分别检查等价性就可得知这两条规则是否等价。

b.冗余规则链的检测。为了发现冗余规则链，首先应该检查两条规则链的第一条规则的条件是否等价。若有等价条件，则再检查这两条规则链的最后一条规则的结论是否等价。若又有等价结论，则可能有冗余规则链。

c.冗余条件的检测。为了发现冗余条件，首先应检查两条规则的结论是否等价，这可从THEN-THEN 表得到。当两条规则的结论等价而条件部分不等价时，可把其中一条规则条件部分的各个合取项逐一变为否定，并逐次检测这两条规则条件部分的等价性。若等价，则刚才被否定的子条件及在另一条规则条件部分中与之对应的那个子条件都是冗余条件。

② 矛盾规则及矛盾规则链的检测。首先根据 IF-IF 表找出两个条件部分等价的规则，然后将其中一条规则的结论部分变为否定后再与另一条规则的结论部分进行等价比较。若等价，则这两条规则是矛盾的。

对于由规则强度不同引起的矛盾，先检查两条规则是否等价，若等价，再检查它们的规则强度是否相同，若不同，则这两条规则是矛盾的。

矛盾规则链的检测与冗余规则链的检测方法类似。首先根据 IF-IF 表找出两个条件部分等价的规则，并分别建立它们的推理链。然后遍历这两条推理链，若发现这两条推理链有一对规则的结论部分是矛盾的，则从这一对规则分别沿各自推理链回溯至第一条规则的两条子推理链是矛盾的。

③ 从属规则的检测。为了发现从属规则，首先要检查两条规则的结论是否等价，这可从 THEN-THEN 表得到。若两条规则的结论等价，再检查一条规则的条件部分是否是另一条规则条件部分的一部分，若是，则表明后者比前者要求更多的约束条件，故而后者是前者的从属规则。

④ 环路的检测。为了检测知识之间是否存在规则链环路，需要找到这样的规则，即该规则的结论与其他规则的条件等价，这样的规则可能会是一个环路中的一条规则。为此，可建立一个名为 IF-THEN 的二维表，表中存放每条规则的条件部分与其他规则的结论部分等价比较的结果。检测时，首先根据 IF-THEN 表找出一条结论与其他规则的条件等价的规则，然后从这条规则开始，根据 IF-THEN 表沿着规则链进行查找，找出下一条结论与其他规则条件等价的规则，直到出现如下两种情况之一时为止：

a.在规则链中找到了一条规则，它的结论与规则链中已有的某条规则的条件等价，这说明这个规则链有一个环路。

b.沿规则链找不到一条结论与规则链中已有规则的条件等价的规则，且规则链结束，这说明这个规则链没有形成环路。

若对每条规则链都进行环路检测，则可把知识库中的环路都找出来，并进行相应的处理。

(3) 知识求精

知识库中除了可能存在上述的冗余、矛盾等问题外，还可能存在知识不完整的问题，以致在系统运行时产生错判或漏判的错误。错判是指对给定的不应产生某一结论的条件，经系统运行却得出了这一结论。例如，对于一个肝病诊断专家系统来说，根据给定的条件，把不应诊断为肝炎的病例诊断为肝炎，这就是错判。漏判是指对给定条件本应推出的结论没有推出来，例如，肝炎病例没有诊断为肝炎。

为了找出导致错误的原因，就需要找出产生这些错误的知识，予以改进，以提高知识库的可靠性，称之为知识求精。实现知识求精的一般方法是：用一批有已知结论的实例考核知识库，看有多少实例被系统错判和漏判，然后对知识进行适当的修正，以提高知识库的可靠性。

10.4.3 知识的组织与管理

专家系统的性能一方面取决于知识的质量与数量、推理方法及控制策略，另一方面也取决于知识的组织与管理。

(1) 知识的组织

当把知识送入知识库时，面临的问题就是要事先确定知识库的存储结构，以便于建立知识库中知识的逻辑联系，称这一工作为知识的组织。

知识的组织方式一方面依赖于知识的表示模式，另一方面也与计算机系统提供的软件环境有关。原则上可用于数据组织的方法都可用于知识的组织，究竟选用哪种组织方式，要视知识的表示形式和对知识的使用方式而定。一般来说，在确定知识的组织方式时应遵循如下基本原则。

① 知识的独立性。知识库与推理机相分离是专家系统的特征之一。选用的知识组织方式应使知识具有相对的独立性，这就不会因为知识的变化而对推理机产生影响。

② 便于对知识的搜索。在确定知识的组织方式时要充分考虑到采用的搜索策略，使两者能够密切配合，以提高对知识库的搜索速度。

③ 便于对知识进行维护与管理。知识的组织方式应便于检测知识可能存在的冗余、不一致、不完整之类的错误，便于向知识库增加新知识、删除错误知识以及对知识的修改。

④ 便于在知识库中同时存储用多种模式表示的知识。把多种知识表示模式有机地结合起来是一个专家系统的知识表示的常用方法。例如，把框架和产生式结合起来，既可表示知识的结构性，又可表示过程性知识。知识的组织方式应能对这种多模式表示的知识实现存储，而且便于对知识的利用。

⑤ 尽量节省存储空间。知识库一般需要占用较大的存储空间，其规模一方面取决于知识的数量，另一方面也与知识的组织方式有关。在确定知识的组织方式时，应考虑存储空间的利用问题。

(2) 知识的管理

严格地说，知识的维护和知识的组织都属于知识管理的范畴，除上述工作之外，知识的管理还包括以下主要内容。

① 知识库的重组。为了提高系统运行效率，建立知识库时总是采用适合领域问题求解的组织形式。但当系统经过一段时间运行后，以及对知识库进行了多次的增、删、改，知识在知识库中的位置可能发生一些变化，使得某些使用频率较高的知识不是处于容易被搜索到的位置上，从而直接影响系统的运行效率。此时需要对知识库中的知识重新进行组织，使那些使用较多的知识处于容易被搜索到的位置上，使那些逻辑上关系比较密切的知识尽量放在一起。

② 记录系统运行的实例。问题实例的运行过程是求解问题的过程，也是系统积累经验、

发现自身缺陷及错误的过程，应对运行的实例做适当的记录。记录的内容没有严格的规定，可根据实际需要确定。

③ 记录系统的运行史。专家系统是在使用过程中不断完善的，为了对系统的进一步完善提供依据，除了记录系统的运行实例外，还需要记录系统的运行史，记录的内容与知识的检测及求精方法有关，没有统一标准。

④ 记录知识库的发展史。对知识库的增、删、改将使知识库的内容发生变化，如果将其变化情况及知识的使用情况记录下来，将有利于评价知识的性能、改善知识库的组织结构，达到提高系统效率的目的。

⑤ 知识库的安全与保密。知识库的安全是指不要使知识库受到破坏。知识库是专家系统赖以生存的基础，必须建立严格的安全保护措施以防止操作失误等主观或客观原因使知识库遭到破坏。可行的安全保护措施，既可以像数据库系统那样通过设置口令来验证操作者的身份，对不同操作者设置不同的操作权限、预留备份等，也可以针对知识库的特点采取特殊的有效措施。

知识库的保密是指防止知识的泄漏。知识是领域专家多年实践及研究的结晶，是经过领域专家和知识工程师抽取、检测和求精后的极其宝贵的财富，在未取得有关人员同意的情况下是不能外传的。因此，专家系统应对知识库采取严格的保密措施，严防未经许可就查阅、复制的行为。至于保密的措施，通常用于软件加密的各种手段都可用于知识库的保密。

10.5　专家系统的建立

专家系统是人工智能中一个正在发展的研究领域，虽然目前已建立了许多专家系统，但是尚未形成建立专家系统的一般方法。下面简单介绍专家系统的一般建立过程。专家系统是一个计算机软件系统，但与传统程序又有区别，因为知识工程与软件工程在许多方面有较大的差别，所以专家系统的开发过程在某些方面与软件工程类似，但某些方面又有区别。例如，软件工程的设计目标是建立一个用于事物处理的信息处理系统，处理的对象是数据，主要功能是查询、统计、排序等，其运行机制是确定的；而知识工程的设计目标是建立一个辅助人类专家的知识处理系统，处理的对象是知识和数据，主要的功能是推理、评估、规划、解释、决策等，其运行机制难以确定。另外从系统的实现过程来看，知识工程比软件工程更强调渐进性、扩充性。因此，在设计专家系统时软件工程的设计思想及过程虽可以借鉴，但不能完全照搬。专家系统的开发一般分为问题识别、概念化、形式化、实现和测试等阶段。

10.5.1　专家系统的选题原则

专家系统的研制是一项费时的工作。能否在较短的时间内建立一个实用而成功的专家系统，关键在于被解问题选择得是否适当。经过较长时期的探索和实践，人们总结了一些指导专家系统选题的一般原则。

① 所研制的课题没有确切的数学模型、算法，而是靠领域专家的经验知识，通过启发式的方法来解决；或是需要将基于经验的判断与基于数值分析的结果结合起来而求得解的。

② 领域专家的知识能清楚地用语言来表达。目前根据感觉和直觉（如品尝专业）或技能（如外科专业）的领域，还不太适合用专家系统来实现。

③ 具有有用的、得到承认的经验，而且有既有丰富经验、善于表达，又乐于合作的领

域专家。

④ 限于目前知识工程技术的水平，研制的问题难度应适中。太简单的问题（如只需几十条知识的问题）使专家系统失去实用价值；太复杂的问题（如要上万条知识才能解决的问题）使专家系统的结构太复杂，不易实现，即便能实现，该系统处理问题的效率和水平也太低。

⑤ 原始数据不精确可知，而是较"模糊"且不完整的问题，宜用专家系统解决。

当然，上述原则也不是绝对的。对一些复杂的大型问题往往要把数值计算和专家经验结合起来（如规划问题），以及虽有数学模型，但计算时间太长，赶不上实时控制的要求，如果加上专家的经验，就能一边计算，一边进行启发性推理，迅速得出结论。

10.5.2 专家系统的设计原则

专家系统是基于计算机软件的典型的知识工程系统，它的设计应遵循软件工程和系统工程的基本原则。在设计过程中应遵循以下原则：

① 领域专家与知识工程师相互合作，是知识获取成功的关键。

② 用户参与系统的设计和开发，有助于"人-机"接口设计及系统的运行和评价。

③ 为了便于实现解释功能、知识获取功能和修改、扩充功能，在程序设计时一定要注意将知识库和推理机分离开来，而且推理机应尽量简化。

④ 为了便于统一管理，管理系统的知识尽量使用统一的知识表示方法。

⑤ 为弥补知识的不完整和不精确性，应尽量利用具有不同优点的多来源知识来求解问题。

⑥ 采用专家系统开发工具进行辅助设计，借鉴已有系统经验，提高设计效率。

10.5.3 专家系统的开发步骤

要建造一个专家系统，知识工程师最主要的工作是通过和领域专家的一系列讨论，获取该领域专门问题的专业知识，再进一步概括，形成概念并建立各种关系，然后把这些知识用合适的计算机语言组织起来并建立求解问题的推理机制，建立原型系统，最后通过测试评价，在此基础上进行改进以获得预期的效果。归纳起来，建造专家系统可分3个阶段：

① 进行可行性研究。面对模糊不清的用户要求，首先应明确要达到的目标，并研究技术上实现的可能性。

② 生成系统原型。在前一阶段工作的基础上，生成一个专家系统原型，进而测试其性能。

③ 生成实用专家系统。知识的数量在使用中不断增加，达到用户提出的各种要求，形成实用的专家系统。

其中，原型设计是关键，但实用阶段也要给予充分重视，否则只是空中楼阁。

专家系统原型设计一般可分5个步骤来实现，如图10.7所示。

(1) 认识阶段

在问题识别阶段，知识工程师和专家将确定问题的主要特点。

(2) 概念化阶段

概念化阶段的主要任务是揭示描述问题所需要的关键概念、关系和控制机制，子任务、

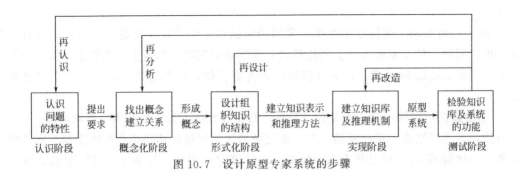

图 10.7 设计原型专家系统的步骤

策略和有关问题求解的约束。

（3）形式化阶段

形式化阶段是把概念化阶段概括出来的关键概念、子问题和信息流特征形式化地表示出来。究竟采用什么形式，要根据问题的性质选择适当的专家系统构造工具或适当的系统框架。在这个阶段，知识工程师起着更积极的作用。

找到可以用于产生解答的基本过程模型是形式化知识的重要一步。过程模型包括行为和数学的模型。专家使用一个简单的行为模型，对它进行分析就能产生很多重要的概念和关系。数学模型可以提供附加的问题求解信息，或用于检查知识库中因果关系的一致性。

（4）实现阶段

在形式化阶段，已经确定了知识表示形式和问题的求解策略，也选定了构造工具或系统框架。在实现阶段，要把前一阶段的形式化知识变成计算机软件，即要实现知识库、推理机、人机接口和解释系统。在建立专家系统的过程中，原型系统的开发是极其重要的步骤之一。对于选定的表达方式，任何有用的知识工程辅助手段（如编辑、智能编辑或获取程序）都可以用来完成原型系统知识库。另外，推理机应能模拟领域专家求解问题的思维过程和控制策略。

（5）测试阶段

这一阶段的主要任务是通过运行实例评价原型系统以及用于实现它的表达形式，从而发现知识库和推理机的缺陷。

专家系统必须先在实验室环境下进行精化和测试，然后才能够进行实地领域测试。在测试过程中，实例的选择应照顾到各个方面，要有较宽的覆盖面，既要涉及典型的情况，也要涉及边缘的情况。测试的主要内容有：

① 可靠性。通过实例的求解，检查系统得到的结论是否与已知结论一致。

② 知识的一致性。当向知识库输入一些不一致、冗余等有缺陷的知识时，检查它是否可把它们检测出来；当要求系统求解一个不应当给出答案的问题时，检查它是否会给出答案；如果系统具有某些自动获取知识的功能，则检测获取知识的正确性。

③ 运行效率。检测系统在知识查询及推理方面的运行效率，找出薄弱环节及求解方法与策略方面的问题。

④ 解释能力。对解释能力的检测主要从两个方面进行：一是检测它能回答哪些问题，是否达到了要求；二是检测回答问题的质量，即是否有说服力。

⑤ 人机交互的便利性。为了设计出友好的人机接口，在系统设计之前和设计过程中也要让用户参与。这样才能准确地表达用户的要求。

对人机接口的测试主要由最终用户来进行。根据测试的结果，应对原型系统进行修改。实用专家系统设计和开发过程是上述步骤不断反馈、逐步进化、完善的过程，直到系统达到满意的性能为止。

10.5.4 专家系统的评价

(1) 评价的目的

评价专家系统的目的主要是检查程序的正确性和有用性。由领域专家做出的评价有助于确定装入知识的准确性以及由系统提供的建议和结论的准确性。用户的评价结果，有助于确定系统的有用性。

在专家系统被用户采纳之前，要进行一些正式的测试和评价，它将影响系统在用户心目中的可依赖性和使用程度。因此，在设计评价时，必须注意其目的（为谁而做？评价什么？）。通常，评价的主要内容有以下几点：

① 系统结论的质量：正确性和可信度等。

② 系统设计方法的正确性：知识表示方法、推理方法、控制策略、解释方法等的正确性。

③ 人机交互的质量：交互性能、使用方便等。

④ 系统的效能：推理结论，求解结果，咨询建议的技术经济和社会效益，应用范围是否可扩充、更新等。

⑤ 经济效益：软硬件投资、运行维护费用，设计、开发费用，系统运行取得的直接或间接经济效益等。

(2) 评价的原则

① 复杂的事物或过程不能够以单项标准或数量来作评价。

② 不同的评价标准和进行测定的数据量越多，则构成总体评价的信息也就越多。

③ 人们根据各自的兴趣产生出的不同标准之间的差别，会引起争论，结果可能是不同的。

④ 只要能够准确地定义测试，什么都可以经过实验测试。

(3) 评价的指标

评价指标根据评价目的和评价原则来制订，各项指标之间应不重复。不同的专家系统，其评价指标是不一样的。某专家系统的评价指标如下：

① 可更新性。反映根据新的输入的变更来修改输出的能力。

② 易使用性。能够明确地理解，与用户的界面友好且容易实现。

③ 硬件。可移值性、可使用性和可存取性等。

④ 经济效益。解决问题所需要的经费和能够获得的利益。

⑤ 功能。推理能力、知识获取功能和解释功能等。

⑥ 质量。回答的正确性、一致性和完整性。

⑦ 设计周期。研制专家系统所需要的时间（以"人年"计算）。

(4) 评价的方法

通常，评价系统时应按评价内容的层次由低到高逐级进行，即先评价系统的性能，再评价系统的灵活性。逐级评价的优点是便于确定系统未能通过评价的原因所在。例如，如果系统已通过了前面的各种评价，而在用户环境下性能较低，未能通过用户的评价，系统研制人员便可以确定未能通过评价的原因不在于系统本身的性能，而是由于系统的人机接口不完善，致使用户不能正确地使用系统。因此可以致力于改善系统的使用手段，提高系统的可接受性。

评价专家系统的性能最好采用实际应用后反馈回来的信息为标准，如用于电力系统日负荷计划的专家系统，它可以客观地评价系统的性能。但有些问题不容易短期内获得实际反馈信息（如故障分析专家系统），对这类问题可利用以前积累的资料来评价系统的性能。对于资料积累不太丰富的问题和根本没有或尚未建立反馈渠道的问题，只有借助于同行专家的评议了。

10.6 专家系统实例

目前专家系统的研究几乎已经遍及人类生活的各个方面。为了使读者对专家系统有更加具体的认识，下面介绍两个著名的实例。

10.6.1 医学专家系统——MYCIN

MYCIN 系统是斯坦福大学 1972 年开始研制的、用于对细菌感染性疾病进行诊断和治疗的专家系统。MYCIN 的功能是帮助内科医生诊断细菌感染疾病，并给出建议性的诊断结果和处方。MYCIN 系统是将产生式规则从通用问题求解的研究转移到解决专门问题的一个成功的典范，在专家系统的发展中占有重要的地位，许多专家系统就是在它的基础上建立起来的。

(1) MYCIN 系统总体结构

MYCIN 系统是用 Inter LISP 语言编写的，知识库中大约有 200 多条关于细菌血症的规则，可以识别约 50 种细菌。整个系统占 245KB，其中 Inter LISP 系统占 160KB，编译后的 MYCIN 系统占 50KB，知识库占 8KB，其余 27KB 存放临床参数和作为工作空间，有咨询解释功能。

MYCIN 系统处理一个患者的咨询过程如图 10.8 所示。这个过程中的每一步都包含着规则的调用、人机对话。从询问中取得疾病状态、化验参数等通过直接观察得到的数据。

图 10.8 MYCIN 系统的咨询过程

MYCIN 系统结构图如图 10.9 所示。从图中可以看出，MYCIN 系统主要由咨询、解释和知识获取三个模块以及知识库、动态数据库组成。

① 咨询模块。该模块相当于推理机和用户接口。当医生使用 MYCIN 系统时，首先启动这一子系统。此时 MYCIN 系统将给出提示，要求医生输入有关的信息，如患者的姓名、年龄、症状等，然后利用知识库中的知识进行推理，得出患者所患的疾病及治疗方案。MYCIN 系统采用反向推理的控制策略。推理过程将形成由若干条规则链构造成的与或树。MYCIN 系统采用深度优先法进行搜索。在 MYCIN 系统中，还使用了基于可信度的不精确推理。

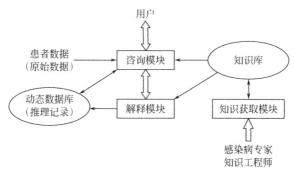

图 10.9　MYCIN 系统结构图

② 解释模块。它用于回答用户（医生）的询问。在咨询子系统的运行过程中，可以随时启动解释子系统，要求系统回答"为什么要求输入这一参数""结论是怎样得出的"等问题，MYCIN 系统通过记录系统所形成的与或树来实现解释功能。

③ 知识获取模块。该模块用于从医生那里获取新的知识，完善知识库。当发现有医学知识被遗漏，或者发现新知识时，医生和知识工程师可以利用该模块堆加或修改知识库。

（2）MYCIN 动态数据库中的数据表示

动态数据库用于存放与患者有关的数据、化验结果以及系统推出的结论等动态变化的信息。动态数据库中的数据按照它们之间的关系组成一棵上下文树（context tree）。上下文树是在咨询过程中形成的。树中的结点称为上下文。每个结点对应一个具体的对象，描述该对象的所有数据都存储在该结点上。每一个结点旁注明结点名，括号中为该结点的上下文类型。上下文的类型能够指示出哪些规则可能被调用。因此，一个上下文树就构成了对患者的完整描述。

图 10.10 所示为上下文树的一个实例，表示从患者 PATIENT-1 身上当前提取了两种培养物 CULTURE-1 和 CULTURE-2，先前曾提取过一种培养物 CULTURE-3，从这些培养物中分别分离出相应的有机体。从 ORGANISM-1～ORGANISM-4，每种有机体有相应的药物进行治疗。对患者进行手术时使用过药物 DRUG-4。通过该上下文树把患者的有关培养物及其使用药物的情况清楚地描述了出来，并且指出了哪种有机体来自哪一种培养物，对哪种有机体使用了哪种药物。

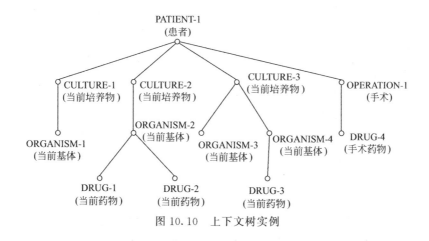

图 10.10　上下文树实例

（3）MYCIN 知识库中的知识表示

MYCIN 的知识库主要存放用于诊断和治疗感染性疾病的专家知识，同时还存放了一些进行推理所需要的静态知识，如临床参数的特征表、字典等。该系统用产生或规则表示这些知识。

① 领域知识的表示。领域知识用产生式规则表示。例如：

RULE 064　　如果：有机体的染色体是英兰氏阳性

　　　　　　　且：有机形态是球状的

　　　　　　　且：有机体的生长结构呈链状

　　　　　　　则：存在证据表明该有机体为链球菌类，可信度为 0.7

规则的每个条件是一个 LISP 函数，它们的返回值为 T、NIL 或 $-1\sim +1$ 之间的某个数值。规则的行为部分用专门表示动作的行为函数表示。MYCIN 系统中有 3 个专门用于表示动作的行为函数：CONCLUDE、CONCLIST 和 TRANLIST。其中，CONCLUDE 用得最多，其形式为

$$\text{(CONCLUDE　C　P　V　TALLY　CF)}$$

其中，C、P、V 分别表示上下文、临床参数和值；TALLY 是一个变量，用于存放规则前提部分的信任程度；CF 是规则强度，由领域专家提供。

② 临床参数的表示。每个上下文与一组临床数据相联系。这些数据完全地描述相应的上下文。每个临床参数表示上下文的一个特征，如患者的姓名、培养物的地点、机体的形状、药物的剂量等。

临床参数可用三元组（上下文，属性，值）表示。例如，三元组（机体-1，形态，杆状）表示机体-1 的形态为杆状；三元组（机体-1，染色体，革兰氏阴性）表示机体-1 的染色体为革兰氏阴性。

临床数据按其取值方式可分为单值、是非值和多值三种。有的参数如患者的姓名、细菌类别等，可以有许多可能的取值，但各个值互不相容，所以只能取其中一个值，因此属于单值。是非值是单值的一种特殊情形，这时参数限于取"是"或"非"中的一种。例如，药物的剂量是否够，细菌是否需要等。多值参数是那些同时可取一个以上值的参数，如患者的药物过敏、传染的途径等参数。

MYCIN 系统中有 65 个临床参数，为搜索方便，对参数按照其相对应的上下文分类。

为了避免在推理时过多地询问用户，同时也为了优化存储，MYCIN 系统还把有关的数据列成清单存在知识库中，当推理启用相应的规则时，就直接从清单中找到相应的数据。另外，MYCIN 系统还有一个包含 1400 个单词的词典，主要用于理解用户输入的自然语言。

（4）MYCIN 的推理策略

当 MYCIN 系统被启动后，系统首先在数据库中建立一棵上下文树的根结点，并为该结点指定一个名字 PATIENT-1（患者-1），其类型为 PERSON。PERSON 的属性有 NAME、AGE、SEX、REGIMEN。其中，NAME、AGE、SEX 是 LABDATA 参数，即可通过用户询问得到。系统向用户提出询问，要求用户输入患者的姓名、年龄和性别，并以三元组形式存入数据库中。REGIMEN 表示对患者建议的处方。它不是 LABDATA 参数必须由系统推出，事实上它正是系统进行推理的最终目标。

为了得到 REGIMEN，推理开始时，首先调用目标规则 092 进行反向推理。规则 092 是系统中唯一在其操作部分涉及 REGIMEN 参数的规则。这个目标规则体现了在 MYCIN 系

统中感染性疾病诊断和处方时决策的四个步骤。具体规则如下：

规则 092

If 存在一种病菌需要处理

某些病菌虽然没有出现在目前的培养物中，但已经注意到它们需要处理

Then 根据病菌对药物的过敏情况，编制一个可能抑制该病菌的处方表，从处方表中选择最佳的处方

Else 患者不必治疗

规则 092 的前提中涉及两个临床参数——TREATFOR 和 COVERFOR。它们均为非典型参数。

TREATFOR 表示需要处理的病菌。它不是 LABDATA 参数，所以系统调用 TREATFOR 的 UPDATED-BY 特征所指出的第一条规则 090，检查它的前提是否为真。为此，如果该前提所涉及的值是可向用户询问的，就直接询问用户，否则再找出可推出该值的规则，判断其前提是否为真。如此反复进行，直到最后推出 PATIENT-1 的主要临床参数 REGIMEN 为止。在此过程中动态生成的关于患者的上下文树如图 10.11 所示。

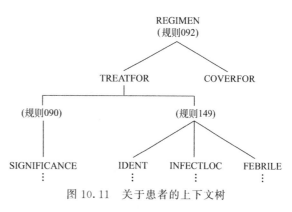

图 10.11　关于患者的上下文树

MYCIN 系统通过两个互相作用的子程序 MONITOR 和 FINDOUT 完成整个咨询和推理过程。

MONITOR 的功能是分析规则的前提条件是否满足，以决定拒绝该规则还是采用该规则，并将每次鉴定一个前提后的结果记录在动态数据库中。如果一个条件中所涉及的临床参数是未知的，则调用 FINDOUT 机制去得到这个消息。

FINDOUT 的功能是检查 MONITOR 所需要的参数，它可能已在动态数据库中，也可以通过用户提问获取。

FINDOUT 根据所需信息种类的不同采取不同的策略。对于化验数据，FINDOUT 首先向用户询问，如果用户不知道，再运用知识库进行推导，即检索知识库中可用推导该参数的规则，并调用 MONITOR 作用于这些规则；对于非化验数据，FINDOUT 首先运用知识库进行推导，如果规则推理不足以得出结论，再向用户询问。

(5) 治疗方案选择

当目标规则的前提条件被确认，即诊断"病人患有细菌感染"后，MYCIN 系统开始处理目标规则的结论部分，即选择治疗方案。选择最佳治疗方案分以下两步，首先生成可能的"治疗方案表"，然后从表中选取对该患者的最终用药配方。

① 生成可能的"治疗方案表"。MYCIN 系统根据诊断出的细菌特征，选择用药方案。在知识库中存有相应的规则，指示对各种细菌的用药方案。例如：

If 细菌的特征是 Pseudomonas

Then 建议在下列药物中选择治疗：

    colistin（0.98）

    polynyxin（0.96）

gentamicin（0.96）

carbenicillin（0.96）

sulfisoxazole（0.96）

规则中每个药物后的数值表示该药物对细菌的有效性。

MYCIN 系统应用这些药物选择规则，就能生成针对各种病菌的治疗方案表。这些方案可按其可信度的值进行排序。

② 选择用药配方。MYCIN 系统根据下列原则从治疗方案中选择相应的用药配方：

a. 该药物对细菌治疗的有效性。

b. 该药物是否已用过。

c. 该药物的副作用。

（6）知识获取

知识库中每条规则是医生的一条独立的经验，知识获取模块用于知识工程师增加和修改规则库中的规则。当输入新规则到规则库时，必须对原有规则进行检查、修改，并修改参数性质表和结点性质表。下面是系统获取一条规则的过程：

① 告诉专家新建立的规则的名字（实质上是规则序号）。

② 逐条获取前提，把前提从英文翻译成相应的 LISP 表达。

③ 逐条获取结论动作，把每一条从英文翻译为 LISP 表达。当有必要时应要求得到相应的规则可信度 CF。

④ 用 LISP-English 子程序将规则再翻译成英语，并显示给专家。

⑤ 提问专家是否同意这条翻译的规则。如果规则不正确，专家进行修改并回到步骤④。

⑥ 检查新规则与其他已在规则库中的旧规则之间是否矛盾。如果有必要，可以与专家交互来澄清指出的问题。

⑦ 如果有必要，可调用辅助分类规则对新规则分类。

⑧ 把规则加入到新规则前提中的临床参数性质的 LOOKHEAD 表中。

⑨ 把规则加入到新规则结论中的所有参数 CONTAIED-IN 表和 UPDATED-BY 表中。

⑩ 告诉专家系统新规则已是 MYCIN 系统的规则库中的一部分了。

上述步骤⑨确保 FINDOUT 在新的推导过程中搜索参数的 UPDATED-BY 表示能自动调用新规则。

MYCIN 系统的学习功能是有限的，例如新规则输入时涉及的参数和结点类型要求不超越系统已有的种类。另外。对新旧规则之间的矛盾、不一致等处理也是不全面的。

为了防止不熟练的用户随意输入知识而引起知识的混乱，系统采用二级存储方法。只有新的知识经试运行后证明其可靠，才能并入规则库中。

MYCIN 专家系统之所以重要有几个原因：它证明了人工智能可以应用到实际的现实世界问题；MYCIN 是新概念的试验，如解释机、知识的自动获取和今天可在许多专家系统中找到的智能指导；它证实了专家系统外壳（SHELL）的可行性。

以前的专家系统如 DENDRAL，是一个把知识库中知识与推理机通过软件集成起来的单一系统。MYCIN 明确地把知识库与推理机分开。这对于专家系统技术的发展是极其必要的，因为这意味着专家系统的基本核心可以重用，也就是说，通过清空旧知识装入新领域的知识，创建新的专家系统比 DENDRAL 类型系统快得多。处理推理和解释的 MY-CIN 外壳部分，可以用新系统的知识重装。去掉医学知识的 MYCIN 外壳被称为 EMYCIN

（基本的或空的 MYCIN）。

专家系统 MYCIN 能识别 51 种病菌，正确地处理 23 种抗菌素，可协助医生诊断、治疗细菌感染性血液病，为患者提供最佳处方。它成功地处理了数百病例，还通过了如下测试：让 MYCIN 与斯坦福大学医学院九名感染病医生分别对十例感染源不清楚的患者进行诊断并给出处方，由八位专家对诊断进行评判，而且被测对象（即 MYCIN 及九位医生）互相隔离，评判专家亦不知道哪一份答卷是谁做的。评判内容包括两个方面：一是所开出的处方是否对症有效；二是所开出的处方是否对其他可能的病原体也有效且用药又不过量。评判结果是：对第一个评判内容，MYCIN 与另外三名医生处方一致且有效；对第二个评判内容，MYCIN 的得分超过九名医生，显示出了较高的医疗水平。

10.6.2　地质勘探专家系统——PROSPECTOR

著名的地质勘探专家系统 PROSPECTOR 是美国斯坦福人工智能研究中心（SRI）于1976 年开始研制的。该系统采用 LISP 语言编写。到 1980 年为止，PROSPECTOK 探测到价值 1 亿美元的矿物淀积层，带来了巨大的经济效益，目前它已成为世界上公认的专家系统之一。

(1) PROSPECTOR 系统概述

系统由推理网络、匹配器、传送器、问答系统、英语分析器、解释系统、网络编译程序和知识获取系统组成，如图 10.12 所示。

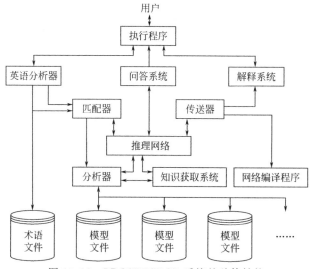

图 10.12　PROSPECTOR 系统的总体结构

PROSPECTOR 系统用语义网络表达知识。知识库由模型文件库和术语文件库组成，推理机具有层次结构，采用"从顶至底"的目标驱动推理控制策略，采用似然推理、逻辑推理、上下文推理相结合的推理方法。

PROSPECTOR 系统的各个组成部分的工作原理如下：

① 模型文件（模型知识库）。PROSPECTOR 系统有 12 个由模型文件组成的模型知识库。在系统内表达成推理规则网络，共有 1100 多条规则。规则的前提是地质勘探数据，结论是地质假设，如矿床分类、含量、分布等。每个矿床模型以文件形式存放在磁盘上，可以由

分析器调用。

② 术语文件（术语知识库）。有400种岩石、地质名字、地质年代和在语义网络中用的其他术语，也以外文件形式存储，作为术语知识库供系统调用。

③ 分析器。用于将矿床模型知识库中的模型文件转换成系统内部的推理网络。

④ 推理网络。PROSPECTOR系统的推理网络是具有层次结构的与或树，它将勘探数据和有关地质假设联系起来，进行从顶到底的逐级推理，上一级的结论作为下一级的证据，直到结论是可由勘探数据直接证实的端结点为止。

⑤ 匹配器。用于进行语义网络匹配。把一个模型和另一个模型连接在一起，同时也把用户输入的信息和一些模型连接起来。

⑥ 传送器。用于修正推理网络中模型空间状态变化的概率值。

⑦ 英语分析器。对用户以简单的英语陈述句输入的信息进行分析，并变换到语义网络上。

⑧ 问答系统。检查推理网络的推理过程及模型的运行情况，用户可以随时对系统进行查询，系统也可以对用户提出问题，要求提供勘探证据。

⑨ 网络编译程序。通过钻井定位模型，根据推理结果，编制钻井井位选择方案，输出图像信息。

⑩ 解释系统。对用户解释有关结论和断言的推理过程、步骤和依据。

⑪ 知识获取系统。获取专家知识，增删、修改推理网络。

PROSPECTOR系统的功能如下：

① 勘探结果评价。根据岩石标本及地质勘探数据，对矿区勘探结果进行综合评价。

② 矿区勘探评测。根据矿区勘探结果的综合评价，对矿藏资源进行估计和预测；对矿床分布、品位、开采价值等作出合理的地质假设（推理）和估算。

③ 编制井位计划。根据矿藏资源预测和估计及矿藏的分布、藏量、地质特性等，编制合理的开发计划和钻井井位布局方案。

(2) 推理网络

推理网络实际上是一个矿床模型经编码而成的网络，把探区证据和一些重要地质假设连接成一个有向图。在网络中，证据和假设是相对的，一个假设对于进一步推理来说又是证据，而一个证据对于下一级的推理来说又是假设。

PROSPECTOR系统提供三种推理方法。

① 似然推理。根据Bayes原理的概率关系进行推理，用"似然率"表示规则的强度，描述不同的勘探证据对同一地质假设有不同的支持程度，说明某种结论的概率变化对其他结论的影响。规则强度由专家在矿床模型设计时提供，用语言表达，如完全肯定、有点可能等，然后转换成相应的概率值。在推理过程中采用Bayes公式进行概率计算。

② 逻辑推理，基于布尔逻辑关系的推理。在推理网络中，某些规则的证据（前提）和假设之间，具有布尔量的逻辑与、或、非关系，可用布尔代数进行推理。当证据与假设之间具有不确定的关系时，可采用模糊逻辑方法，合取（AND）取组合中的最小值，析取（OR）则取最大值。

③ 上下文推理，基于上、下文语义关系的推理。系统在推理过程中，有时需要考虑上下文先后次序的语义关系。

10.7 专家系统的开发工具

专家系统在理论上和实践中都取得了巨大的成功。但目前的专家系统开发大都是以手工方式进行的，使专家系统开发工作受到很大的限制，科技和生产的发展很有必要将其提高到半自动化甚至自动化的阶段，即研究专家系统开发工具，以便构造出更复杂的领域专家系统。

10.7.1 研究开发工具的作用与意义

从建造专家系统的实践中，人们发现：

① 建造一个实用的专家系统是一件非常复杂的事情，尤其是开发人员、知识工程师与专家之间的协作，使事情变得更加复杂。一般来说，开发一定难度的专家系统需要很大的工作量。由于专家系统的开发工作是系统逐渐进化的过程，并且在开发周期内需要随时根据反馈信息对系统的设计方案进行修改。因此，1 个人工作 4 年，不等于 2 个人工作 2 年，需要恰当的配合。

② 由于不同领域的知识表示不同，因此在手工开发专家系统时，对不同的领域专家系统必须从头开始建造。

③ 由于手工开发的生产能力较低，技术尚不成熟，难以建成更为复杂、更为全面的系统。

为了提高专家系统设计和开发的效率，缩短研究周期，扩大研制实用专家系统的队伍，迫切需要研究专家系统的开发方法和工具，以便提供一个开发专家系统的计算机辅助手段和环境，提高专家系统生产的产量、质量和自动化水平。

10.7.2 专家系统开发工具的类型

尽管目前有许多开发工具，其部分功能可能会相互覆盖，如人机接口技术、问题的解释、系统的维护和修改等，但就系统构造背景、目标和知识库、推理机提供的功能来说，专家系统的开发工具大致可分为 4 类。

(1) 通用程序设计语言

从广义上讲，它是开发专家系统最初的工具。最常用的智能语言是 LISP 和 PROLOG，但也包括 FORTRAN、C 和扩展 BASIC 等高级语言。

(2) 骨架系统

这类工具有 EMYCIN、EXPERT、KAS 和 PC 等。它是从许多实践证明有实用价值的专家系统中，将领域知识（包括静态知识和动态知识）独立表示成规则形式，构成特定任务的知识库，而将原有系统的其他部分构成程序包的集合，可把它称为"预制程序包系统"。当要建造另一个新专家系统时，只要用一种不同类型任务的知识库，代替原有的知识库即可。

但由于不同类型问题的知识表示、控制机制等方面表示方法不同（且还有待进一步深化研究），所以对一个具体的骨架系统，其所适用的知识库的类型、范围还不够广泛，因此，骨架系统还只能适用于建立相同领域的专家系统。

(3) 通用知识表示语言

这是根据专家系统的不同应用领域和人类智能活动的特征研制的适合多领域专家系统开发的语言系统。这类工具的典型系统有 ROSIE、HEARSAY-Ⅲ 和 OPS（OPS5、OPS83）。由于它们并不严格地倾向于特定的领域和范例系统，所以比骨架系统的限制要少些。

这种语言系统试图通过通用知识表示技术和控制通用性的研究，寻找出一套可以按用户的要求去描述所需的知识表示和控制机制的方式。系统允许用元规则（有关规则的规则）或一种语言来描述与其他知识相独立的控制知识，以便去控制系统的推理过程和解释推理的合理性。语言本身并不会有任何特定的推理机制和知识库，但由于人们对知识表示的本质的研究工作尚未取得根本性的进展，所以要想找出一种十分有效的通用知识表示语言有许多困难。因此，这种工具虽可用于广泛的应用领域，但从本质上讲，并不是完全通用的，还有一定的局限性。

(4) 组合开发工具

组合开发工具不是通用语言，而是一种初级开发环境，它和通用知识表示语言所采取的策略不同，它是在总结目前已知的知识表示形式、控制机制和辅助设施基础上，精心分解为很小的基本构件，构成描述多种类型的推理机制和多种任务的知识库预制件以及建立起这些构件的辅助设施。这种组合开发工具系统可以帮助系统开发者选择各种结构，设计规则语言和使用各种预制件，使其成为一个完善的专家系统。

由于目前很难确定哪一种基于知识的问题求解方法是非常适合某一领域的，所以也就很难确定怎样组织该领域专家系统的生成系统。从已有的专家系统来看，特定领域知识的处理是与人工智能理论密切相关的，以致很难应用于其他的领域。因此，专家系统的设计者要么像骨架系统一样，几乎所有的系统设计和实现方法的选择均是针对领域的要求进行的；要么像通用知识表示语言那样，在系统设计和实现方面几乎很少有为特定用户考虑的。这是两种极端的情况，而组合开发工具则是介于二者之间，既要有一定的针对性，希望能得到较高的效率，又要有一定的通用性，使其应用范围可以广泛些。

11 自然语言处理与应用

 **案例引入**

利用翻译软件将下面两句英文翻译成汉语。

原文 1：The sky is blue, and the meadow is green.

译文 1：天空是蓝色的，草地是绿色的。

原文 2：Mr. Green visited our new house this morning.

译文 2：格林先生今天早上参观了我们的新房子。

可以看到，翻译软件"聪明地"将第二句中的"Green"翻译成"格林"而不是"绿色"。那么翻译软件是如何处理输入的句子，并对其进行恰当翻译的呢？这就涉及本章的内容——自然语言处理技术。

学习意义

自然语言处理（natural language processing，NLP）是以计算机、智能手机等电子设备为工具，对人类特有的书面形式和口头形式的自然语言信息进行处理和加工的技术。自然语言处理融语言学、计算机科学和人工智能等学科于一体，解决的是"让机器可以理解自然语言"的问题。其研究内容主要包括人类自然语言活动中各种信息的发现、提取、存储、加工与传输。随着人工智能技术的迅速发展与硬件设备的性能提升，自然语言处理正被广泛应用于搜索引擎、机器翻译、自动问答等应用领域中。

学习目标

- 了解自然语言处理的几种基本方法；
- 熟悉词法分析、句法分析与语义分析的几种方法；
- 熟悉自然语言处理的几个具体应用——信息检索与机器翻译。

11. 1 自然语言处理概述

11. 1. 1 自然语言处理的基本方法

一般认为自然语言处理存在着两种不同的研究方法：一种是理性主义方法，另一种是经验主义方法。

(1) 理性主义方法

理性主义方法的代表人物是乔姆斯基（Noam Chomsky）。他认为，很难理解小孩在接收极为有限的信息量的情况下，如何学会如此复杂的语言理解能力。因此，理性主义的方法试图通过假定人的语言能力是与生俱来的、固有的一种本能来回避这些困难问题。理性主义方法主张建立符号处理系统，由人工整理和编写初始的语言知识表示体系（通常为规则），构造相应的推理程序。系统根据规则和程序，将自然语言理解为符号结构，从而从结构中的符号的意义推导出结构的意义。理性主义的自然语言处理方法是建立在规则基础之上的，因此又被称为基于规则的方法。

基于上述思路，在理性主义自然语言处理系统中，一般首先由词法分析器按照专业人士编写的词法规则来对输入句子的单词进行词法分析。然后，句法分析器根据专业人士设计的句法规则对输入句子进行句法结构分析。最后，根据一套变换规则将句法结构映射到语义符号。

(2) 经验主义方法

经验主义方法也是从假定人脑所具有的一些认知能力开始的。因此，从某种意义上说，两种方法并不是绝对对立的。经验主义方法认为人脑并不是从一开始就具有一些具体的处理原则和对具体语言成分的处理方法，而是假定孩子的大脑一开始具有处理联想、模式识别和通用化的能力，这些能力能够使孩子充分利用感官输入来掌握具体的自然语言结构。经验主义方法主张建立特定的数学模型学习复杂的、广泛的语言结构。即将统计学、模式识别和机器学习的方法用于大规模的语言使用数据，学习获得模型参数，从而解决自然语言处理中的一些实际问题。经验主义的自然语言处理方法是建立在统计方法基础之上的，因此又被称为统计自然语言处理方法。

在统计自然语言处理系统中，将用于学习统计模型的大规模语言使用数据称为语料。经过筛选、加工和标注等处理的大批量语料构成了语料库。由于统计方法通常以大规模语料为基础，因此，又被称为基于语料的自然语言处理方法。

11. 1. 2 自然语言处理的发展历史

自然语言处理的发展大致经历了 4 个阶段：1956 年以前的萌芽期，1957～1970 年的快速发展期，1971～1993 年的低速发展期和 1994 年至今的复苏融合期。

(1) 萌芽期

1956 年以前，可以看作自然语言处理的基础研究阶段。人类文明经过了几千年的发展，积累了大量的数学、语言学和物理学知识。这些知识不仅是计算机诞生的必要条件，同时也是自然语言处理的理论基础。

由于来自机器翻译的社会需求，这一时期也进行了许多自然语言处理的基础研究。1948

年香农把离散马尔可夫过程的概率模型应用于描述语言的自动机。接着，他又把热力学中"熵"的概念引用于语言处理的概率算法中。20 世纪 50 年代初，Kleene 研究了有限自动机和正则表达式。1956 年，Chomsky 又提出了上下文无关语法，并把它运用到自然语言处理中。他们的工作直接引起了基于规则和基于统计这两种不同的自然语言处理技术的产生。1956 年人工智能的诞生为自然语言处理翻开了新的篇章。

（2）快速发展期

自然语言处理在这一时期很快融入了人工智能的研究领域中。由于基于规则和基于统计这两种不同方法的存在，自然语言处理的研究在这一时期分为了两大阵营。一个是基于规则方法的符号派，另一个是采用统计方法的随机派。

这一时期，两种方法的研究都取得了长足的发展。从 20 世纪 50 年代中期开始到 60 年代中期，以 Chomsky 为代表的符号派学者开始了形式语言理论和生成句法的研究，60 年代末又进行了形式逻辑系统的研究。而随机派学者采用基于贝叶斯方法的统计学研究方法，在这一时期也取得了很大的进步。

（3）低速发展期

随着研究的深入，由于人们看到基于自然语言处理的应用并不能在短时间内得到解决，而一连串的新问题又不断地涌现，于是，许多人对自然语言处理的研究丧失了信心。从 20 世纪 70 年代开始，自然语言处理的研究进入了低谷时期。

尽管如此，一些发达国家的研究人员依旧坚持不懈地继续着他们的研究。20 世纪 70 年代，基于隐马尔可夫模型（hidden markov model，HMM）的统计方法在语音识别领域获得成功。20 世纪 80 年代初，话语分析也取得了重大进展。之后，由于自然语言处理研究者对于过去的研究进行了反思，有限状态模型和经验主义研究方法也开始复苏。

（4）复苏融合期

20 世纪 90 年代中期以后，计算机的速度和存储量大幅增加，为自然语言处理改善了物质基础，使得语音和语言处理的商品化开发成为可能。1994 年 Internet 商业化和同期网络技术的发展使得基于自然语言的信息检索和信息抽取的需求变得更加突出。

2000 年之后发生了 8 个里程碑事件：2001 年，Bengio 等人提出第一个神经语言模型；2008 年，Collobert 和 Weston 等人首次在自然语言处理领域将多任务学习应用于神经网络；2013 年，Mikolov 等人提出词向量，用稠密的向量对词语进行描述；2013 年，神经网络模型开始在自然语言处理中被采用；2014 年，Sutskever 等人提出了序列到序列学习；2015 年，Bahdanau 等人提出注意力机制；2015 年，提出基于记忆的神经网络；2018 年，证明预训练语言模型在大量不同类型的任务中均十分有效。

11.1.3　自然语言处理的研究意义

自然语言处理是人工智能领域的核心课题之一，被誉为"人工智能皇冠上的明珠"。如果计算机能够理解、处理自然语言，人机之间的信息交流能够以人们所熟悉的本族语言来进行，将是计算机技术的一项重大突破。另外，由于创造和使用自然语言是人类高度智能的表现，因此对自然语言处理的研究也有助于揭开人类高度智能的奥秘，深化对语言能力和思维本质的认识。自然语言处理在应用和理论两方面都有重大意义。从长远来看，自然语言处理作为由语言学、计算机科学、数学和人工智能融合的新兴学科，它的发展对其他学科的发展也具有重大的意义和影响力。

未来自然语言将向多元化发展，自然语言处理正在逐步与许多其他领域进行深度结合，从而为各相关行业创造价值。银行、电器和医学等领域对自然语言处理的需要都在日益提高，自然语言处理与各行业的结合越紧密，专业化的服务趋势就会越强。

下面将从词法分析、句法分析、语义分析 3 个层面逐层对自然语言处理的基本内容进行阐述，然后介绍两种自然语言技术应用：信息检索与机器翻译。

11.2 词法分析

词法分析是理解单词的基础，其主要目的是从句子中切分出单词，并找出词汇的各个词素，从中获得单词的语言学信息并确定单词的语义。如 unbelievable 是由 un-believe-able 三部分组成的，其词义也是由这三部分共同构成。

不同语言对于词法分析的要求是不同的。例如，英语中词和词之间由空格来进行分隔，因此切分单词是很容易的。但英语中的单词存在不同词性、数量、时态、变体，故找出词素是十分复杂的，如 importable 既可以分解成 im-port-able，也可以分解成 import-able。在汉语中，每个汉字即词素，故找出单个词素是十分容易的事，而由于文本是由连续的汉字构成，词和词之间不存在分隔符，因此分词相对困难，如"南京市长江大桥"既可以是"南京市-长江大桥"也可以是"南京市长-江大桥"。

通常，词法分析可以从词素中获得许多有用的语言学信息。以英文为例，以词素"s"结尾的单词通常表示名词的复数形式或动词的第三人称单数形式；以词素"ly"结尾的单词通常是副词或形容词；而词尾词素"ing"则一般表示动词的现在分词。这些信息对于后期的句法分析、语义分析都有很大的用处。另外，英文单词根据其包括的词素不同，可能有许多的变体、派生形式。如 act 可以派生出 acts，acted，acting，action，active，actor，actress 等一系列单词。如果将这些词都放入词典中，将会占据大量的资源，然而实际上这些词的词根只有一个。因此，只需要将 act 放入词典中即可。通过词法分析，可以首先找到单词的词根，然后去词典中进行查找，这样可以有效地压缩词典规模，并提高查找效率。

词法分析的基本算法如下：

```
procedure lexical_analysis
    Begin
    w 是需要分析的词,D 是词典;
    while w∉D 且 w 可以进一步分析
        在 D 中搜索 w;
        if 未找到 w
        then 分析并修改 w;
    End;
```

下面以几个单词为例，描述词法分析的具体流程。

【例 11.1】 利用上述词法分析方法对 watches、families 进行分析。

解 分析过程如下：

①	watches	families	词典中未找到单词
②	watche	familie	修改 1，去掉词尾"s"
③	♯watch	famili	修改 2，去掉词尾"e"

④　　　　　　　　　　　＃family　　　　　修改 3，将词尾"i"变为"y"

上述词法分析过程中，在修改 2 中得到了单词 watch，在修改 3 中得到了单词 family。

除找出词根外，英语的词法分析的另一难点在于词义的判断。由于拼写相同的单词往往存在多种释义，仅依靠查找词典常常无法判断特定情况下单词的意思。如例 11.1 中的单词"watch"既可以作为名词解释为"手表""守夜人"等，又可以作为动词解释为"观看""注意"等。在特定的场合下，需要结合句子中其他相关单词和词组的分析。例如，考虑如下的句子：

Simon has bought a new watch with a beautiful strap.

该句子中的"watch"一定是"手表"的意思。在例句中，可以通过"watch"前的单词"new"确定"watch"在这里一定是一个名词，同时后文的"strap"有"带子""表带"的意思，通过分析该单词的语义就可以确定"watch"在这里大概率表示的是"手表"。

11.3　句法分析

除词法分析外，自然语言处理中另一个基础任务就是句法分析。句法分析主要有两个作用：一是对句子或短语结构进行分析，以确定构成句子的各词、各短语在句子中的作用，以及它们之间的关系，并将这些关系用层次结构表达出来；二是对句法结构进行规范化。通常来说，句子中各成分之间的关系推导过程可以用树状结构表示出来，称为句法分析树，而句法分析过程实际上就是构造句法树的过程。

分析自然语言的方法主要分为两大类：基于规则的方法和基于统计的方法。基于规则的句法分析方法主要有：短语结构语法、Chomsky 语法、语言串分析法、递归转移网络和扩充转移网络、范畴语法、依存语法和配价语法、管辖和约束理论、词汇功能语法、功能合一语法、蒙太格语法和广义短语语法等。受篇幅影响，这里只简要介绍短语结构语法和 Chomsky 语法这两种分析方法。

11.3.1　短语结构语法和 Chomsky 语法

短语结构语法和 Chomsky 语法是描述自然语言和设计程序语言强有力的形式化工具，可用于在计算机上对句子进行形式化的描述和分析。

（1）短语结构语法

一种语言是一个句子集，它包含了属于该语言的所有句子，而语法就是对这些句子的一种有限的形式化描述。我们可以利用一种基于产生式的形式化工具对某种语言的语法进行描述。这种被用来描述或定义形式语言的工具就被称为短语结构语法或产生式语法。

一般地，短语结构语法用如下四元组的形式进行定义

$$G=(T,N,S,P)$$

式中，T 是终结符的集合，终结符是制定被定义的那个语言的词（或符号）；N 是非终结符号的集合。这些符号不能出现在最终出现的句子中，是专门用来描述语法的。显然，T 和 N 不相交，且 T 和 N 共同构成了符号集 V，故有 $T\cap N=\varnothing$，$T\cup N=V$。S 是起始符，它是非终结符号集合 N 中的一个成员，故有 $S\in N$。P 是产生式规则（也称重写规则）集合，每条产生式规则均为如下格式

$$\alpha\rightarrow\beta$$

式中，$\alpha \in V^+$；$\beta \in V^*$；V^* 表示用 V 中的符号构成的所有符号串集合（包含空符号串 $\varnothing$），$V^+ = V^* - \{\varnothing\}$。

在短语结构语法中，基本运算就是采用一系列的产生式规则将一个符号串重写为另一个符号串。如采用产生式规则 $\alpha \rightarrow \beta$ 可将 α 置换为 β，若某一符号串包含子串 α，如 $u\alpha v$，则可以直接产生出符号串 $u\beta v$。若以不同的顺序使用产生式规则，就可以从同一个符号串产生多个不同的符号串。由一种短语结构语法定义的语言 $L(G)$ 就是从起始符 S 推导出符号串 W 的集合。若某一符号串属于 $L(G)$，那么它一定满足：该符号串只包含终结符；该符号串可以根据语法 G 从起始符 S 推导得到。

可以看出，采用短语结构语法所定义的某种语言的语法是由一系列的产生式构成的。下面给出一个短语结构语法的例子：

$G = (T, N, S, P)$

$T = \{\text{the, boy, has, ate, an, apple, wants}\}$

$N = \{S, NP, VP, N, ART, V, Prep, PP\}$

$S = S$

P：

①　$S \rightarrow NP + VP$

②　$NP \rightarrow N$

③　$NP \rightarrow ART + N$

④　$VP \rightarrow V$

⑤　$VP \rightarrow V + NP$

⑥　$ART \rightarrow the \mid an$

⑦　$N \rightarrow boy \mid apple$

⑧　$V \rightarrow ate \mid has \mid wants$

由 the、boy、has、ate、an、apple、wants 这几个单词构成的英语子集语法描述如上面这个例子所示。其中，非终结符集合中的符号 S、NP、VP、N、ART、V、Prep、PP 分别表示整句、名词短语、动词短语、名词、冠词、动词、介词、介词短语。

（2）Chomsky 语法

Chomsky 语法在短语结构语法的基础上进行了一些约束和限制，可以通过编写的特定程序对语言进行自动分析。根据约束强度的不同，Chomsky 定义了 4 种语法形式：

①0 型语法。0 型语法是一种无约束的短语结构语法，它不对短语结构语法的产生式规则做限制，仅要求满足：对于每一条形式为 $a \rightarrow b$ 的产生式，a 中至少包含一个非终结符，且 $a \in V^+$，$b \in V^*$。0 型语法是 Chomsky 语法中生成能力最强的一种形式语法，但由于其无法在读入一个字符串后，判断这个字符串是否是由这种语法所定义的语言中的一个句子，因此，它很少被用于自然语言处理中。

②1 型语法。1 型语法又称上下文有关语法。它满足下列约束：对于每一条形式为 $a \rightarrow b$ 的产生式，都满足 $a, b \in V^*$，且 a 的长度小于等于 b 的长度（即 a 中的符号个数不多于 b）。例如 $AB \rightarrow ACD$ 即为 1 型语法中一条合法的产生式，而 $ACD \rightarrow AB$ 则不合法。同时，产生式 $AB \rightarrow ACD$ 中，符号 B 改写为符号 CD，需要在有上文 A 的情况下才生效，因此被称为上下文有关语法。

③2 型语法。2 型语法又称上下文无关语法。它满足下列约束：对于每一条形式为 $A \rightarrow$

a 的产生式，都满足 $A \in N$，$a \in V^*$，即每条产生式左侧必须为一个单独的非终结符，右侧则是任意符号串。2 型语法中，产生式规则的应用不依赖于符号 A 所处的上下文，因此被称为上下文无关语法。

④3 型语法。3 型语法又称正则语法或有限状态语法，由于其高约束度，只能生成非常简单的句子。3 型语法包括左线性语法和右线性语法两种形式。在左线性语法中，需满足每一条产生式规则必须采用如下形式

$$A \rightarrow Bt \text{ 或 } A \rightarrow t$$

而在右线性语法中，每一条产生式规则必须采用如下形式

$$A \rightarrow tB \text{ 或 } A \rightarrow t$$

这里，A，$B \in N$，$t \in T$。即 A、B 都是单独的非终结符，t 是单独的终结符。

在这 4 种语法中，型号越高，所受约束也越多，生成语言的能力也越弱，对应生成的语言集也越小。因此，较高型号语法所生成的语言将更易于计算机进行自动分析。

11.3.2 句法分析树

在对某一个句子进行句法分析时，如果将句子中各个成分之间关系的推导过程利用树状结构描述出来，可以得到一棵生成树，我们称这棵树为句法分析树。下面以例 11.2 中的语法结构为例，简单介绍一下句子的分析过程与句法分析树的构建方法。

【例 11.2】 利用短语结构语法对下面的句子进行分析：

The boy ate an apple.

解 例 11.2 中的语法属于上下文无关语法（2 型语法），利用其重写规则集合 P 中的规则，得到以下的分析过程。

①	$S \rightarrow NP + VP$	重写规则①
②	$\rightarrow ART + N + VP$	重写规则③
③	$\rightarrow The\ boy + VP$	重写规则⑥、⑦
④	$\rightarrow The\ boy + V + NP$	重写规则⑤
⑤	$\rightarrow The\ boy\ ate + NP$	重写规则⑧
⑥	$\rightarrow The\ boy\ ate + ART + N$	重写规则③
⑦	$\rightarrow The\ boy\ ate\ an\ apple$	重写规则⑥、⑦

一般来说，句子分析的推导过程分为两种：自上而下的推导和自下而上的推导。自上而下的推导过程一般从初始符号开始，通过选择合适的规则，不断用规则中的右侧符号代替左侧符号，最终得到完整的句子；而自下而上的推导过程则从所需要分析的句子开始，利用规则的左侧符号代替右侧符号，直到最终达到初始符号为止。例 11.2 是一个自上而下的推导过程，从初始符号 S 开始，不断选择合适的规则重写原始符号，最终得到分析后的完整句子。其对应的句法分析树如图 11.1 所示。

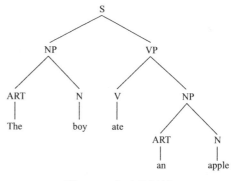

图 11.1　句法分析树

一般来说，在句法分析树中，初始符号出现在根结点中，终止符号出现在叶结点上。

11.4 语义分析

经过词法分析与句法分析，只是挖掘出句子中各成分间的结构关系，并未完全理解所分析句子的语义。需要进一步进行语义分析，把分析得到的句法成分与应用领域中的目标表示相关联，才能获得对其语义表达的正确理解。句子是由词构成的，对于句子中的实词而言，每个词都是用来称呼事物、表达概念的，因此，句子所表达的语义与每个词的词义是直接相关的，但并不是所有词义的简单相加。例如"我打你"和"你打我"是完全不同的意思。因此，理解语义需要考虑到词义、结构意义，并将两者结合，从而确定语言所表达的真正含义或概念。

人工智能中研究的核心问题是知识表示，而知识的表达离不开语义分析，而在语义分析中，讨论语义的表达形式及分析方法是极为重要的。本节主要介绍语义的表达及分析方法。

11.4.1 逻辑形式表达及语义解析

语义分析的第一步就是要确认每个词在句子中所表达的词义。在自然语言中，一个词的词义一般并不是唯一的。而句法结构根据分析方法的不同也存在多种分析结果。例如，单词 go 有超过 50 种词义。但一般情况下，只要给定了上下文，一个词的词义通常都是唯一的。这是由于词义受到了上下文环境的约束，这种约束关系可以用一个逻辑形式表示出来。不同的句法结构可能对应着相同的逻辑形式表达。在对语句用逻辑形式表达以后，应用一些语义解析规则对它进行解析，就可以得到该语句的意义。因此，理解语义包含两个步骤：利用逻辑形式表达语句；利用语义解析规则对逻辑表达式进行解析。

(1) 句子的逻辑形式表达

逻辑形式表达是一种框架式的结构。以"Mary scolded David"为例，其逻辑表达形式如下

(PAST S_1 SCOLD-ACTION [AGENT(NAME j_1 PERSON"Mary")] [THEME(NAME j_2 PERSON"David")])

以上的逻辑表达描述了一个过去的事例 S_1。PAST 是一个操作符，表示结构的类型是过去的，S_1 是定义的事例名；SCOLD-ACTION 是事例的形式，表示事例中发生的动作；AGENT 和 THEME 是事例中对象的描述，分别表示动作的施事者和受事者。

(2) 语义解析

在语法结构和逻辑形式定义的基础上，需要进一步运用语义解释规则，对句子的语义进行解释，从而有效约束语义歧义。语义解析包含一系列解析规则，其本质是一种映射变换，下面介绍两种常用的解析规则。

① 语句模式的映射规则。下面是一个对某一语句模式进行语义解析的规则

(S SUBJ＋animate MAIN-V＋action-verb)→(？ ＊ T(MAIN-V))[AGENT V(SUBJ)]

其中（S SUBJ＋animate MAIN-V＋action-verb）是一种语句模式，它可以匹配任何一个有生命的主体和一个动作的句子。而(？ ＊ T(MAIN-V))[AGENT V(SUBJ)]是这种模式的语句的语义解释。其中符号"？"表示该语句没有描述动作发生的时态信息，符号"＊"表示这是一个之前未存在的新的事例。

② 时态信息的映射规则。下面是一个对某一时态信息进行语义解释的规则

$$(S\ TENSE\ past) \rightarrow (PAST??)$$

例如，如果有一个语法结构如下

$$(S\ MAIN\text{-}V\ cried$$
$$SUBJ\ (NP\ TDE\ the\ HEAD\ woman)$$
$$TENSE\ past)$$

先运用上述语句模式的映射，可以得到

$$(?\ r_1\ CRY_1 [AGENT(DEF/SING\ m_1\ WOMAN)])$$

在此基础上，再运用时态信息映射，就可以得到最终的逻辑形式表示

$$(PAST\ r_1\ CRY_1 [AGENT(DEF/SING\ m_1\ WOMAN)])$$

当然，在实际语义分析的应用中，应当包含多种的语义解析规则，以上给出的例子是一个只需要使用两条解析规则的较为简单的例子。

11.4.2　义素分析法

词素是意义的基本要素，是词的理性意义的区别特征。词的理性意义即词的各个词义特征的总和。例如，以［人］［亲属］［家庭成员］［年长］［男性］这五个义素为例，词语"爸爸"的理性意义是［＋人］［＋亲属］［＋家庭成员］［＋年长］［＋男性］的总和，"妈妈"的理性意义是［＋人］［＋亲属］［＋家庭成员］［＋年长］［－男性］的总和，"儿子"的理性意义是［＋人］［＋亲属］［＋家庭成员］［－年长］［＋男性］的总和，"女儿"的理性意义是［＋人］［＋亲属］［＋家庭成员］［－年长］［－男性］的总和。其中，"＋"表示该义素为是，"－"表示该义素为否。

为了便于分析，可以将一组词的义素用矩阵形式来表示，横坐标表示义素，纵坐标表示词，矩阵用"＋"和"－"号进行填充，称这种矩阵为义素矩阵。以爸爸、妈妈、儿子、女儿、宠物狗这一组词为例，其义素矩阵如下所示：

	［人］	［亲属］	［家庭成员］	［年长］	［男性］
爸爸	＋	＋	＋	＋	＋
妈妈	＋	＋	＋	＋	－
儿子	＋	＋	＋	－	＋
女儿	＋	＋	＋	－	－
宠物狗	－	－	＋	－	＋/－

在义素矩阵中，一般采用"＋"和"－"这种二元标号。但实际应用中，大部分词语存在许多非二元对立特性的词素，此时也可以采用别的标识法进行描述。如美国语言学家E. A. Nida 在分析英语中包括 run（跑）、walk（走）、jump（跳）等表示人的肢体活动的词的语义时，列了出如下的义素矩阵：

	肢体接触地面	肢体接触地面的顺序	接触地面肢体数
run	－	1-2-1-2	2
walk	＋	1-2-1-2	2

hop	—	1-1-1/2-2-2	1
skip	—	1-1-2-2	2
jump	—		2
dance	+	变异但有规律	2
crawl	+	1-3-2-4	4

在传统的机器词典中，语义信息通过义项的形式给出，这种方法会占据大量的存储空间。同时，在判别同义词、近义词等意义相近的词汇时，很难通过义项判断其在理性意义上的差别。若采用义素分析法构建词典，可以根据某个或多个义素来确定不同的词之间的区别，从而解决这些问题。具体来说，义素分析法构建的词典有以下几个优点：

① 采用义素的形式存储机器词典中的词条，可以使用较少量的义素对大量的、难以穷尽枚举的词意作形式化的描述。

② 通过对词典中不同义素集合内的各个义素进行分析比较，计算机可以很容易地找出不同单词在词义上的差别，同时可以较为形式化地展示出来。

③ 通过义素分析法，计算机可以了解到词与词搭配是在语义上受到什么样的限制。

11.4.3 语义分析文法

进行语义分析另一种较为简单的方法就是语义分析文法。目前已经开发出多种语义分析文法，包括语义文法和格文法等。语义文法是上下文无关的，形式上与自然语言处理的常见文法相同，只是不采用NP、VP等表示句法成分的非终止符，而是使用能表示语义类型的符号，从而可以定义包含语义信息的文法规则。格文法主要是为了找出动词和与它同处在结构关系中的名词的语义关系，同时也涉及动词或动词短语与其他各名词短语之间的关系。

（1）语义文法

下面给出一个关于电脑信息的语义文法分析过程

S→PRESENT the ATTRIBUTE of COMPUTER

PRESENT→what is | can you tell me | I wonder

ATTRIBUTE→price | size | runing speed

COMPUTER→the BRANDNAME | TYPENAME computer

BRANDNAME→Dell | Lenovo | HP | ASUS

TYPENAME→desktop | laptop | tablet

可以看到，上述语义文法的重写规则与上下文无关语法几乎是相同的。其中全部为大写字母的单词表示非终止符，全部为小写字母的单词表示终止符。例子中，PRESENT 在构成句子的时候，后面必须紧跟单词 the，这种单词之间的约束关系描述了语义信息，且语义文法分析句子的方法与普通的句法分析语法是十分类似的。

语义文法可以依据其约束规则排除一些无意义的句子，同时具有较高的效率，对语义没有影响的句法问题可以忽略。但实际应用时需要的文法规则数量往往十分巨大，因此该方法一般只适用于严格受到限制的领域。

（2）格文法

格文法的特点是允许以动词为中心构造分析结果，尽管文法规则只描述句法，但分析结果产生的结构却也同时对应于语义关系，而非严格的句法关系。

【例 11.3】 给出下面句子的格文法分析结果。

Mary hit Jason

解　原句的格文法分析结果可以表示为：

(hit（Agent Mary)

(Dative Jason)）

以上这种表示结构称为格文法。在格表示中，一个语句所包含的名词词组和介词词组均以它们与句子中的动词关系表示，称为"格"。像例 11.3 中的 Agent、Dative 都是格，而像"（Agent Mary)""（Dative Jason)"这样的基本表示，称为"格结构"。

11.5　自然语言处理应用——信息检索

信息检索是从大规模非结构化数据（通常是文本）的集合（通常保存在计算机上）中找出满足用户信息需求的资料（通常是文档）的过程。

随着互联网信息的不断膨胀，如何快速从大量数据中获取需要的信息也成为当前一个重要的问题。谷歌、百度、雅虎等公司建立了强大的互联网搜索引擎用于快速检索用户需要的网页，一些电商、专业网站往往也建立了内部的检索系统，这一系列背后的技术都离不开信息检索的相关知识。

本节首先介绍向量空间模型，然后介绍排序学习模型，最后介绍信息检索系统的评测。

11.5.1　向量空间模型

向量空间模型把文档和查询都表示为一个特征向量，其中特征可以为单词、词组等，最常用的是单词。

每个特征的值叫作词语权重，一般是检索词在文档中出现的频率以及其他因素的一个函数。

一般地，将文档 d_j 表示成向量

$$\vec{d_j} = (w_{1,j}, w_{2,j}, w_{3,j}, \cdots, w_{n,j})$$

式中，$\vec{d_j}$ 是某一特定的文档 j 的特征向量；$w_{2,j}$ 是第 2 个检索词在文档 j 中的权重；n 是整个文档集的总词数。

例如，在一个炸鸡食谱中，检索词 chicken、fried、oil 和 pepper 分别出现 8、2、7 和 4 次。如果直接用检索词频率作为权重，并假设文档集中只包含这 4 个词，按照上述顺序安排特征，该文档 j 的特征向量就表示为

$$\vec{d_j} = (8, 2, 7, 4)$$

在一个水煮鸡的食谱中，检索词 chicken 出现 5 次，其他检索词未出现，该文档 k 的特征向量就表示为

$$\vec{d_k} = (5, 0, 0, 0)$$

也可以按照同样的方式来表示查询 q

$$\vec{q} = (w_{1,j}, w_{2,j}, w_{3,j}, \cdots, w_{n,j})$$

例如，查询 q：fried chicken 可以表示为

$$\vec{q} = (1,1,0,0)$$

整个文档集中的词的总个数很多，即使忽略一些功能词，此集合也可能包含成千上万的词。显然，一个查询或者文档不可能包含这么多检索词，文档向量的大多数值都是 0，所以一般用哈希或者其他稀疏表示作为文档向量。

把模型中用于表示文档和查询的特征看作多维空间中的维度是有用的，其中特征权重定

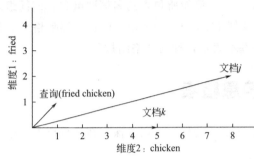

图 11.2　信息检索向量空间模型的图形解释

义在该空间中文档和查询所处位置。显然，与查询所处位置较近的文档比距离较远的文档更加相关。

图 11.2 展示了上述三个向量在前两个特征维度（chicken 和 fried）上的状态分布。一般用两个向量的余弦相似度来衡量向量之间的相似度，可见查询与文档 j 的相似度高于与文档 k 的相似度。计算余弦相似度的公式如下

$$\mathrm{sim}(\vec{q},\vec{d_k}) = \frac{\sum_{i=1}^{n} w_{i,q} w_{i,k}}{\sqrt{\sum_{i=1}^{n} w_{i,q}^2}\ \sqrt{\sum_{i=1}^{n} w_{i,k}^2}}$$

把文档和查询表示成特征向量，为特定的检索系统奠定了基础。一个信息检索系统可以简单地接受用户查询，然后创建该查询的表示，并与所有已知文档表示进行比较，对结果进行排序。结果是根据文档和查询的相似度排序的文档列表。

此外，把文档表示为词语权重向量允许我们把整个文档集看成一个权重矩阵，这个矩阵称为词语-文档矩阵，其中行表示检索词，列表示文档。上面的两篇文档构成的文档集的词语-文档矩阵 A 可以表示为

$$A = \begin{pmatrix} 8 & 5 \\ 2 & 0 \\ 7 & 0 \\ 4 & 0 \end{pmatrix}$$

文档向量和查询向量的词语权重的指派方法对一个信息检索系统的性能影响极大。直接用检索词频率作为权重，是实际使用权重的一种简化版本。已经证实有两个因素对获取有效的词语权重很有效。第一个就是上文提到的词频率（term frequency，TF），该因素反映了一个直观认知，如果一个词在文档里出现的次数越多，那么它们就比那些在文档中出现次数较少的检索词更能够表达该文档的意义，因此该给予较高的权重。第二个因素是为只出现在少数文档中的检索词赋予更高的权重，例如倒排文档频率（inverse document frequency，IDF）。该因素反映了一个直观认知，只在少数几个文档中出现的检索词可以有效地区分这几个文档和其他文档。

IDF 的定义为分数 N/n_i。其中，N 为集合中文档的总数；n_i 为词 i 出现的文档数目。由于许多文档集的文档数目巨大，通常利用对数函数对该值进行同比缩小。所以 IDF 的最终定义为

$$IDF_i = \lg\left(\frac{N}{n_i}\right)$$

将 TF 和 IDF 相结合构成了 TF-IDF 的加权方案

$$w_{i,j} = TF_{i,j} \times IDF_i$$

在文档 j 的向量中检索词 i 的权重等于它在 j 中的 TF 乘整个文档集中它的 IDF。

此时再来考虑文档和查询的余弦相似度，由于查询和文档向量的大多数值都为 0，所以在实际情况下，我们只在已经出现的词上进行计算。以查询 q 和文档 d 之间 TF-IDF 加权余弦值为例

$$sim(\vec{q},\vec{d}) = \frac{\sum\limits_{w \in q,d} TF_{w,q} TF_{w,d} (IDF_w)^2}{\sqrt{\sum\limits_{q_i \in q} (TF_{q_i,q} IDF_{q_i})^2} \sqrt{\sum\limits_{d_i \in d} (TF_{d_i,d} IDF_{d_i})^2}}$$

11.5.2　排序学习模型

排序学习是一个信息检索与机器学习相结合的研究领域。它的目标是应用机器学习算法学习排序函数，利用排序函数计算文档和查询的相关性分数，并以此为依据对文档集合进行排序。从广义上来说，排序学习是指机器学习中任何用于解决排序任务的技术；从狭义上来说，排序学习是指排序生成过程中用于构建排序模型的机器学习方法。

一般情况下，排序学习主要包括三个关键步骤：首先，排序学习模型训练数据的收集与标注；其次，选择合适的排序学习方法进行机器学习训练得到排序模型；最后，通过得到的排序模型，对新查询对应的待排序文档进行排序，最终得到文档的排序结果。

训练数据的标注是排序学习中的关键任务，一般可分为显式标注与隐式标注两种。对于显式标注，对每一个查询的返回结果，需要人工方式检查其相关性，因此人力成本高，代价高且人工噪声也会很大。对于隐式标注，则是从用户的历史点击记录中抽取标注数据，例如同时展现给用户的文档列表，如果用户点击了文档 a，那么一定程度上可以认为文档 a 比其他文档更相关，然而这种方法属于隐式反馈信息，也具有比较大的噪声。排序学习训练数据的标注一般有三种形式：

① 单点标注。为每个查询，标注对应的每个文档的相关度，如二元标注，相关、不相关。

② 两两标注。为每个查询，标注对应的每两个文档对之间的偏序相关性，如对于查询 q，文档 a 比文档 b 更相关。

③ 列表标注。为每个查询，标注对应的有序文档列表，如文档 a>文档 b>文档 c。

排序学习三种不同类型的训练数据形式对应着三种不同类型的排序学习方法，分别为 Pointwise 方法、Pairwise 方法、Listwise 方法。

（1）Pointwise 方法

Pointwise 方法的主要思想是将多文档的排序问题转换为单一文档的分类问题或回归问题。对于指定查询，Pointwise 方法为每一个文档计算一个相关度值，或是利用分类模型获取相应文档与查询的相关度类别。根据这些相关度值和类别标签进行排序得到排序后的文档列表。Pointwise 方法基于不同的机器学习策略分为三种子类型：基于回归的排序算法，其输出空间为实数型的相关度分值；基于分类的排序算法，其输出空间为无序的类目标签，例

如，非常相关或不相关等；基于序数回归的排序算法，其输出空间为有序的类目标签。由于 Poinwise 方法的输入空间为单一文档，缺乏对文档间关系的考虑，而对于排序问题，文档间的有序关系更为重要。因此，在实际排序学习应用当中，Pointwise 方法只作为一个次优的解决方法。常见的基于 Pointwise 的排序学习算法如下：OAP-BPM，Ranking with Large Margin Principles 以及 Constraint Ordinal Regression 等。

（2）Pairwise 方法

Pairwise 方法与前面的 Pointwise 方法不同，其并不是关注于如何准确估算出文档的相关度分值，而是考虑了对于指定查询，每两个文档间的相关度的有序关系。Pairwise 方法通常将排序问题归约为对文档有序对的分类问题，如判断文档对里的哪一个文档对于给定查询是更相关的。因此，其学习目标为最小化误分类文档对的数量。理想情况下，如果所有的文档都被正确分类，那么这些文档也会被正确排序。Pairwise 方法的分类与 Pointwise 方法中的分类不同，前者是对文档对而言，后者则是对单一的文档而言。传统分类问题的基本假设是待分类的样本是独立的，而对于文档对而言并不是如此。尽管如此，基于 Pairwise 方法解决排序问题仍然是有效的。对于解决排序问题，Pairwise 方法仍存在一些问题，如 Pairwise 方法并未考虑文档的偏序程度信息。换句话说，对于某一查询，两篇偏序程度不同的文档在训练过程中会被同等对待。此外，Pairwise 方法只是考虑文档对间的位置关系，而没有考虑文档在最后排序列表的位置关系。目前已经有很多研究针对这些问题展开，并取得了一定改进效果，如 LambdaRank、IR-SVM 等方法。常见的基于 Pairwise 的排序学习算法如下：Ranking SVM、RankBoost、GBRank、IRSVM、MPRank 等。

（3）Listwise 方法

相比于 Pointwise 和 Pairwise 方法，Listwise 方法将对于给定查询的整个文档序列作为输入，直接对排序结果列表进行优化。根据不同的优化损失函数，Listwise 方法主要分为两类：一类是直接将排序的评测指标作为目标优化函数进行直接优化；另一类则与其相反，并不依赖于排序指标。Listwise 方法将文档序列的排序方式表示成一个单一的概率值，以这种简单的方式进行比较计算。对于一组排序对象，可以根据对象的评分函数得到所有排列方式的概率值，从而得到每种评分函数的排列概率分布。应用交叉熵来衡量这两个概率分布的相似性，进而构造损失函数。Listwise 方法在损失函数中考虑了文档排序的位置因素，这是前两种方法所不具备的，Listwise 方法一般情况下也比前两种方法具有更好的性能。然而，Listwise 方法的缺点也很明显，由于需要对结果列表进行直接优化，因此训练模型的复杂度非常高。常见的基于 Listwise 的排序算法如下：AdaRank、ListNet、ListMLE 等。

11.5.3 信息检索系统的评测

对排序检索系统进行性能评价的两个基本指标是正确率（precision）和召回率（recall）。假设检索到的文档可以分为两类：与检索目的相关的文档和无关的文档。正确率指的是在检索到的文档中，相关文档所占的比例；召回率指的是检索到的相关文档占所有可能的相关文档的比例。

$$precision = \frac{R}{T}$$

$$recall = \frac{R}{U}$$

其中检索到 T 个排序文档，这些文档中有 R 个是相关的，与该信息需求相关的文档总共有 U 个。

但是，这两个度量对于衡量一个系统返回文档的排序效果并不充分。因为比较两个检索系统的性能，需要一个指标来反映相关文档的排序，相关文档排得越靠前，该检索系统的性能越好。而简单的正确率和召回率并不依赖于任何排序，因此可以使用绘制正确率-召回率曲线的方法和基于平均正确率的方法。

利用表 11.1 所给的数据介绍上面的两种方法。表 11.1 从上到下列出特定排名所处的正确率和召回率。

表 11.1　特定排名的正确率和召回率

排名	判断	正确率	召回率	排名	判断	正确率	召回率
1	R	1.0	0.11	14	N	0.43	0.66
2	N	0.50	0.11	15	R	0.47	0.77
3	R	0.66	0.22	16	N	0.44	0.77
4	N	0.50	0.22	17	N	0.44	0.77
5	R	0.60	0.33	18	R	0.44	0.88
6	R	0.66	0.44	19	N	0.42	0.88
7	N	0.57	0.44	20	N	0.40	0.88
8	R	0.63	0.55	21	N	0.38	0.88
9	N	0.55	0.55	22	N	0.36	0.88
10	N	0.50	0.55	23	N	0.35	0.88
11	R	0.55	0.66	24	N	0.33	0.88
12	N	0.50	0.66	25	R	0.36	1.0
13	N	0.46	0.66				

注：按检索结果文档的排名从上到下依次计算而来，其中 R 表示此文档是相关文档，N 表示不是相关文档。

绘制正确率-召回率曲线，可以在 11 个确定的召回率点（0～1，步长 0.1）上绘制正确率的值。如表 11.1 所示，并不是每个召回率点上都有确切的正确率，但是可以根据已有的数据点，计算在 11 个召回率点上的插值正确率。可以选择在该召回率点上及之后的召回率点上的最大正确率作为当前召回率点上的插值正确率

$$\text{precision}(r) = \max_{i \geq r} \text{precision}(i)$$

这种插值方案不仅提供了在一系列查询上计算平均性能的方法，而且提供了一种合理的方法来平滑原数据中的不规则正确率。插值的数据如表 11.2 所示，正确率-召回率曲线如图 11.3 所示。

有了正确率-召回率曲线，可以通过曲线来比较两个系统，在所有召回率上都有较高正确率的曲线更好。

在基于平均正确率（mean average precision，MAP）的方法中，按照结果项的排序进行统计，且只统计每一个相关文档出现时的正确率。如果假设 R_r 是在 r 或者 r 之前的相关文档集，那么对于单一查询的平均正确率为

$$\text{MAP} = \frac{1}{|R_r|} \sum_{d \in R_r} \text{precision}_r(d)$$

其中，$\mathrm{precision}_r(d)$ 是在文档 d 出现位置上计算的正确率。对表 11.2 中的数据应用该技术，可以得到单个检索的 MAP 值是 0.6。

表 11.2　由表 11.1 计算的插值数据点

插值正确率	召回率	插值正确率	召回率
1.0	0.0	0.55	0.60
1.0	0.10	0.47	0.70
0.66	0.20	0.44	0.80
0.66	0.30	0.36	0.90
0.66	0.40	0.36	1.0
0.63	0.50		

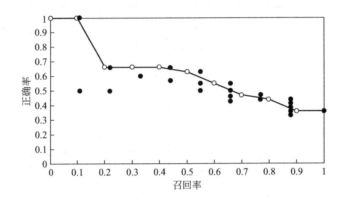

图 11.3　根据表 11.1 和表 11.2 绘制的 11 个点的插值正确率-召回率曲线，
其中插值的点用虚心圆表示，真实点用实心圆表示

MAP 提供了一个可以比较相互竞争系统的单独清晰的指标，会给相关排名较前的系统一个较高的得分。但是这个指标忽略了召回率，会给一些只返回较少且可行度较高的文档的系统较高的得分。

11.6　自然语言处理的应用——机器翻译

机器翻译，又称为自动翻译，是利用计算机将一种自然语言（源语言）转换为另一种自然语言（目标语言）的过程。

随着当今世界信息量的快速增加和国际交流的增多，语言障碍越发严重，对机器翻译的潜在需求也越来越大。有关专家指出，语言障碍已经成为制约 21 世纪社会全球化发展的一个重要因素。目前欧盟已经有 20 多种官方语言，而且近几年来欧盟越来越注重与中国和亚洲其他国家的合作，所以除了欧盟官方语言之间的翻译，还需要进行欧盟语言与汉语等其他亚洲语言之间的翻译。因此，机器翻译可以消除信息交流中的语言障碍，使不同国家、不同语言的人们在工作中更好地协作，提高工作效率；在生活中自由地交谈，促进不同文化之间的交流，具有重要的实用价值。

从理论上来说，研究不同语言之间的翻译，涉及计算机科学、语言学以及数学与逻辑等若干学科和技术，具有重要的科学研究价值。

11.6.1　机器翻译的发展

从世界上第一台计算机诞生开始，人们对于机器翻译的研究和探索就从来没有停止过。在过去的几十年中，机器翻译研究大约经历了热潮、低潮和发展三个不同的历史时期。

一般认为，从1954年美国乔治顿（Georgetown）大学进行的第一个机器翻译实验开始，到1966年美国科学院发表ALPAC报告的大约10多年里，机器翻译研究在世界范围内一直处于不断升温的热潮时期，在机器翻译研究的驱使下，诞生了计算语言学这门新兴的学科。1966年美国科学院的ALPAC报告否定了机器翻译，给蓬勃兴起的机器翻译研究当头一棒，机器翻译研究由此进入萎靡不振的低潮时期。但是，机器翻译的研究并没有停止。1970年转换生成语法理论取得重大进展以及AI技术的进步，为这一领域的再次兴起点亮了希望之灯。1976年加拿大蒙特利尔大学与加拿大联邦政府翻译局联合开发的实用机器翻译系统TAUM-METTEO正式投入使用，为电视、报纸等提供天气预报资料翻译；1978年欧共体启动多语言机器翻译计划；1982年日本研究第五代机，同时提出了亚洲多语言机器翻译计划ODA。由此，机器翻译研究在世界范围内复苏，并蓬勃发展起来。一方面，随着计算机网络技术的快速发展和普及，人们要求计算机实现语言翻译的愿望越来越强烈，除了文本翻译以外，人们还迫切需要可以直接实现持不同语言的说话人之间的对话翻译，机器翻译的市场需求越来越大；另一方面，自1990年统计机器翻译模型的提出，基于大规模语料库的统计机器翻译方法迅速发展，取得了一系列令人瞩目的成果，机器翻译再次成为人们关注的热门研究课题。

机器翻译作为一个科学问题被学术界不断深入研究，同时也被集成到各种应用中：跨语言的信息抽取、语音翻译和辅助翻译工具等。一方面，机器翻译的若干理论问题一直没有从根本上得到解决，许多方法和技术有待于进一步深入探索。机器翻译系统的性能也确实不尽如人意，无论是系统翻译的质量、速度，还是系统的可操作性、人机交互能力、自学能力，以及对各种非规范语言现象的处理能力等，都有待于大幅提高。另一方面，机器翻译已经在某些限定领域为人们提供了快捷方便的翻译服务，例如，天气预报翻译、产品说明书翻译等。即使在无领域限制的面向网络终端客户的网页在线翻译等方面，也提供了一定的便利。目前，机器翻译的研究可谓全面开花。

11.6.2　机器翻译方法

20世纪80年代基于规则的机器翻译开始走向应用，这是第一代机器翻译技术。随着机器翻译的应用领域越来越复杂，基于规则的机器翻译的局限性开始显现，应用场景越多，需要的规则也越来越多，规则之间的冲突也逐渐开始出现。于是很多科学家开始思考，是否能让机器自动从数据库里学习相应的规则，1993年IBM提出基于词的统计翻译模型标志着第二代机器翻译技术的兴起。2014年，谷歌和蒙特利尔大学提出了基于端到端的神经机器翻译，标志着第三代机器翻译技术的到来。

（1）基于规则的机器翻译

1957年美国学者V. Yingve在《句法翻译框架》（*Framework for Syntactic Translation*）一文中提出了对源语言和目标语言均进行适当描述、把翻译机制与语法分开、用规则描述语法的实现思想，这就是基于规则的翻译方法。

图 11.4 基于规则的机器
翻译三种技术路线

目前，基于规则的机器翻译大概有三种技术路线（图 11.4）。第一种是直接翻译的方法，对源语言做完分词之后，将源语言的每个词翻译成目标语言的相关词语，然后拼接起来得出翻译结果。当源语言和目标语言不在同一体系下，句法顺序有很大程度的出入，直接拼接起来的翻译结果，效果往往不理想。于是科研人员提出第二个规则机器翻译的方法，应用语言学的相关知识，对源语言句子进行句法分析，这会使得构建出来的目标译文比较准确。但是，仍然存在一个问题，只有当语言的规则性比较强，机器能够做出分析的时候，这种方法才比较有效。因此，在此基础上，科研人员提出了第三种方法，即借助人的大脑翻译来实现基于规则的机器翻译。这里面就会涉及中间语言，首先将源语言用中间语言进行描述，然后借助于中间语言翻译成相应的目标语言。但由于目标语言的复杂性，其实很难借助于一个中间语言来实现源语言和目标语言的精确描述。

基于规则的机器翻译过程通常分成 6 个步骤：

① 对源语言句子进行词法分析；

② 对源语言句子进行句法、语义分析；

③ 源语言句子结构到译文结构的转换；

④ 译文句法结构生成；

⑤ 源语言词汇到译文词汇的转换；

⑥ 译文词法选择与生成。

基于规则的机器翻译方法可以较好地保持原文的结构，产生的译文结构与原文的结构关系密切，尤其对于语言现象已知的或句法结构规范的源语言语句具有较强的处理能力和较好的翻译效果。但是由于规则一般由人工编写，工作量大，主观性强，一致性难以保障，不利于系统扩充，对非规范语言现象缺乏相应的处理能力。

（2）基于统计的机器翻译

基于统计的机器翻译系统在鲁棒性和可扩展性方面明显优于基于规则的方法，能够自然地处理语言的歧义性，能从现有语料库中快速构建高性能的翻译系统，并在语料增加时能够自动提升翻译性能。

基于统计的机器翻译方法把机器翻译看成是一个信息传输的过程，用一种信道模型对机器翻译进行解释。统计机器翻译是将源语言和目标语言之间的对应看成一个概率问题，将任何目标语言句子都看成源语言句子的可能翻译候选，只是不同候选概率不同，机器翻译的任务就是找到概率最大的句子。具体方法是将翻译看作对原文通过模型转换为译文的解码过程。统计机器翻译的核心问题就是用统计方法从语料自动学习翻译模型，然后基于此翻译模型，对输入源语言句子寻找一个分数最高的目标语言句子作为翻译结果。

对于任意一个源语言句子 $f = f_1 f_2 \cdots f_n$，机器翻译的目的是找到一个目标语言的句子 $e = e_1 e_2 \cdots e_m$，使得此目标语言句子在语义上尽可能接近且符合目标语言的语法和用语习惯。统计机器翻译对于任意的源语言和目标语言句对 (f, e) 给出一个翻译对应的概率 $P(e \mid f)$，寻找语义最接近的目标语言句子的问题就转化为寻找翻译概率最高句子的问题

$$e^* = \underset{e}{\arg\max}\{P(e \mid f)\}$$

　　统计机器翻译要解决的关键问题就是如何定义此翻译概率模型。计算语言学家冯志伟在《机器翻译的现状和问题》一文中提到机器翻译发展的金字塔，如图11.5所示，这个金字塔描述的是统计机器翻译的发展历程，处在金字塔底部的模型最简单，易于实现，沿着金字塔越向上发展，所需要的模型越复杂。统计机器翻译的最终目标，是实现基于中间语言的自动翻译。

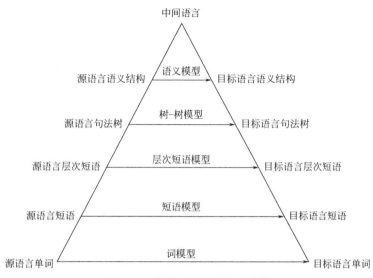

图 11.5　统计机器翻译的金字塔

统计机器翻译一般流程如下：

① 语料获取与预处理，搜集或下载平行语料，对语料进行一定的文本规范化处理，例如对英语进行词素切分，对中文进行分词；

② 词对齐，使用 GIZA++ 对平行语料从源语料到目标语料和从目标语料到源语料进行两次对齐，对两个方向的对齐结果进行合并；

③ 短语抽取，基本准则为两个短语之间有至少一个词对有连接，且没有任何词连接于短语外的词；

④ 短语特征准备，计算短语翻译概率及短语的词翻译概率；

⑤ 语言模型训练；

⑥ 最小化错误率训练，使得给定的优化准则最优化；

⑦ 解码及系统评价，使用经最小化错误率训练得到的权重，进行解码，最后在测试集上进行系统性能评价。

（3）基于神经网络的机器翻译

2013 年，Nal Kalchbrenner 和 Phil Blunsom 提出了一种用于机器翻译的新型端到端编码器-解码器结构，把源语言序列进行编码，并提取源语言中的信息，通过解码再把这种信息转换到另一种语言即目标语言中来，从而完成对语言的翻译。该模型可以使用卷积神经网络将给定的一段源文本编码成一个连续的向量，然后再使用循环神经网络作为解码器将该状态向量转换为目标语言。他们的研究成果可以说是神经机器翻译的诞生。神经机器翻译是一种使用深度学习神经网络获取自然语言之间的映射方法。相比于传统的基于统计的机器翻译而言，基于神经网络的机器翻译的非线性映射不同于线性的统计机器翻译，而且使用了连接编码器和解码器的状态向量来描述语义的等价关系，它能够训练一张从一个序列映射到另一个序列的神经网络，输出的可以是一个变长的序列，这在翻译、对话和文字概括方面能够获得非常好的表现。此外，循环神经网络适合处理变长线性序列，理论上能够利用无限长的历史信息，所以应该还能得到无限长句子隐层的信息，从而解决所谓的长距离重新排序问题。但是，梯度消失、爆炸问题让循环神经网络实际上难以处理长句依存问题，因此，基于神经网络的机器翻译模型一开始表现并不好。

2014 年，Sutskever 和 Cho 开发了一种名叫序列到序列学习的方法，可以将循环神经网络既用于编码器也用于解码器，并且还为神经网络机器翻译引入了长短时记忆模块，在门机制的帮助下，梯度消失、爆炸等问题得到了控制，从而让模型可以更好地获取句子中的长距离依存信息。长短时记忆模块的引入解决了长距离重新排序问题，同时将神经网络机器翻译的主要难题变成了固定长度向量问题：不管源句子长度如何，这个神经网络都需要将其压缩成一个固定长度的向量，这会在解码过程中带来更大的复杂性和不确定性，尤其是当源句子很长时。

Yoshua Bengio 的团队为神经网络机器翻译引入了注意力机制之后，固定长度向量问题也开始得到解决。注意力机制最早由 DeepMind 为图像分类提出，这让神经网络在执行预测任务时可以更多关注输入中的相关部分，更少关注不相关的部分。当解码器生成一个用于构成目标句子的词时，源句子中仅有少部分是相关的，因此，可以应用一个基于内容的注意力机制来根据源句子动态地生成一个加权的语境向量，然后网络会根据这个语境向量而不是某一个固定长度向量来预测词。自此，基于神经网络的机器翻译的表现得到了显著提升，基于注意力的编码器-解码器网络（attention-based encoder-decoder network），如图 11.6 所示，已经成为了基于神经网络机器翻译领域当前最佳的模型。

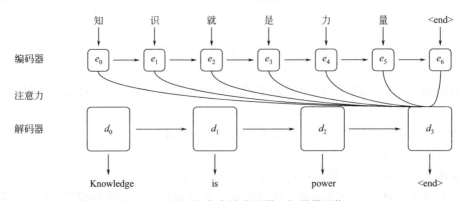

图 11.6　基于注意力的编码器—解码器网络

基于神经网络的机器翻译在学术界和工业界的迅猛发展，表明深度学习在机器翻译中应用取得了成效，在很多方面取得了进展，例如，以细粒度意义单元取代词，降低词汇量；利用先验知识约束神经机器翻译，保证不重复翻译，也不漏翻；利用海量的单语语料库提高神经网络的机器翻译，通过自动编码器实现半监督学习；利用向量空间贯通多种自然语言，使多种语言共享源语言编码器。但基于神经网络的机器翻译在架构、可解释性、训练算法等方面仍面临挑战，例如，如何设计表达力更强的模型，如何实现与先验知识相结合，如何降低训练复杂度等，还需要进一步深入探索。

11.6.3　机器翻译评估方法

翻译系统翻译出来的结果的常用评价标准有两种：一种是主观评测标准，即通过人工的主观判断对系统的翻译结果进行打分；另一种是客观评价标准，即通常所说的自动评测标准，评测系统依据一定的数学模型对系统的翻译结果自动计算得分。

(1)　主观评测指标

主观评测指标依据人工给出的参考译文对系统的译文的流畅性和充分性进行估计。流畅性主要是指系统译文的流利程度，即在不考虑对原文的翻译是否正确的前提下，译文的结构和用词与目标语言的语法和习惯表达的符合程度。充分性是指系统译文表达原文信息的充分程度，通常是让以目标语言为母语的人判断由专业翻译人员提供的译文中多少信息可以在机器译文中找到的方法来评价。

(2)　自动评价指标

近几年来常用的一些自动打分方法有 BELU、METEOR 等。接下来分别介绍这些评价方法。

① BELU 方法。（BELU）（bilingual evaluation understudy）于 2002 年由 IBM 的研究人员提出，这种方法认为如果翻译系统的译文越接近人工翻译结果，那么它的翻译质量越高。所以，评测关键就在于如何定义系统译文与参考译文之间的相似度。

BLEU 采用一种 n-gram 的匹配规则，就是比较译文和参考译文之间 n 组词的相似的一个占比。若有：

机器译文：It is a nice day today. 人工译文：Today is a nice day.

如果用 1-gram 匹配的话，机器译文一共 6 个词，有 5 个词语都命中了参考译文，那么它 1-gram 的匹配度为 5/6。如果用 3-gram 匹配的话，机器译文一共分为 4 个 3-gram 的词组，其中有两个可以命中参考译文，那么它 3-gram 的匹配度为 2/4。

一般来说，1-gram 的结果代表了文中有多少个词被单独翻译出来，因此它反映的是这篇译文的充分性；而当计算 2-gram 以上时，更多时候结果反映的是译文的流畅度，值越高文章的可读性就越好。

最开始提出的 BLEU 法虽然简单易行，但是没有考虑到召回率。若有：

机器译文：the the the the. 人工译文：The cat is standing on the ground.

在计算 1-gram 的时候，the 都出现在译文中，因此匹配度为 4/4，但是很明显 the 在人工译文中最多出现的次数只有 2 次，因此 BLEU 算法修正了这个值的算法，首先会计算该 n-gram 在译文中可能出现的最大次数为

$$\text{count}_{\text{clip}} = \min(\text{count}, \text{max\_Ref\_count})$$

其中，count 是 n-gram 在机器翻译译文中的出现次数；max _ Ref _ count 是该 n-gram 在一个参考译文中最大的出现次数。最终统计结果取两者中的较小值。然后把这个匹配结果除以机器翻译译文的 n-gram 个数。因此对于上面的例子来说，修正后的 1-gram 的统计结果就是 2/4。

共现 n 元词的正确率 p_n 定义为

$$p_n = \frac{\sum\limits_{C \in \text{candidates}} \sum\limits_{n\text{-gram} \in C} \text{count}_{\text{clip}}(n\text{-gram})}{\sum\limits_{C \in \text{candidates}} \sum\limits_{n\text{-gram} \in C} \text{count}(n\text{-gram})}$$

其中，机器翻译得到的所有的句子称为 candidates。

BLEU 方法在得到上述结果之后，其评价分数可通过下式来计算

$$\text{BLEU} = \text{BP} \times \exp\left(\sum_{n=1}^{N} \omega_n \lg p_n\right)$$

式中，N 是 n 元语法的最大基元数；ω_n 是权重。一般 $N=4$，$\omega_n = 1/N$。BLEU 分值的范围在 $0 \sim 1$ 之间，0 表示译文最差，1 表示译文最好。BP 是长度惩罚因子

$$\text{BP} = \begin{cases} 1, & c > r \\ e^{1-r/c}, & c \leqslant r \end{cases}$$

式中，r 为测试语料中参考译文的长度；c 为系统候选译文的长度。

② METEOR 方法。METEOR 方法是通过对候选译文和参考译文"对位"后，比较候选译文 C 和参考译文 R 在不同阶段的匹配程度，包括词汇完全匹配、词干匹配和同义词匹配，计算候选译文一元文法的正确率（P）、召回率（R）和 F-mean 值

$$P(C|R) = \frac{\text{MMS}(C,R)}{|C|}$$

$$R(C|R) = \frac{\text{MMS}(C,R)}{|R|}$$

$$F\text{-mean} = \frac{10PR}{R+9P}$$

式中，MMS（C，R）为 C 和 R 的最大匹配数；$|C|$ 和 $|R|$ 为 C 和 R 的长度（单词个数）。最大匹配数是 C 中的单词（包括重复出现的单词）和 R 中单词相匹配的个数，去掉重复统计数。

最后，根据 F-mean 值并考虑长度惩罚因子给出 METEOR 评分的计算公式

$$\text{Score} = F\text{-mean} \times (1 - \text{Penalty})$$

式中，Penalty 为长度惩罚因子

$$\text{Penalty} = 0.5 \times \left(\frac{\#chunks}{\#unigrams\_matched}\right)^3$$

其中，$\#chunks$ 表示系统译文中所有被映射到参考译文中的一元文法可能构成的语块个数；$\#unigrams\_matched$ 表示所有匹配的一元语法的个数。在匹配时不区分大小写。分值范围在 $0 \sim 1$ 之间，0 表示译文质量最差，1 表示译文质量最好。

参考文献

[1] 王万良. 人工智能导论 [M]. 北京：高等教育出版社，2011.

[2] 蔡自兴，刘丽珏，蔡竞峰，陈白帆. 人工智能及其应用 [M]. 北京：清华大学出版社，2016.

[3] 贲可荣，张彦铎. 人工智能 [M]. 3 版. 北京：清华大学出版社，2018.

[4] 鲍军鹏，张选平. 人工智能导论 [M]. 北京：机械工业出版社，2010.

[5] 张仰森，黄改娟. 人工智能教程 [M]. 北京：高等教育出版社，2008.

[6] 张仰森. 人工智能教程学习指导与习题解析 [M]. 北京：高等教育出版社，2009.

[7] 廉师友. 人工智能技术简明教程 [M]. 北京：人民邮电出版社，2011.

[8] 罗兵，李华嵩，李敬民. 人工智能原理及应用 [M]. 北京：机械工业出版社，2011.

[9] 汤永川. 关于不确定性推理理论与知识发现的研究 [D]. 成都：西南交通大学，2002.

[10] 张美璟，王应明. 基于扩展原理的混合型证据推理不确定决策方法 [J]. 控制与决策，2015，30 (04)：670-676.

[11] 席裕庚，柴天佑. 遗传算法综述 [J]. 控制理论与应用，1996，13 (6)：697-708.

[12] 葛继科，邱玉辉，吴春明，等. 遗传算法研究综述 [J]. 计算机应用研究，2008，25 (10)：2911-2916.

[13] 王小平，曹立明. 遗传算法：理论、应用及软件实现 [M]. 西安：西安交通大学出版社，2002.

[14] 吴垚，曾菊儒，彭辉，陈红，李翠平. 群智感知激励机制研究综述 [J]. 软件学报，2016，27 (08)：2025-2047.

[15] 安健，彭振龙，桂小林，等. 群智感知中基于公交系统的任务分发机制研究 [J]. 计算机学报，2019，42 (02)：67-80.

[16] 张君涛，赵智慧，周四望. 矢量任务地图：群智感知任务渐进式分发方法 [J]. 计算机学报，2017，040 (008)：1946-1960.

[17] 刘琰，郭斌，吴文乐，等. 移动群智感知多任务参与者优选方法研究 [J]. 计算机学报，2017，040 (008)：1872-1887.

[18] 杨剑锋，乔佩蕊，李永梅，王宁. 机器学习分类问题及算法研究综述 [J]. 统计与决策，2019，35 (06)：36-40.

[19] 刘三阳，吴德. 模糊聚类光滑支持向量机 [J]. 控制与决策，2017，32 (03)：547-551.

[20] 高阳，陈世福，陆鑫. 强化学习研究综述 [J]. 自动化学报，2004 (01)：86-100.

[21] 尹朝庆，尹皓. 人工智能与专家系统 [M]. 北京：中国水利出版社，2002.

[22] 冯志伟. 自然语言处理简明教程 [M]. 上海：上海外语教育出版社，2012.

[23] 陈鄞. 自然语言处理基本理论和方法 [M]. 哈尔滨：哈尔滨工业大学出版社，2013.

[24] 路彦雄. 文本上的算法：深入浅出自然语言处理 [M]. 北京：人民邮电出版社，2018.

[25] 宗成庆. 统计自然语言处理 [M]. 北京：清华大学出版社，2013.

[26] 周志华. 机器学习 [M]. 北京：清华大学出版社，2016.

[27] 李德毅. 人工智能导论 [M]. 北京：中国科学技术出版社，2018.

[28] Daniel J，James H M. 自然语言处理综论 [M]. 2 版. 北京：电子工业出版社，2018.

[29] Daniel M B，Imed Z. 多语自然语言处理：从原理到实践 [M]. 北京：机械工业出版社，2015.

[30] Holland J H. Adaptation in Natural and Artificial System [M]. MIT Press，1992.

[31] Ganti R K，Ye F，Lei H . Mobile crowdsensing：current state and future challenges [J]. IEEE Communications Magazine，2011，49 (11)：32-39.

[32] Ren J，Zhang Y，Zhang K，et al. Exploiting mobile crowdsourcing for pervasive cloud services：challenges and solutions [J]. Communications Magazine，IEEE，2015，53 (3)：98-105.

[33] Boubrima A，Bechkit W，Rivano H . Optimal WSN Deployment Models for Air Pollution Monitoring [J]. IEEE Transactions on Wireless Communications，2017：16 (5)：2723-2735.

[34] Zhang C，Subbu K P，et al. GROPING：Geomagnetism and cROwdsensing Powered Indoor NaviGation [J]. IEEE Transactions on Mobile Computing，2015，14 (2)：387-400.

[35] Tham C K，Luo T . Quality of Contributed Service and Market Equilibrium for Participatory Sensing [J]. IEEE Transactions on Mobile Computing，2015，14 (4)：829-842.

[36] He S，Shin D H，Zhang J，et al. Near-Optimal Allocation Algorithms for Location-Dependent Tasks in Crowdsensing [J]. Vehicular Technology，IEEE Transactions on，2017，66 (4)：3392-3405.

[37] Guo B，Liu Y，Wu W，et al. ActiveCrowd：A Framework for Optimized Multi-Task Allocation in Mobile Crowdsensing Systems [J]. IEEE Transactions on Human Machine Systems，2016，PP (99)：392-403.

[38] Jiangtao，Wang，Yasha，et al. Learning-Assisted Optimization in Mobile Crowd Sensing：A Survey [J]. IEEE transactions on industrial informatics，2018.

[39] Pei D W. R0 implication：characteristics and applications [J]. Fuzzy Sets Sys，2002，131 (3)：297-302.

[40] Bishop C M. Pattern Recognition and Machine Learning [M]. Berlin：Springer，2006.

[41] Gershman S，Blei D. A tutorial on Bayesian nonparametric models [J]. Journal of Mathematical Psychology，2012，56 (1)：1-12.